煤基固废高值利用技术

鱼涛　张欢　屈撑囤　主编

陕西新华出版
陕西科学技术出版社
Shaanxi Science and Technology Press
西安

图书在版编目(CIP)数据

煤基固废高值利用技术 / 鱼涛，张欢，屈撑囤主编.
西安 ：陕西科学技术出版社，2024. 8. -- ISBN 978－7－5369－9000－5

Ⅰ. X752

中国国家版本馆 CIP 数据核字第 202461FP03 号

煤基固废高值利用技术

鱼涛　张欢　屈撑囤　主编

责任编辑　潘晓洁　刘维娜
封面设计　卫晨亮

出 版 者　陕西科学技术出版社
西安市曲江新区登高路 1388 号陕西新华出版传媒产业大厦 B 座
电话(029)81205187　传真(029)81205155　邮编 710061
http：//www. snstp. com
发 行 者　陕西科学技术出版社
电话(029)81205180　81205178
印　　刷　广东虎彩云印刷有限公司
规　　格　787mm×1092mm　16 开本
印　　张　15. 5
字　　数　340 千字
版　　次　2024 年 8 月第 1 版
2024 年 8 月第 1 次印刷
书　　号　ISBN 978－7－5369－9000－5
定　　价　48. 00 元

《煤基固废高值利用技术》

编委会

主　编　鱼　涛　张　欢　屈撑囤

副主编　陈　刚　汤　颖

编　者　吕孟霏　陈振虎　王鹏里　马文婷

李　晔　王介明　赵进成　罗　犇

王　特　霍晨阳　韩　磊　胡海杰

何国强　李金灵　马岚婷　卢　聪

前　言

煤炭目前是全球最主要的能源来源之一，中国作为一个将煤炭作为主要能源的国家，在煤炭开采与利用过程中产生了大量的煤矸石、煤泥、粉煤灰等煤基固废。这些固废的堆积，不仅会占用大量土地资源，还会对环境造成严重污染，成为制约煤炭行业可持续发展的主要瓶颈之一。因此，探索与开发煤基固废的高值利用技术，实现其从“废物”到“资源”的华丽转身，对于促进煤炭产业转型升级、推动循环经济发展、构建生态文明社会具有深远的意义。

本书共分为五篇：第一篇介绍了煤基固废组成分析；第二篇介绍了碳一灰分离技术；第三篇介绍了硅、铝、铁提取技术；第四篇介绍了多孔材料制备技术；第五篇介绍了絮凝剂制备技术。书中第一篇、第二篇由渭南师范学院化学与材料学院张欢执笔，第三篇到第五篇由西安石油大学化学化工学院鱼涛执笔，全书由西安石油大学化学化工学院屈撑囤负责统稿工作。

本书可供从事煤炭开发、煤基固废综合利用及煤矿环境保护技术开发及相关学科的研究人员和技术人员阅读，也可作为高等院校相关专业师生的教学参考书。

本书由陕西省厅市联动重点项目“极薄煤层煤基废渣协同利用关键技术开发与工程示范（项目编号 2022GD－TSLD－69)”、陕西省教育厅服务地方专项计划“陕北区域油气田措施返排液回用技术研究（项目编号：22JC054)”基金联合资助出版。在编写过程中，参考了国内外多位学者的研究结果及所撰写的论文、论著等，得到了西安石油大学多位老师和研究生的大力支持和帮助，在此深表感谢。

本书在编写过程中参考和引用了众多文献，对相关期刊和作者表示衷心的感谢。

由于编者学识水平有限，书中不足和疏漏之处在所难免，恳请广大读者给予批评指正！

编　者

2024 年 3 月

目　　录

第一篇　煤基固废组成分析

第二篇　碳-灰分离技术

第三篇 硅、铝、铁提取技术

第四篇 多孔材料制备技术

第五篇　絮凝剂制备技术

第一篇

煤基固废组成分析

第 1 章　煤矸石

1.1　煤矸石的来源及分类

1.1.1　煤矸石的来源

近几年，随着我国煤炭工业的发展，在煤炭资源的开采过程中，伴随着一种固体废弃物煤矸石的产生，大约占煤年产量的 15%。大量煤矸石的堆积不但会造成水体、空气和土壤的污染，而且还会侵占大量土地面积，另外，煤矸石中含有 FeS_2，易自燃，从而造成森林火灾等自然灾害事故。因此，煤矸石的综合利用已成为人们所重视和研究的问题。但是煤矸石在我国的利用率又非常低，主要是用于发电、制砖、筑路等粗犷式的方法。因此，提高煤矸石的利用率，解决我国的资源闲置和浪费问题，是形势所需。

中国的煤炭开采量位于全球之首，随着我国煤炭行业的发展，伴随着一种固体废弃物煤矸石的产生，如建井时、改扩建矿井和原料煤洗煤时都会产生煤矸石。在地下，沉积岩层所含的煤矸石量最多。在中国，煤矸石受到地理环境等因素制约，自然堆积的方式最为广泛，通常堆放在煤炭开采的工业场所附近，如山坡、深沟等废弃区域。

煤矸石是在煤炭开采、洗选过程中产生的固体废物。煤矸石中含碳量较低，是富含大量金属、碱土金属以及硫化物的黑灰色岩石。煤矸石在煤炭开采过程中占比 10%～25%，是我国目前最大的固体废弃物。煤矸石的产生主要有以下几个来源：巷道掘进过程；采掘过程中顶板、底板以及夹层；洗煤过程中挑出。另外煤矿上、中、底层的页岩，挖掘巷道时排出的砂岩、石灰岩以及其他岩类也都属于矸石。

煤矸石是煤炭生产和加工过程中产生的工业固体废弃物，当前我国煤矸石累计堆存量已达 70 亿 t。大量煤矸石的堆积导致土地资源浪费，环境严重污染。国家发展和改革委员会出台了《关于加快推进大宗固体废弃物综合利用示范建设的通知》(发改委环资〔2021〕1045 号)，国家新修订了《中华人民共和国固体废物污染环境防治法》(2020 年 9 月 1 日实施)，为固体废物的管理和治理提出了新的规划，同时指出要加快大宗固体废物的综合利用。目前，我国煤矸石主要用于充当建材原料、提取化工产品与矿山复垦绿化。

1.1.2　煤矸石的常见分类

常见煤矸石的分类方案一般有：按煤矸石来源分类；按煤矸石组成特点分类；按

煤矸石特性分类等。现将煤矸石的具体分类介绍如下：

1)按煤矸石来源分类

(1)开采煤矸石，即剥离和矿井采出的煤矸石。

(2)洗选煤厂排出的煤矸石，即洗选煤矸石。

(3)煤炭利用后的废渣，即燃烧、气化、液化后排出的残渣。

2)按煤矸石组成特点分类

(1)根据煤矸石岩石组成特点分类，一般分为3类：

黏土岩煤矸石，一般用作建材、多孔烧结料等。

砂岩类煤矸石，一般用作混凝土骨料、水泥、硅砂的原料。

碳酸盐类煤矸石，一般用作水泥、土壤改良剂、烧石灰的原料。

(2)根据煤矸石化学组成特点分类，一般分为2类：

根据 Al_2O_3 含量的不同可分为：低铝煤矸石(20%±5%)、中铝煤矸石(30%±5%)和高铝煤矸石(40%±5%)。中铝及以上的煤矸石可以作为提取氯化铝、聚合铝、氧化铝、水泥的原料。

根据 Fe_2O_3 含量的不同可分为：低铁煤矸石(<1.5%)、少铁煤矸石(1.5%～5%)、中铁煤矸石(5%～12%)、次高铁煤矸石(12%～18%)和高铁煤矸石(>18%)。煤矸石中的 Fe_2O_3 含量的不同决定着煤矸石的利用途径和热加工工艺条件，如低铁、少铁煤矸石作耐火材料；少铁、次高铁煤矸石可以生产砖等。

(3)根据煤矸石中元素分析特点分类，一般采用2个指标分类：

根据煤矸石中碳含量 FC_{ad} 的大小分为：低碳煤矸石(0～4.0%)、少碳煤矸石(4.0%～8.0%)、中碳煤矸石(8.0%～12.0%)、次高碳煤矸石(12.0%～20.0%)和高碳煤矸石(>20.0%)。低碳煤矸石适合生产陶粒，少碳到次高碳煤矸石可作为多孔烧结料，高碳煤矸石适合作为燃料。

根据煤矸石中硫含量 $S_{t,d}$ 的大小分为：低硫煤矸石(<0.5%)、少硫煤矸石(0.5%～1.5%)、中硫煤矸石(1.5%～3.0%)和高硫煤矸石(>3.0%)。低硫煤矸石可用于生产陶瓷和耐火材料，高硫煤矸石可以考虑回收硫铁矿。

3)按煤矸石特性分类

(1)根据煤矸石的颗粒大小可分为：粗粒煤矸石(>25 mm)、中粒煤矸石(25～1 mm)和细粒煤矸石(<1 mm)。

(2)根据发热量高低可分为：低热量煤矸石(<500 kcal/kg)、中热量煤矸石(800～2000 kcal/kg)和高热量煤矸石(>2000 kcal/kg)(1 kJ=0.239 kcal)。

(3)根据熔融特性可分为：难融煤矸石(1400～1450 ℃)、中融煤矸石(1250～1450 ℃)和低融煤矸石(<1250 ℃)。难融煤矸石可以作为耐火材料。

(4)根据膨胀性能可分为：微膨胀煤矸石(<0.2%)、中等程度膨胀煤矸石(0.2%～1.6%)和激烈膨胀煤矸石(>1.6%)。有膨胀性的煤矸石可以烧制轻骨料。

(5)根据煤矸石的可塑性可分为：低可塑性煤矸石(<1)、中等可塑性煤矸石(7～15)和高可塑性煤矸石(>15)。后2种煤矸石可以作为制砖原料。

1.1.3 我国煤矸石的分类

根据我国煤矸石来源情况，并且吸收国内外其他分类方案的优点，煤矸石类型的划分以煤矸石产出方式作为划分依据，并采用生产中常用的一些习惯方法，将煤矸石命名为以下6大类：

(1)露天煤矿剥离矸石：在露天煤矿的采掘过程中及基础建设初期，煤层的上覆岩层剥离排出的矸石岩，其岩石种类以页岩、砂岩为主。此种煤矸石的特点是：一般无热值，有些剥离矸石还有大量共生矿产。

(2)煤巷矸石：煤矿在井巷掘进过程中沿着煤层掘进所排出的矸石岩，除了有砂岩、页岩外，还有部分碳质页岩和少量的煤炭、泥质页岩。此种煤矸石的特点是：具有一定的热值，硬度较小，且排出量比较大，有时还含有共伴生矿物。

(3)岩巷矸石：煤矿在井巷掘进过程中所排出的岩石，其工作面的岩种大多数是砂岩、砾岩、砂砾岩、页岩、砂质页岩等。此种煤矸石的特点是：岩石硬度较大，含碳量低，有的甚至不含碳，无热值。

(4)手选矸石：手选矸石是混在原煤中的矸石岩，经提升设备运送至井口或选煤厂后，通过预先筛分，用人工拣出的煤矸石，称作手选矸石；其主要类型为砂岩、砂砾岩、页岩及碳质岩等，热值变化范围较大。

(5)洗选矸石：此类矸石是煤炭洗选过程中排出的矸石岩。为了尽量除掉原煤中的灰分、硫等有害杂质，一般均采用洗选加工。其岩种以碳质页岩为主，其中还有页岩、砂岩等。此种煤矸石的特点是：具有一定的热值，可作为劣质燃料使用，此类矸石排量集中，粒度小，含较多的稀土矿物。

(6)自燃矸石：此类矸石为堆积在矸石山经过自燃的矸石，其主要岩种为粉砂质泥岩及泥岩。此种煤矸石的特点是：其烧失量很低，颜色多呈红褐、灰黄及灰色，具有一定的火山灰活性。因为其性能及用途比较特殊，故单独划分为一类。

1.2 煤矸石的分析

1.2.1 煤矸石的工业分析

此次分析所采用的煤矸石样品来源于山东新汶煤田华丰煤矿，根据实验设计，选择从矸石山底部采集堆积的存矸(20～50 mm)样品，在洗矸区采集新鲜洗矸样品，在矸石堆场采集大矸(50～100 mm)和自燃后的红矸样品(1～20 mm)，并对相应样品进行编号：洗矸(G1)、大矸(G2)、存矸(G3)、红矸(G4)。

将采集的样品分别利用四分法进行混合和缩分，样品预处理后根据《煤的工业分析方法》(GB/T212—2008)标准进行煤矸石工业分析，采用X射线衍射仪进行物相分析，利用扫描电子显微镜进行煤矸石的形貌观测分析，利用 X 射线荧光光谱仪对煤矸石所含的化学元素进行检测分析。

研究区煤矸石的水分(M_{ad})较低，仅有存矸和红矸的水分达到 2%以上；煤矸石样品中除洗矸的灰分(A_d)较低外，其余煤矸石均大于 85%，为高灰煤矸石。洗矸的挥发分(V_d)和热值(Q)均比大矸、存矸和红矸高，热值达 3575 kJ/kg，存矸的热值最低，仅为 553 kJ/kg；各类煤矸石的视相对密度(ARD)范围为 2.13～2.63 g/cm^3，大矸的硬度最高，泥化比(N)最小，仅 1.14%。从工业分析上来看，不同类别的煤矸石存在差异，这为后续煤矸石的分类综合利用提供了基础。

1.2.2 煤矸石中有机质的元素组成

对不同类别的煤矸石微观结构和元素含量特征进行分析，洗矸和大矸呈层状和块状结构，存矸和红矸呈土状结构。洗矸整体结构清晰，样品和有机质呈条带状结构，裂隙宽 1～3 μm。能谱区域扫描发现主要元素为 C、O、Si、Al 和微量 Fe、K 等，黏土矿物填充在各层矿物中，其中黄铁矿晶粒嵌于黏土内；大矸中主要为不规则状的石英，其整体结构与洗矸相似，有机质呈条带状结构，主要元素为 C、O、Si、Al，少量 Fe、K，微量 Ca 和 Na 等；存矸的结构不清晰，主要以黏土矿物为主，块状石英、晶粒状黄铁矿、菱铁矿、方解石等多种矿物和黏土混杂，其有机质主要为破碎的细胞壁，能谱区域扫描，主要元素为 C、O、Si、Al、Fe，少量 Ca、K，微量 Mg 和 Na 等；红矸中有机质呈黑色，由于长期的氧化导致红矸结构散乱，没有成形的块状石英，黄铁矿小晶粒呈团窝状，黏土呈弯曲叠片状，主要元素为 C、O、Si、Al、Fe，少量 K，微量 Mg 和 S 等。

煤矸石的化学组分特征是评价煤矸石理化性质和资源化利用的重要依据，由煤矸石的 XRF 分析可得，4 种煤矸石的种类变化幅度较小，属于铝硅型煤矸石，SiO_2 和 Al_2O_3 占比分别为 58%～63%和 16%～26%，符合煤矸石制砖要求。Fe_2O_3 占比达 6%～12%。其余化学成分 MgO、CaO、Na_2O、K_2O、TiO_2、MnO_2 和 P_2O_5 等含量均小于 5%。通过酸性氧化物与碱性氧化物的含量比值得到煤矸石的酸碱比，发现存矸的酸碱比最高，为 6.1，洗矸为 5.8，红矸和大矸分别为 4.2 和 3.9，这表明矿区煤矸石易熔融。

利用社会分析网络可视化软件 Gephi 0.9.2 对煤矸石中化学组分间的共生关系和不同类别煤矸石微量元素的富集系数进行分析。煤矸石化学组分共生网络中，其节点颜色深度和大小与节点的接入度成正比，连线显示指标之间的相关性，粗细和颜色深度与 Pearson 相关系数成正比，共生网络显示了煤矸石中化学组分间的 Pearson 相关系数。P_2O_5 为接入度最高成分，其次是 TiO_2 和 MnO_2，CaO 和 K_2O 与其与化学组分不共生，此外 Al_2O_3、MgO、TiO_2 和 MnO_2 呈显著相关性，且 MnO_2 将许多化学成分联系起来形成共生网络，说明这几种化学成分在煤矸石中的赋存形式或分布机制相似。

1. 煤矸石中荧光有机质组分的分析方法

PARAFAC 是基于三维线性分解理论，采用交替最小二乘算法实现的一种数学模型，PARAFAC将预处理好的三维数据矩阵 $\boldsymbol{X}$ 分解为3个矩阵，即相对荧光强度(Scores)矩阵 $\boldsymbol{A}$ 以及载荷矩阵 $\boldsymbol{B}$ 和 $\boldsymbol{C}$，当多个样本的EEMs应用于平行因子分析时即可构成三维数据矩阵 $\boldsymbol{X}$。其数学模型如下：

$$\boldsymbol{X}_{ijk} = \sum_{n=1}^{N} a_{in} b_{jn} c_{kn} + \varepsilon_{ijk}$$

$$i = 1,2,\cdots,I; j = 1,2,\cdots,J; k = 1,2,\cdots,K$$

式中，i 为样本数；j 为激发波长数；k 为发射波长数；X_{ijk} 为第 i 个样品在激发波长 j、发射波长 k 处的荧光强度值；N 为模型中荧光组分的个数；a_{in} 为相对荧光强度，第 n 组分的含量占样品 I 含量的比例；b_{jn} 为载荷，与第 n 组分在激发波长 j 处的荧光量子效率线性相关；c_{kn} 为载荷，与第 n 组分在发射波长 k 处的特定吸收系数线性相关；ε_{ijk} 为残差矩阵，表示模型未解释部分的可变性。

2. 煤矸石中溶解性有机质的三维荧光分析

三维荧光光谱的PARAFAC分析通过三维荧光光谱技术对煤矸石浸泡液中的溶解性有机质进行分析，根据得出的荧光数据，结合Stedmon的平行因子分析法，利用Matlab软件中DOMFluor工具包对2种煤矸石的各14个浸泡液水样的三维荧光光谱进行平行因子法分析，通过载荷、杠杆和残差分析来缩小组分范围，最后通过折半分析验证来确定最佳组分数。

基于PARAFAC模型分析，扣除288 h处的异常样品，确定煤矸石浸泡液中DOM具有2种荧光组分。组分1和组分2均具有1个激发峰2个发射峰，其中245/295 nm和255/280 nm 2处的荧光峰表示氨基酸类，其游离或结合在蛋白质中，荧光特征类似于酪氨酸；245/390 nm处的荧光峰表示分子量较低的短波类腐殖质，海洋中较常见并与生物活动有关；255/420 nm处的荧光峰则表征分子量较高的芳香氨基酸类，荧光特征与富里酸类似。

3. 煤矸石中DOM的荧光指数特征

其中荧光指数FI(f470/f520)反映了芳香氨基酸与非芳香物对DOM荧光强度的相对贡献率，可作为物质来源及DOM降解程度的指示指标；FI指数的2个端源值1.4和1.9分别表征了陆源DOM和内源DOM。生物源指数BIX反映DOM自生源相对贡献率，当BIX大于1.0时为生物或细菌活动产生，且有机质为新近产生。2种煤矸石DOM的BIX指数平均值分别为1.128和0.964，说明其有机质主要为生物或细菌活动新近产生，且保德矿煤矸石中DOM的自生源程度比补连塔矿的要强。腐殖化指数HIX可反映DOM中的腐殖化程度，当HIX<4时，表示DOM为生物或水生细菌来源；在4～6时为弱腐殖质和近期重要的原生组分；在6～10时为强腐殖质和近期原生组分。煤矸石FI、BIX指数高，而HIX指数则相反。地质年代越早，煤矸石DOM样品的“微生物源”特征越明显，地质年代越晚，煤矸石DOM样品受“外源”的影响就越大。

煤矸石的理化特征分析结果表明，洗矸具有较高硅铝质和热值，可以用于煤矸石制砖；大矸的视相对密度较高，矿物中含有大量的石英和方解石，可以直接用于路基填充和制备机制砂等。但存矸和红矸这2类存量大、存时长的煤矸石资源化利用较为复杂。因此，研究认为可以采用分级分质全组分利用工艺对矿区的存矸展开资源化利用研究。利用三级破碎和筛分工艺，借助于存矸不同组分和矿物间的选择性破碎性质差异，使得煤等不同的矿物依据自己的破碎性质差异，分别富集于一定粒级组成中，进而通过分级筛分和分选方法，将煤矸石分离出不同产品，从而实现煤矸石的分级分质资源化利用。

1.2.3 煤矸石的发热量测定

煤矸石是煤炭生产、加工过程中产生的固体废弃物，可由采煤或选煤过程排出，其排放量约占煤炭产量的10%，是我国排放量最大的工业固体废弃物之一。目前煤矸石的利用途径主要包括煤矸石沸腾炉发电、煤泥循环流化床发电、煤矸石制砖、煤矸石生产水泥等，都是利用其中的热量，因此煤矸石发热量的测定具有重要意义。但目前尚无煤矸石发热量测定方法的国家标准，实际工作中煤矸石发热量的测定都是按照《煤的发热量测定方法》(GB/T213－2003)进行的，由于二者发热量高低差别很大，因此存在不少问题，本书主要探讨煤矸石发热量测定方法精度及所得结果的准确性问题。

1. 煤矸石发热量的测定方法

《煤的发热量测定方法》(GB/T213－2003)规定，测定发热量需称取空气干燥基样品0.9～1.1 g，我们研究发现测定煤矸石发热量称取1 g左右时，主期温升为0.2～0.4 ℃，远远低于煤炭发热量的主期温升2～3 ℃；同时由于煤矸石燃烧发热量低、燃烧速度慢，自动热量仪测定时试验初期内外筒温度基本相同，终点内外筒误差小，使得终点难以观察，时间也大大延长。二者综合，煤矸石平行样误差在70×4.18～100×4.18 kJ/kg。采取掺加苯甲酸的方法提高单次试验发热量，不仅平行样误差没有明显降低，而且操作复杂，因为试验时不仅要称取、添加、拌匀苯甲酸和煤矸石样品，计算结果还要扣除苯甲酸发热量。

所以，出现这样的问题根本上是由于煤矸石发热量较低使得单次试验温升过小。针对这一原因，我们考虑了减小内筒水量、特制质量小的专用氧弹、特制更精密的测温探头等方法来提高煤矸石发热量测定的单次温升或相对精度，均告失败，最后我们研究了加大称样量的办法来提高温升，取得了良好结果。

结果表明，煤矸石称样量1 g重复性误差高达82×4.18 kJ/kg，远大于《煤的发热量测定方法》(GB/T213－2003)规定的重复性误差小于120 kJ/kg的要求；而采取加大称样量的办法后，煤矸石发热量重复性误差均小于45 kJ/kg，远远优于国标要求。

分析煤矸石发热量测定过程中的数据发现，加大称样量之所以能取得满意的测量精度原因有二：第一，加大煤矸石称样量，使得单次试验温升由1 g时的0.3～0.5 ℃，提高到了3～5 g时的1.8～2.5 ℃，接近煤炭发热量测定的温升，可正常观察到试验终点，这样使得试验正常进行；第二，符合国家标准的热量仪都能保证单次试验测定的总误差在120 kJ/kg之内，对于煤矸石，由于称样量加大，这样单次试验的总误差被

3～5 g试样分摊，使得折算到 1 g 的误差大大降低，所以煤矸石发热量测定精度不降反升。

这一方法于 1998 年获得国家专利，并在全国各地试验均取得了成功，解决了国际上(包括德国)未解决的难题。

2. 煤矸石发热量测定有效值问题

采用前述煤矸石发热量测定方法，解决了测量结果的精密度问题，但这个结果是否反映实际生产中的有效发热量呢?

对比分析一下发热量测定条件与实际生产条件的异同，就可以对这个问题作出回答。

国标考虑了发热量测定条件和生产条件下酸形成热、水分蒸发热的不同，但没有考虑到矿物分解吸热和矿物化合放热的不同。对于酸形成热和水分蒸发热，煤矸石和煤炭是相同的，即都需要作高低位换算，但国标中没有讨论的矿物状态就显示出差别。煤炭或煤矸石的矿物组成主要是黏土类矿物、石英、碳酸盐类矿物及少量黄铁矿、长石类矿物，根据矿物学原理，随着温度升高，黄铁矿都会分解放热成为发热量的一部分，石英、长石不会发生变化，因此这些矿物都可不予考虑，而黏土和碳酸盐类矿物分解、化合反应比较复杂。

理论上，1 atm(1 atm＝1.013×10^5 Pa)下碳酸钙平衡分解温度为 893 ℃，其分解吸热高达 1645 J/g，实际上 600 ℃就开始分解。在超纯煤中配入 5%～85%的纯 $CaCO_3$ 进行发热量测定，曲线分为 4 段：$CaCO_3$ 含量在 5.31%时分解率为 100%，含量提高到 10.18%时分解率降为 86.13%，说明 $CaCO_3$ 完全分解含量在 5.31%～10.18%之间；$CaCO_3$ 含量 15%以后直到 69.93%，分解率波动在 79.75%～82.44%之间；以后分解率急剧下降，$CaCO_3$ 含量由 80%升高到 85%时，分解率下降了 40%。

实际生产中无论煤矸石用于燃烧发电，还是煤矸石制砖、制水泥，其中的 $CaCO_3$ 都完全分解，这样发热量测定条件下样品中 $CaCO_3$ 分解程度就决定了氧弹条件下测定得出的发热量与生产实际是否等效。研究发现，采用测定发热量残渣中游离氧化钙(f-CaO)含量计算 $CaCO_3$ 分解率，进而推算等效发热量是一种有效方法。

黏土矿物也是煤炭中的常见矿物，它们具有相似的物理化学性质，其中高岭石最为常见。高岭石加热到 450～575 ℃时结构中的[OH^-]即以水的形式分解脱除，结构破坏，形成无定型物质，此为吸热反应；进一步加热到 950～1050 ℃，则形成莫来石 Al_6-$[SiO_4]_2O_5$ 和玻璃体或方英石 SiO_2，此为放热反应。用 XRD 分析了含 60%高岭土 40%纯煤样品测定发热量后残渣高岭石完全分解，大部分转变为无定型偏高岭石，少部分进一步结晶为莫来石。

在实际煤矸石砖生产中，黏土矿物和石英、碳酸钙等矿物共同存在，化合反应更加复杂，一般认为 600 ℃开始形成化合物，可能有硅酸钙($2CaO \cdot SiO_2$)、铝酸钙($CaO \cdot Al_2O_3$)、铁酸钙($CaO \cdot Fe_2O_3$)、钙铝黄长石($2CaO \cdot Al_2O_3 \cdot SiO_2$)等，十分复杂。

综合说来，对于发热量很高的常规煤炭，发热量测定条件和生产条件下灰渣状态相同，燃烧温度高，煤灰完全熔融，可以不考虑二者差别；对于发热量很低的煤矸石，发热量测定条件下黏土矿物完全分解但大多没有进一步化合，碳酸钙依含量不同分解状况不同，这时就要进行校正处理，否则样品平行样误差很小而与有效值相比误差很大，失去了指导生产的意义。

实际上矿物对煤炭发热量的影响是一个涉及煤化学、矿物学和燃烧学的复杂课题，我们对此进行了多年研究，该课题于2000年通过专家鉴定，2003年获得江苏省科技进步二等奖，在全国水泥厂推广，最近几年我们针对煤矸石制砖进行了进一步研究，提出了新的校正方法，经全国各地几十个科研单位、企业使用取得了良好的效果。

1.3 煤矸石的理化性质及活性特征

1.3.1 煤矸石的组成与形态结构

1. 煤矸石的组成

1)化学组成

煤矸石的化学组成主要为SiO_2和Al_2O_3，SiO_2含量在30%～60%之间，Al_2O_3含量在20%～40%之间，Fe_2O_3和CaO的含量之和普遍低于10%。但是，以高岭土为主要组分的煤矸石，Al_2O_3含量可以达到40%。高铝煤矸石(Al_2O_3含量>30%)主要集中于我国西北地区的矿区。

煤矸石的化学组成主要以SiO_2和Al_2O_3为主，SiO_2含量通常为30%～65%，Al_2O_3含量为15%～40%，Fe_2O_3含量普遍低于10%，CaO含量也较低。但是，以铝质岩和高岭土为主的煤矸石，Al_2O_3含量可以高达40%，我国部分地区煤矸石中的CaO含量也较高。

煤矸石发热量一般为3346～6273 J/g(800～1500 cal/g)。其无机成分主要是硅、铝、钙、镁、铁的氧化物和某些稀有金属。煤矸石的组成成分表明煤矸石蕴含丰富的资源，科学地利用可使煤矸石变废为宝。

以山西省煤矸石为例，分别取500 g全粒级煤矸石、各粒级筛分煤矸石进行制样，粉碎至200目(74 μm)以下，在105℃下烘干2 h，采用X射线荧光光谱仪(XRF)分析样品中物质组成及元素组成，得出主要成分的测试结果。可知，各粒级煤矸石中Al_2O_3、SiO_2为样品主要成分，合计占原样含量的75%以上，Fe_2O_3含量为2%左右。各粒级目标矿物含量分布差异不明显，SiO_2的含量随粒度的减小略有下降。

2)矿物组成

煤矸石是采煤过程和洗煤过程中排放的固体废物，是在成煤过程中与煤层伴生的一种含碳量较低、比煤坚硬的黑灰色岩石，属沉积岩类。煤矸石中的矿物种类有：①铝土矿，主要组成为一水铝石和三水铝石，煤矸石中Al_2O_3含量>40%；②硅酸盐类矿物，主要组成为石英、正长石和普通辉石，其中石英含量最高；③黏土矿物，主要组成为蒙脱石、高岭石和水白云母，占比最大的 SiO_2 和 Al_2O_3 在煤矸石中的含量分别为 40%～70% 与 15%～30%；④碳酸盐类矿物，主要组成为方解石、白云石与菱铁矿。

煤矸石是由多种沉积岩共同组成的集合体，不同种类的沉积岩又主要是由成岩矿物所组成。

煤矸石中混合物相的组成。根据煤矸石的类型及地域分布，对各地煤矸石进行 XRD 分析。根据由 XRD 的物相鉴定结果以及煤矸石的化学成分而得出的示性矿物组成结果可知，不同类型的煤矸石具有不同的矿物组成。黏土岩类煤矸石主要由黏土矿物和陆源碎屑矿物石英、白云母及少量自生矿物组成。我国北方的黏土岩类煤矸石和南方的同类煤矸石相比，在黏土矿物的成分上稍有不同，北方黏土岩类煤矸石的黏土矿物全部为高岭石，而南方黏土岩类煤矸石的黏土矿物中除了高岭石外，还含有一定量的伊利石，这也是南方煤矸石的特征矿物，反映了形成的气候条件。此外，南方煤矸石中含有较多的白云母，这也是南方、北方煤矸石在矿物成分上的一个显著差别。砂岩类煤矸石在矿物组成上除了黏土矿物外，含有较多的陆源碎屑矿物，特别是出现了钾长石。碳酸盐岩类煤矸石(钙质煤矸石)在矿物组成上以方解石、白云石为主，黏土矿物含量相对较少，同时也含有一定的陆源碎屑矿物石英。在一些过渡类型煤矸石中，常具有独特的矿物组合特征。如贵州六枝煤矸石(黏土岩型向碳酸盐岩过渡)中陆源碎屑矿物石英、白云母与碳酸盐矿物并重，同时含有相当量的黏土矿物。重庆綦江煤矸石属于黏土岩型煤矸石，但其石英矿物含量相对较少，而黄铁矿显著增高。这些不同的矿物组成可能导致煤矸石具有不同的性能。

煤矸石中普遍存在高岭石、石英 2 种晶相矿物，其他可能存在的晶相矿物包括伊利石、绿泥石、白云母、长石、黄铁矿、菱铁矿、赤铁矿、方解石等。此外，煤矸石中包含一定量的非晶相物质，主要是水分、炭质、风化物等。煤矸石中的矿岩主要包括黏土岩类、砂岩类、砾岩类、碳酸岩类、石灰岩类和铝质岩类等沉积岩。石英属于砂岩类，因其抗风化能力很强，不易分解，所以在煤矸石中大量存在。高岭石、伊利石、绿泥石、白云母、长石等同属于铝质黏土类矿物，是煤矸石中含量较高的一类矿物。煤矸石中含铁矿物主要以菱铁矿和赤铁矿存在，部分新产出的煤矸石中还含有黄铁矿；碳酸盐类矿物方解石是煤矸石中主要的含钙矿物。对比了不同国家煤矸石矿物组成的含量分布，其中石英、黏土类矿物、含碳物质是最主要的矿物。煤矸石的矿物组成主要受到黏土矿物的影响，典型的煤矸石含有 50%～70% 的黏土矿物，20%～30% 的石英以及 10%～20% 的其他矿物和炭杂质。与世界其他国家相比，我国煤矸石中高岭石含量(10%～67%)丰富，石英含量中等(15%～35%)。高岭石活性易于激发，为其进一步资源化利用提供了便利。

3)含铝组分性质特点

煤矸石中普遍含有高岭石和石英矿物晶体相，碳酸盐矿物方解石是煤矸石中主要的含钙矿物。煤矸石的主要成分为 SiO_2 和 Al_2O_3，具有稳定的 Al—O 和 Al—O—Si 结构，常温下为具有完整晶型的聚合态矿物，性质稳定且难与其他物质反应。通常采用高温煅烧、降低比表面积等手段提高煤矸石的活性。其中高温煅烧是最常用的活化方法，即利用高温（通常为 900 ℃）增加煤矸石各微观粒子的动能，使 SiO_2 和 Al_2O_3 分子中的结合水因为剧烈的热运动而逸出，同时铝氧八面体结构受到破坏，一部分铝由 6 配位变为 4 配位，使得烧成后的煤矸石中含有大量的活性氧化铝，达到活化的目的。

煤矸石是聚煤盆地煤层沉积过程的产物，是成煤物质与其他物质相结合而成的可燃性矿石。从狭义上讲将煤炭开采带出来的碳质泥岩、碳质砂岩称为煤矸石。从广义上讲煤矸石是煤矿建井和生产过程中排出来的一种混杂岩体，它包括煤矿在井巷掘进时排出的矸石、露天煤矿开采时剥离的矸石和洗选加工过程中排出的矸石。

煤矸石在颗粒构成上，粒度大至数十厘米粒径的块石，小至黏粒乃至胶粒；在物质成分上，软、硬岩混杂，残留一定量的煤，富含有机组分和易挥发的可燃硫分等，其灰分一般为 60%～90%。煤矸石中常见的矿物成分有石英、长石、黏土矿物、白云岩及石灰石等碳酸盐类矿物、黄铁矿等，其相对含量与煤系地层的沉积环境、岩层组合及岩性等因素有关。煤矸石的化学成分比较复杂。

煤矸石由黏土岩、砂岩、碳酸盐岩和铝质岩组成。它主要是一种无机混合物，主要由铝硅酸盐组成，含有不同量的 Fe_2O_3 和 CaO、MgO、K_2O 等无机物质。煤矸石是一种黑色固体。燃烧后通常结构松散，呈淡黄色。由于各个岩石种类不同，其矿物组成具有一定的复杂性，煤矸石主要由黏土矿物高岭石、伊利石、蒙脱石、勃母石、石英、方解石、硫酸铁及碳质组成。

研究区煤矸石的矿物组成以石英和黏土矿物为主，两者的衍射峰特征明显、含量较大，其余的衍射峰显示为斜长石、菱铁矿、白云石和钾长石等矿物特征。研究区煤矸石的矿物组成在总体上相似，但不同种类间略有差别，这主要体现在方解石和菱铁矿的含量上。

洗矸和红矸的矿物组成类似，基本上以石英黏土矿物为主，总占比达 80%以上；大矸的方解石含量占比高，达 32%，这说明大矸与洗矸等的矿物组成特征存在差异，可以判断大矸主要来源于采煤巷道的顶底板煤矸石，此外大矸中含有 18%的菱铁矿物，这也说明了大矸与其余煤矸石相比存在来源性差异；存矸兼具研究区煤矸石的矿物组成特征，这主要因为矿区多年来矸石产生量较大，煤矸石的利用率较低，不同种类的煤矸石混杂堆存形成矸石山，在外部环境的作用下持续发生变化，因此存矸在矿区煤矸石中存量最大，性质较复杂，综合利用的难度最高。

2. 煤矸石的形态结构

煤矸石的原矿粒度较大，其中黄铁矿主要以结核体、块状、粒状等宏观形态为主，矿物之间呈细粒浸染状，洗矸中的黄铁矿以块状、脉状、结核状及星散状 4 种形态存在，而硅质煤矸石的宏观形态呈黑色隐晶质结构，矿物构造为纹层状和块状。

煤矸石组成的岩石类型多种多样，同时经历了许久的地层演变和风化影响，矿物组成种类也比较多，含量最多的是黏土矿物和石英、方解石、长石、沸石及少量的硫铁矿及炭质等。其岩石的组成结构与构造组成很复杂，主要是由以下 5 部分组成：

(1)页岩类型：泥质页岩、炭质页岩、粉砂质页岩。

(2)泥岩类型：泥岩、炭质泥岩、粉砂质泥岩。

(3)砂质岩型：砂岩、泥质粉砂岩。

(4)碳酸盐岩类型：石灰岩、泥灰岩。

(5)其他：煤颗粒与硫结核。

其中，泥质页岩主要是不透明的黑色矿物质，含有少量的石英和黏土矿，颜色主要表现出灰黄色或深灰色，大部分呈片状结构，质地比较软，极易风化和粉碎。

炭质页岩主要是以石英为主，其中含有一定量的黑色矿物和少量云母，颜色主要表现出黑灰色或黑色，大部分呈片状结构，比较易风化和粉碎。

砂质页岩主要成分是云母和石英，也包含了不透明矿物质与碳酸盐矿物质，颜色主要表现出灰白色或深灰色，结构较粗糙，不容易被风化及坚硬难粉碎。

砂岩主要指的是砂质、泥质、石灰粉砂这些岩类，颜色主要表现出深灰色和黑灰色，大部分表现为椭圆形状，块状结构粗糙，很难被风化及粉碎掉。

我国山东枣庄、安徽淮南、山西大同这些矿区能发现这些煤矸石表面大块颗粒多，这些大颗粒就是泥质或者是炭质煤矸石，颜色主要表现出黑色或灰黑色，性质较容易风化，同时堆积后自身容易发生自燃现象，这种情况是堆积的煤矸石时间短或者没有彻底自燃。那些年代久远且已彻底发生自燃的煤矸石的颗粒大部分比较细小，大颗粒含量少之又少，颜色主要表现出灰白色或红褐色，这种自燃后的煤矸石往往具有良好的级配和使用性，是填筑路基材料的首选。

1.3.2　煤矸石的理化性质

(1)多孔性：煤矸石中含有一定含量的碳，通过破碎、粉碎、过筛后的煤矸石在高温下煅烧后，表面会有孔隙，使得煤矸石的比表面积增大。

(2)活性：煤矸石中还有大量的 SiO_2 和 Al_2O_3，在天然形成过程中 Si—O 和 Al—O 成键牢固。通过焙烧改变煤矸石的物相组成和微结构，形成具有活性的 SiO_2 和 Al_2O_3，使煤矸石活性极大地提高。

1.3.3　物理性质

煤矸石与煤系地层共生，含碳量低，比较坚硬，灰黑色岩石，归于沉积岩类，是多种矿岩组成的混合物。风化程度直接影响其硬度，一般风化后呈现浅灰色等。不同地区矸石矿物组成种类也不同，工业物理性质随产地和粒径的不同而不同，其含量相差很悬殊。

1)煤矸石的颜色

煤矸石的颜色取决于煤矸石在煤层中的分布和煤矸石矿物中可变成分的含量，越靠近煤层含碳量越高，故煤矸石多呈现灰色、灰褐色或黑褐色，若煤矸石中铁含量较高则呈现黄色或带红色。

2)煤矸石的力学性能

煤矸石的力学性能的高低决定了煤矸石能否作为混凝土基料使用。煤矸石的硬度为3左右，煤矸石的风化程度越严重，岩石的力学性能越低，抗压强度为300～4700 Pa。

3)煤矸石的密度和堆积密度

煤矸石的密度为2100～2900 kg/m^3，其堆积密度为1200～1800 kg/m^3，自燃煤矸石的堆积密度为300～900 kg/m^3。

4)煤矸石的吸水特性和塑性指数

煤矸石的吸水特性对煤矸石综合利用的影响很大。煤矸石的多孔性决定了煤矸石的吸水特性，其吸水率为2.0%～6.0%，塑性指数为3.0～15。自燃煤矸石的吸水率为3.0%～11.60%，塑性指数为1.03～0.8。

5)煤矸石的烧结性能

煤矸石的烧结温度一般高于1000 t，低于高岭石的烧结温度，属中低等的耐火材料。

6)煤矸石的自燃特性

煤矸石具有自燃性能，长期堆放会使煤矸石内部的热量积累到一定程度。当煤矸石的温度达到煤矸石自燃的临界温度时，煤矸石便会自燃。通常，当煤矸石的含硫量较高(>3%)，含碳量也较高(>20%)时，大面积堆放时极其容易发生自燃，尤其是在干燥地区。

7)煤矸石的多孔性

相对于未自燃煤矸石，自燃煤矸石拥有更多的空隙，且空隙的结构非常复杂。这是由于煤矸石中含有可燃性碳物质等，自燃后往往含有较多的空隙，形成一种多孔的结构层。

煤矸石的物理性能和化学组成决定了它的综合利用技术和方向，下面对其物理性能做分类介绍：

(1)泥质页岩：深灰色或灰黄色，水云母黏土页岩状结构，不完全解理，质软，受大气作用和日晒雨淋后，易崩解，易风化，加工中易粉碎。

(2) 炭质页岩：黑色或黑灰色，水云母含炭质黏土页岩，层状结构，表面有油脂光泽，不完全解理，受大气作用后易风化，其风化程度稍次于泥质页岩，易粉碎。

(3)砂质页岩：深灰色或灰色，含泥质、炭质、石英粉砂岩结构较泥质贝岩和炭质页岩粗糙而坚硬，极难完全解理，出井时，块度较其他页岩大，在大气中风化较慢，加工中难以粉碎。

(4)砂岩：黑灰色或深灰色，含泥质、炭质、石英粉砂岩结构粗糙而坚硬，出井时一般为椭圆形，在大气中基本不风化，难以粉碎。

(5)石灰岩：灰色，结构粗糙而坚硬，较砂岩性脆，出井时块度较大，在大气中一般不易风化。

1.3.4 化学性质

煤矸石以常量元素为主，兼含多种微量元素，各种松散伴生元素含量极低，属痕量元素。化学成分一般是由无机化合物(矿岩)转变成的氧化物组成。

化学性质是评价煤矸石特性并决定矸石利用途径的重要指标。包括煤矸石的化学组成。煤矸石的矿物成分复杂，但从化学组成上看，煤矸石主要是由无机质和少量有机质组成的混合物。

(1)无机物质：煤矸石的无机物质主要为矿物质和水，以氧化硅和氧化铝为主。化学成分的含量和种类随着矿物成分的不同而变化，因此可以用氧化物的含量来判别煤矸石的类型和矿岩物组成等。

(2)有机质：煤矸石中的有机质主要是煤，包括碳、氢、氧、氮、硫等多种化学元素，煤矸石的发热量主要取决于煤矸石中有机质的含量，煤矸石的含碳量是选择煤矸石工业用途的主要依据。

(3)稀有元素：煤矸石中常见的伴生元素及微量元素很多。有 Ga、Co、Cu、Be、V、Zn、Mn、Mo、Ni、Ph、In、Bi、Ge 等，除此之外，还含有一定量的有害、有毒及放射性元素，会对环境和人类造成危害。

1.3.5 煤矸石的活性介绍

煤矸石的活性主要源于所含的黏土类和云母类矿物，当煤矸石加热到一定温度。一般为 700～900 ℃时，黏土类和云母类矿物的结晶相因发生热分解而破坏，变成无定型的非晶体 SiO_2 和 AlO_2，从而具有活性。

影响煤矸石活性的主要因素有煤矸石的化学组分和煤矸石的结构。

1. 化学组分对煤矸石活性的影响

煤矸石中含有大量的化学组分，各种组分的含量不同，以及各组分之间的比例不同，都对煤矸石的活性产生不同程度的影响。

(1)氧化硅(SiO_2)是煤矸石中的主要组分之一，它对于煤矸石玻璃体结构的形成有很大的作用。但在煤矸石中 SiO_2 的含量一般偏高，得不到足够的 MgO、CaO 来与之化合，所以往往影响了煤矸石的活性。特别当 SiO_2 存在于结晶矿物中时，更影响煤矸石的活性。

(2)氧化铝(Al_2O_3)也是决定煤矸石活性的主要因素。Al_2O_3 含量相对较低时，活性较好。

(3)氧化钙(CaO)是煤矸石的重要成分之一，其含量越高，煤矸石的活性越强，因为 CaO 与 SiO_2 在遇水时易反应生成 C_2S 多种矿物组分，提高系统的反应能力，所以在将煤矸石应用于建材行业时要求 CaO 含量适当高一些。

(4)氧化铁(Fe_2O_3)在煤矸石中有一定的含量，Fe_2O_3 能在煤矸石冷却过程中形成大量铁酸盐矿物和中间相，从而提高煤矸石的活性，所以 Fe_2O_3 含量越高，煤矸石的活性越强。

(5)氧化镁(MgO)在煤矸石中大多数呈稳定的化合状态存在，MgO 能促使煤矸石玻璃化，有助于形成显微不均匀结构，但若 MgO 含量偏高且以方镁石形态存在，则会因水化而使体积膨胀，导致制品安定性不良，所以 MgO 含量太高时会影响煤矸石的应用。

针对上述情况，利用煤矸石时，将其成分一般控制在如下范围：SiO_2：55%～70%；Al_2O_3：15%～25%；CaO：65%左右；Fe_2O_3：2%～8%；MgO：<3%。

2. 煤矸石结构对活性的影响

从微观结构上来说，结构缺陷越多，晶体晶格畸变程度越大，或呈无定型形态的材料，其反应活性就越高。关于煤矸石结构对活性的影响，国内外很多文献都做了详细地分析和仔细地研究。新鲜的煤矸石和风化的煤矸石具有稳定的结晶结构，其原子、离子、分子等质点都按特定的规律呈周期性地有序排列，活性很低或基本上没有活性。对煤矸石做 X 射线衍射研究发现：煤矸石的主要结晶成分为高岭石、蒙脱石和伊利石；经 700 ℃燃烧以后，煤矸石的衍射谱上高岭石的衍射峰基本消失不可见，而且没有新的衍射峰出现，说明煤矸石已经分解，产物为无定型的氧化硅和氧化铝，而且经过煅烧后的煤矸石水泥的强度比未煅烧的强度高，说明在燃烧过程中产生了活性物质。

可以看出，高岭石是煤矸石中的有效矿物，其含量高低决定了煅烧后无定型活性物质含量的多少，进而一定程度上决定了煤矸石火山灰活性的强弱，以部分地区煤矸石为例，对其高岭石矿物含量进行定量分析。分析结果显示北方煤矸石中高岭石的含量普遍较高，南方煤矸石中高岭石的含量普遍较低，钙质煤矸石中高岭石的含量最低。

3. 煤矸石的活性评价

煤矸石活性的强弱和其物相组成与煅烧温度等条件有关，通过高温煅烧的方法可以使煤矸石中矿物的晶体结构发生畸变，提高其化学反应活性，使之成为具有类似胶凝特性的混凝土基料。煤矸石的热活化活性是指其与生石灰、水混合后，经过物理作用和化学作用后，将其他散粒状物料胶结为整体，并具有一定力学强度的性能。由于煤矸石的成因、化学组成、矿物组成、物理状态(粗细)、堆存时间等差异较大，很难建立一种准确、快速、便捷的胶凝活性评价方法，学者提出了多种火山灰活性的评价方法，总体可分为物理法和化学法两大类：

(1)强度试验法：是将火山灰质材料与其他胶凝材料混合，以其硬化体所呈现的强度作为火山灰活性的指标。强度试验能够综合反映混合材料在水泥中的作用，在《用于水泥中的火山灰质混合材料》(GR/T2847－2005)中规定，抗压强度法即测定掺入 30%活性混合材料的 28 d 硅酸盐水泥抗压强度与纯硅酸盐水泥 28 d 抗压强度之比，比值大于 0.65 的，认为混合材存在火山灰活性，该值越高，表明煤矸石的火山灰活性越强，对比样品的胶砂加水量固定为 238 mL，而火山灰质水泥胶砂的加水量按跳桌流动度 125～135 mm时的水胶比计算，混合材要求含水率小于 1%，细度要求为 0.08 mm，方孔筛筛余 5%～7%，硅酸盐水泥熟料安定性合格，强度等级为 42.5 以上。抗压强度比

K 按下式计算，计算结果保留至整数。

$$K=\frac{R_1}{R_2}$$

式中，K 为抗压强度比，%；R_1 为掺活性混金材试验样品 28 d 抗压强度，MPa；R_2 为对比样品 28 d 抗压强度，MPa。

硬化体的强度是反映该硬化体结构的一项综合性指标，因此，强度试验法能综合反映火山灰材料在水泥基材料中的作用。

(2)火山灰活性试验法：火山灰活性试验法是指在(40±1)℃的条件下，通过与水化水泥共存的液相中呈现的氢氧化钙的浓度和同样碱性介质中达到饱和的氢氧化钙浓度相比较而确定的，如果该溶液中氢氧化钙浓度低于饱和浓度，则判定该材料具有火山灰活性，或火山灰活性合格。因此，应先画出在(40±1)℃时，$Ca(OH)_2$ 在游离碱度(OH^-)从 0～100 mmol/L 溶液中的溶解度曲线，以总碱度(氢氧根离子浓度)为横坐标，以氧化钙浓度为纵坐标。曲线上方的 $Ca(OH)_2$ 浓度是饱和的，曲线下方的 $Ca(OH)_2$ 浓度是不饱和的。材料的火山灰活性越强，则消耗的 $Ca(OH)_2$ 越多，因而试验结果处于溶解度曲线的下方，根据试验结果点的位置，判定材料是否具有火山灰活性。

(3)酸碱溶出法：燃烧煤矸石在碱性溶液或酸性溶液中溶出硅酸根和铝酸根离子的能力可以反映其化学反应活性的高低。离子溶出法是通过测定煤矸石在溶液中溶出的硅酸根离子(简称为 Si 离子)和铝酸根离子(简称为 Al 离子)的量来计算煤矸石样品中活性 SiO_2 与 Al_2O_3 的量。煤矸石中的硅、铝的溶出可以用下式表示，即煤矸石中硅氧四面体和铝氧四面体解聚的过程。

$$\text{Al}-\text{Si 颗粒}+OH^- \longrightarrow Al(OH)_4^- + -Si(OH)_3$$

4. 煤矸石的活性激发

由于煤矸石是火山灰质混合材料，自身几乎没有水硬性胶凝特性，因而需要在一定的物理化学条件激发下，改变其化学组成和内部结构，才能提升自身的火山灰活性。提高煤矸石活性的活化途径有热活化、机械活化、化学活化和复合活化等方法。

1)热活化

煤矸石经过自燃或煅烧矿物相发生变化，是产生活性的根本原因。煤矸石中的黏土矿物成分，经过适当温度煅烧，便可获得与石灰化合形成新的水化物的能力。所以，煤矸石又可视为一种火山灰活性混合材料，其活性大小的衡量标准是黏土矿物含量。煅烧旨在利用高温下煤矸石微观结构中各微粒产生剧烈的热运动，脱去矿物中的结合水，钙、镁、铁等阳离子重新选择结构位置，致使硅氧四面体和铝氧三角体不可能充分地聚合成长链，形成大量的自由端的断裂点，质点无法再按照一定规律排列，形成热力学不稳定态玻璃结构，从而使烧成后的煤矸石中含有大量的活性氧化硅和氧化铝，从而达到活化的目的。煤矸石的主要矿物成分是高岭石、蒙脱石、石英砂、硅酸盐矿物、碳酸盐矿物，少量铁钛矿及碳素，且高岭石含量达 68.7%。高岭石在 500～800 ℃脱水，晶格破坏，形成无定型偏高岭石土，具有火山灰活性。

$$Al_2O_3 \cdot 2SiO_2 \cdot 2H_2O \xrightarrow{500\sim800\ ℃} Al_2O_3 \cdot 2SiO_2 + 2H_2O$$

在 900～1000 ℃，偏高岭土又发生重结晶，形成非活性物质——硅铝尖晶石(如下反应式)。温度继续升高后，还会转变成结构更加稳定的晶相莫来石，导致活性降低。

$$2Al_2O_3 \cdot 3SiO_2 \xrightarrow{900\sim1000\ ℃} 2Al_2O_3 \cdot 2SiO_2 + SiO_2$$

这些无定型的二氧化硅及氧化铝在 CaO、$CaSO_4$ 和水的存在下，会发生如下反应而产生一定的强度：

$$Al_2O_3 + 3CaO + 3CaSO_4 + 32H_2O = 3CaO \cdot Al_2O_3 \cdot 3CaSO_4 \cdot H_2O$$

$$Al_2O_3 + 3CaO + CaSO_4 + 12H_2O = 3CaO \cdot Al_2O_3 \cdot CaSO_4 \cdot 12H_2O$$

$$Al_2O_3 + 4CaO + 13H_2O = 4CaO \cdot Al_2O_3 \cdot CaSO_4 \cdot 13H_2O$$

$$SiO_2 + CaO + xH_2O = CaO \cdot SiO_2 \cdot xH_2O$$

当温度过高，在高于 1050 ℃时，无定型的 SiO_2 及 Al_2O_3 重新结合生成莫来石晶体，又使活性降低：

$$2SiO_2 + 3Al_2O_3 = 3Al_2O_3 \cdot 2SiO_2$$

而温度过低时，煤矸石中的碳燃烧不完，使水泥标准稠度用水量增大，同时，高岭土组分分解不彻底，活性组分比重相对减少，从而使活性下降。

煤矸石煅烧过程中，一般在 1000 ℃左右便有莫来石生成，到 1200 ℃以上，生成量显著增加。莫来石的大量生成，将降低煤矸石的活性。通过上面化学反应式可以看出，在煅烧过程中，煤矸石中的高岭土在一定温度下发生脱水和分解，生成偏高岭石和无定型的硅铝氧化物，这些无定型的硅铝氧化物在 CaO、$CaSO_4$ 和水的作用下，会发生反应而产生一定的强度，成为活性的主要来源。但是不同性状的煤矸石具有各自不同的最佳煅烧温度，煅烧温度太低，煤矸石黏土矿物不能脱水分解，所形成的偏高岭土及无定型的活性 Al_2O_3 和 SiO_2 等数量不足，因此活性较低；同样，煅烧温度过高，则可能生成铝硅尖晶石或者其他的晶体矿物，这些矿物基本上没有水化活性。

其中，热活化的研究侧重于通过对煤矸石热活化过程及其结构变化的研究，以寻求最佳煅烧温度范围以及制备条件。关建适等对不同煅烧温度的煤矸石活性进行了研究，试验结果表明，煤矸石中黏土矿物加热分解、玻璃化和熔融是煤矸石产生活性的主要原因，而熔融性主要取决于它的化学成分和矿物组分。煤矸石加热时的物相变化，产生活性有 2 个温度区域，即中温活性区(600～950 ℃)和高温活性区(1200～1700 ℃)。

煤矸石中黏土矿物加热到 600～950 ℃时，由于晶格遭到破坏，变为非晶质而具有活性，但随着温度的继续升高，其中矿物组分又重结晶，煤矸石活性又逐渐降低，此活性区最优煅烧温度范围的确定，取决于煤矸石中矿物的种类和数量。煤矸石中含有大量的 SiO_2 和 Al_2O_3，在高温煅烧过程中，它们具有稳定的相变特征，但由于煤矸石是各种矿物组分的混合物，这些混合物并没有一个固定的熔点，而仅有一个熔化温度范围。煤矸石随着煅烧温度的升高，相继生成尖晶石、方英石和莫来石，一般在 1200 ℃以上时，这些结晶体又陆续形成玻璃体和熔融体，此温度范围即煤矸石的高温活性区。刘可高等采用煅烧煤矸石的不同冷却方式，测试了配制胶砂的强度。试验结果表明，煤矸石经过高温煅烧后，不同的冷却方式对煤矸石的活性影响较大，高温煅烧的煤矸石受急冷时，其中的晶格扭曲变形而来不及形成规则的晶体，则呈现出大量的玻璃体。煤矸石煅烧温度越高，冷却速度越快，煤矸石的热活化活性提高就越大。试验采取950 ℃煅烧2 h，然后采用2种不同方法冷却：一种为自然冷却；另一种为水淬，最后磨粉按照30%的掺量成型。

2)机械活化

机械活化通常也称为物理活化，是指通过将物料磨细以提高其活性的活化方法。通过机械粉磨能够使颗粒迅速细化，提高了颗粒的比表面积，增大了水化反应的界面。机械活化在煤矸石的处理方面，具有很好的效果，通过磨细煤矸石使其颗粒变得很小，不仅可以填充硬化结构的毛细孔，起到密实增强的作用，而且能增加煤矸石的比表面积，同时其颗粒表面出现错位、点缺陷和结构缺陷，氧化硅和氧化铝的无定型程度增高，颗粒表面自由能增加，从而提高其火山灰活性，它可以更多地消耗氢氧化钙和石膏，促进煤矸石与水泥水化产物的二次反应，使生成的水化产物增加，因而可以提高强度。

3)化学活化

化学活化主要是通过添加各种碱性激发剂，使聚合度高的硅酸盐网络解聚，进一步生成C—S—H、C—A—H、AFt、AFm等物质。化学活化中的激发剂应该具备2种作用，其一是提供一种强极性环境，破坏煤矸石表面的Si—O键和Al—O键；其二是能够参与反应，生成具有凝胶作用的物质。煤矸石在碱性作用下的化学活性机理可以用下式表示，在碱的作用下，结构中的Si—O—Si和Al—O—Al共价键断裂。

$$n(2SiO_2 \cdot 3Al_2O_3)+H_2O \xrightarrow{NaOH} n(OH)_3-Si-O-Al-O-(OH)_3$$

$$n(OH)_3-Si-O-Al-O-(OH)_3 \xrightarrow{NaOH} Na(-Si-O-Al-O-Si)_n+H_2O$$

由于化学反应生成稳定的三维聚合铝酸盐结构水化物，消耗了生成物，使整个反应过程得以不断进行，从而使Si—O键和Al—O键不断被破坏，促使结构解体，反应形成的铝酸盐水化产物不断交织，连生聚合，产生无序的网络结构，激发了煤矸石的活性，可使煤矸石水泥砂浆化学反应更加彻底，提高其混凝土材料的力学性能。

4)复合活化

复合活化法一般是将煤矸石先煅烧，在热活化的基础上，再通过机械活化或加入化学激发剂进一步激发煤矸石活性。

综上所述，本试验将采用煅烧热活化的方式对煤矸石活性进行激发，一方面是考虑到煅烧过程可以除去煤矸石中含有的少量煤及有机物；另一方面，通过对煤矸石进行煅烧还可以破坏煤矸石中矿物稳定的晶体结构，提高其化学反应活性，可以改善混凝土的力学性能及微观结构。结合作为混凝土基料自身的特点，煅烧的起始温度选择为500 ℃，如果煅烧温度高于900 ℃，则煅烧需要的能耗较高，导致成本过高，达不到废弃物利用的经济效益，故本书将煤矸石的煅烧温度范围选择为500～900 ℃。

5)微波活化

微波辐射活化煤矸石的主要原理是利用微波加热来破坏煤矸石中Si—O和Al—O

键结构，使得煤矸石的物相组成和微结构发生改变，而形成一定活性的 SiO_2 和 Al_2O_3。

微波辐射活化技术与传统加热技术相比具有一定的优势，传统加热技术是由外部热源通过热传导或热对流由表及里的加热方式，微波加热是利用微波的热效应和化学效应，使物质内部的分子在微波高频电场的作用下进行剧烈振动、快速转动、摩擦而迅速升温。其特点有：①热惯性小、升温速度快；②选择性加热的特点；③高效节能、热效率高；④安全环保、操作简单。

1.4 煤矸石的燃烧特性

大量研究表明煤的燃烧可认为分 3 个阶段：干燥脱水、挥发分着火和燃烧及焦炭燃烧。具体过程：随着煤的加热，煤粒表面和缝隙间的水分首先蒸发，当温度继续升高，煤中易断裂的碳氢化合物会以气态形式逐渐释放，释放的挥发分在氧气存在的条件下达到着火条件，开始燃烧，燃烧的挥发分将释放的热量传递给形成的焦炭，随后焦炭开始剧烈燃烧，其中焦炭的燃烧主要包括扩散和化学反应 2 个过程。

参照煤燃烧的研究方法，贾海林等人对煤矸石的燃烧过程做了阶段划分，认为煤矸石的绝热氧化可分为 4 个阶段，分别是外在水分失重阶段、内在水分失重阶段、挥发分燃烧失重阶段和固定碳燃烧失重阶段。具体过程为煤矸石受热表面上和孔隙里的外在水分蒸发，随后内在水分蒸发，随湿度升高可燃挥发分逐渐析出，当有足够氧气时，析出的可燃挥发分燃烧，最后是煤矸石中固定碳的着火燃烧；Ren 等人同样认为煤矸石的主要燃烧阶段包括挥发分燃烧和固定碳燃烧并发现固定碳燃烧的峰较宽，说明燃烧过程较缓慢，故对固定碳燃烧的控制同挥发分燃烧相比更容易；然而邬剑明、王雨等人结合 DTA 实验结果，认为这 2 个燃烧阶段应该为大部分固定碳及挥发性物质的燃烧和内部固定碳及少量挥发性物质的燃烧；区别于以上研究结果，冉景煜等人不仅得到与上述结果相同的双峰煤矸石燃烧曲线，同时发现一些煤矸石的燃烧只存在一个失重峰，分析认为煤矸石的燃烧过程是从挥发分的着火燃烧开始的，相对较高的挥发分含量会使挥发分的析出和燃烧过程更加剧烈，从而表现为挥发分着火、燃烧过程和固定碳燃烧过程相重合；司鹏等人进一步分析认为，对高岭石含量较高的煤矸石，燃烧失重过程中还包含了高岭石的脱羟基；Zhou 等人结合 XRD 和 FTIR 结果也证明了这一点，认为在煤矸石燃烧过程中会发生高岭石向偏高岭石的相转变，同时黄铁矿和伊利石的矿相也会逐渐消失。此外，一些研究报道了煤矸石的动力学参数，侯丽华等人通过燃烧动力学研究，得出煤矸石燃烧的活化能在 300～600 ℃为 70.75 kJ/mol，在 700～1000 ℃为 28.21 kJ/mol；而冉景煜等人采用 Freeman－Carroll 法则得出：煤矸石在低温段(以 700 ℃为界)的反应级数为 1.5 左右，活化能较低，在高温段的反应级数为 2.0 左右，活化能较高，与上述结果刚好相反。

虽然很多研究者都开展了煤矸石燃烧方面的研究，但受原料产地、试验条件及试验方法的影响，所得结果有所差别甚至相反，这为理解原料性质对煤矸石燃烧过程的影响造成一定困难，同时粒径、气氛和矿物也是影响煤矸石燃烧的重要因素，但目前关于粒径对煤矸石燃烧影响的研究主要集中在小粒径煤矸石（μm 级）的探讨，针对粒径进一步增大对煤矸石燃烧的影响还少有研究。此外在气氛对煤矸石燃烧的影响的研究中多数为传统气氛（O_2/N_2）下氧气浓度为 21%～70%的研究，低氧浓度下的传统燃烧及富氧燃烧方面的研究少有报道，气氛变化对矿物分解行为影响的研究也较为缺乏，所以有必要系统深入地研究不同原料性质、粒径以及气氛下煤矸石的燃烧特性及矿物分解特性。

1.5 煤矸石的热解

近年来，随着对煤系固体废弃物利用关注力度的加大，重庆大学冉景煜课题组采用非等温热重法系统研究了煤矸石的热解特性及热解动力学机理，认为煤矸石的热解过程是一个由低温失重、主要热分解和二次脱气 3 个阶段组成的复杂过程。其热解动力学机理需要分阶段描述，热解初始阶段服从三维球扩散模型；随着温度升高，受液化反应控制，服从级数为 2 的化学反应模型；当温度进一步升高，进入热解第三阶段会受煤种影响，含碳量高的煤矸石服从级数为 2 的化学反应模型，而含碳量低的煤矸石服从级数为 1 的化学反应模型。

1.5.1 煤矸石热解过程的影响因素

冉景煜等人进一步分析了不同因素（煤矸石种类、升温速率、粒径、压力、气氛）对煤矸石热解的影响，发现煤矸石的内部结构和煤质情况对热解的影响较大；高升温速率会导致颗粒内外温差大，产生热滞后现象，使挥发分析出延迟，热解曲线向高温区移动；颗粒粒径主要影响颗粒内部的传质和传热，从而进一步影响颗粒中心处的温度一时间历程，间接影响热解过程；压力对热解的影响主要体现在压力对聚合、缩聚反应和扩散传质的影响上，但压力只在高于特定温度时才发挥作用；CO_2 和 CH_4 气氛均对煤矸石的热解具有促进作用，对 CO_2 而言，其可能参与煤矸石的热解反应，与某些挥发产物发生反应，降低了挥发产物逸出的难度，CH_4 同样参与了煤矸石的热解反应，但其促进机理有所不同，是煤矸石热解时产生的活性自由基先促进了 CH_4 的裂解，CH_4 裂解产生的自由基又促进了煤矸石的热解。

1.5.2 煤矸石热解过程的矿物分解

已有学者在研究煤矸石的热解过程时对矿物质的影响有所关注。李淑强在研究煤矸石热解时指出，六盘水煤矸石在 800～1000 ℃出现的微小下降峰为矿物质的分解，且 1000 ℃之后矿物质的分解更加剧烈，并指出寺河煤矸石在 1000 ℃之前没有矿物质的分解峰，可能与煤矸石与矿物质结合的不同有关；朱明燕等人同样指出了煤矸石热解过程中的矿物分解，认为金沙煤矸石明显失重峰前的小失重峰可能与煤矸石中所含的高岭石等黏土矿物有关，而金沙煤矸石和黔西煤矸石在 600～750 ℃的失重峰主要由分子的热裂解与缩聚反应造成，900 ℃后所有煤矸石的 DTG 曲线开始缓慢下降，尤其是大方煤矸石，作者认为这可能与煤矸石中白云石等矿物的分解有关；与以上解释不同，Zhou 等人则认为煤矸石在 700 ℃以后的失重是由煤矸石重结晶造成的。

虽然在前人的研究中已涉及煤矸石热解过程中的矿物分解，但针对矿物分解的研究还不够系统深入，且没有相应的实验证明矿物在热解过程中的分解过程，故深入理解煤矸石热解过程中的矿物分解行为，还需进一步的系统研究。

1.5.3 煤矸石的热解机理

煤矸石的热解机理与煤的热解机理类似，普遍认为煤的热解过程是一个自由基生成过程，其热解反应开始于键的断裂。首先是弱的键先断裂，一般认为是与结构单元相连的桥键（主要指—CH_2—、—CH_2—CH_2—、—CH_2—O—、—O—和—S—S—等）裂解生成自由基，采用电子顺磁共振（ESR）发现，煤在 300 ℃时就有自由基生成，且随着温度升高自由基浓度迅速增高。煤热解的自由基机理类似于低级烃的热解，按自由基链式机理进行。Penninger 及其同事研究了四氢菲、二氢菲在约 500 ℃下的裂解和加氢裂解，发现自由基的生成速度比断裂开环的速度快得多。所以煤热解可能首先是一个自由基生成过程，它由结构中的弱键断裂所引发。产生的自由基如果从供氢溶剂、外加氢气或自身内的氢获取足够的氢，则自由基被氢饱和而稳定下来生成挥发分；但是如果这些自由基得不到足够的氢与之饱和，则自由基间发生相互聚合形成半焦和焦炭。Gavalas 归纳出煤热解过程中的化学反应有几类：键断裂生成两个自由基；键断裂生成一个自由基和双键；自由基缩合反应；析氢反应；加成取代反应；羟基的反应；羧基的反应。尽管煤热解机理被认为主要是自由基机理，但是随着对煤热解机理的深入研究发现，煤的热解机理不仅仅是自由基机理，还伴随有离子型反应机理，这是由于煤中含有大量的含氧官能团。有关含氧官能团的热解机理的研究结果表明，含氧官能团的热解也有的是离子型反应机理。由于煤的分子结构极其复杂，矿物质又对热解有催化作用，所以，迄今为止，对煤的热解化学反应尚未彻底弄清。但对煤的热解过程可以通过煤在不同分解阶段的元素组成，化学特征和物理性质的变化加以说明。

煤热解包括第一步脱挥发分反应和紧接的二次反应。前一步反应非常快，包括自由基的形成、缩聚反应、自由基交联反应及加氢反应等。二次反应是第一步反应中形成的挥发分的继续热解，包括初始挥发分裂解为小分子的烃类和气体，以及初始挥发分之间的再聚合。二次反应主要集中于初级挥发分中的焦油分子，它将改变挥发分的收率和产品的分布。影响煤热解行为的多个因素都是通过对二次反应的影响来发挥作用。二次反应和传质现象是密不可分的，同时它与煤质、压力、温度和颗粒大小有关，目前，对二次反应尚缺乏精确的描述。

关于煤热解过程机理已有广泛的研究，但是煤结构的复杂性和目前研究技术的局限性使得热解过程仍将是煤化工领域的重大课题之一。而要对热解过程有比较系统的研究和了解，就必须在煤样热解试验的基础上，进一步综合分析热解所得固、液、气三态产物的组成特性和演化以及相互转化规律。

1.6 煤矸石对环境的影响

1.6.1 对水环境的影响

开采煤矿需要进行地下开挖，通常情况下，开挖深度可达地下数千米，这种施工会导致矿区地下形成大面积的采空区。随着开挖工程的进行，采空区的范围会不断扩大，上方的基岩由于缺乏支撑作用，容易发生塌陷和破裂等问题。长期下去，会形成裂缝带和剥离层，破坏原有水层结构，导致地下水随裂缝流入采空区，造成地下水资源的流失，不利于农业灌溉和人民日常生活用水。同时，随着裂缝带的上升，地表水会渗入地下，导致地表径流量减少，严重时可能导致地表河流干涸，并且煤矸石与水资源接触后，会破坏水生生态系统，影响水中生物的生存和繁衍，对水域生态环境造成严重损害。此外，如果煤矸石在存放时受到雨水冲刷，废石和尾矿中残留的有害物质可能会渗入地下，对地下水资源造成不可挽回的污染。严重的渗入情况可能使水资源带有毒性，对周围居民的正常生活造成影响。

1.6.2 对大气环境的影响

在分洗过程中，大量燃料如煤炭、天然气和石油等被使用，导致大量二氧化碳和其他温室气体的排放，同时还释放出有害气体和物质，例如氮气、硫元素等，对大气和土壤造成严重污染。一些矿石中也含有温室气体，如煤矿中的甲烷，其释放也会对大气环境产生影响。同时，煤矸石的堆积也会对大气环境产生负面影响。煤矸石堆极易自燃，不充分燃烧释放出大量的二氧化碳和其他温室气体，引起大气环境的污染。此外，煤矸石产生的飘尘也会对大气环境造成污染。矸石在风吹日晒的作用下，会释放出硫化物和重金属等物质，给大气环境带来无法逆转的污染。因此，煤矸石堆积和环境之间密切相关，如果煤矸石得不到及时且适当地处理，对环境造成的破坏和影响将是无法预测的。

1.6.3 对土壤环境的影响

首先，煤矸石的储存需要大量的空间，占用了本可用于开发的土地，导致土地资源变得更加有限，而且由于煤矸石结构的松散性，还带来了许多灾害风险。煤矿地质灾害主要有滑坡和地面沉降 2 种，与煤矿开采规模逐渐增大、开采方式落后以及开采区域回填不及时等因素有关。通常，在煤矿实际开采过程中，排矸场区域逐渐扩大，占用了部分林地或草地等土地资源，破坏了地表原有的绿色植被，且恢复时间较长，导致岩石长时间裸露在外，增加了矿区自然灾害的风险，改变了矿区的地形和地貌。在极端恶劣的强降水天气下，由于地表植被覆盖率低，易出现泥石流和滑坡等自然灾害。同时，采空区未能及时回填同样会增加矿区出现地面塌陷事故的概率，尤其在强降水天气下，安全事故如滑坡或地面塌陷就会发生，严重威胁采矿人员的生命安全。煤矸石堆放在雨季容易发生崩塌滑坡、地裂缝、地面塌陷、泥石流、地下水排干和污染等安全事故风险。此外，开发过程中可能造成土壤承载能力的降低，甚至导致地表塌陷或裂缝等情况，对现场人员的安全构成潜在威胁，引发区域性环境问题。

1.7 煤矸石的综合利用

煤矸石的应用范围很广，随着国家对煤矸石资源的重视和科学技术的进步，煤矸石的利用途径逐渐增多，从最初的填坑铺路、作为建筑材料等，到通过高科技技术对煤矸石进行改性等操作，加工成为混凝土的轻质骨料、用于发电、作化肥、作吸附材料、提取有价值的元素等多种利用途径。如今科研人员仍在不断地进行探索，以期更好地利用煤矸石资源。

1.7.1 充填开采

矸石充填开采是针对传统充填采煤成本高、效率低、地下资源浪费等缺点提出的一种充填率低、结构稳定性强、充填效果好的方式，已经成为一种实现煤炭资源绿色开采的技术途径。2019 年，国家发展改革委发布了《产业结构调整指导目录》，鼓励矿井采空区矸石回填技术开发与应用，建筑物下、铁路等基础设施下、水体下采用煤矸石等物质充填采煤技术开发与应用类项目的发展，认定矸石充填开采对经济社会发展有重要促进作用，有利于满足人民美好生活需要和推动高质量发展。比较具有优势的充填开采主要有长壁工作面充填开采和巷道式充填开采。长壁工作面充填开采方法的采用可以减少地面排放矸石带来对环境的影响；抑制煤层及顶底板的移动，从而缓和了地表塌陷现象；进一步降低冲击地压发生概率，减少矿区水害、有毒有害气体涌出、浮煤自燃等灾害。不足之处在于矸石充填量大；对开采设备有较高要求；现有工作面采煤设备需要改造，难度较大；充填所需时间较长，工作面的推进和采煤速度会随之较慢。巷道式充填开采减少了矸石排出量，使得之前不能被采出的煤炭资源重获利用，该技术相较成熟，投资风险小；并且巷道式充填开采对采煤的影响小。缺点则是采煤效率低、推进速度慢；适合局部充填开采而不适合大范围应用；充填过程中用到的矸石较少；煤层厚度较大时，煤炭回收率比较低。冯国瑞等通过研发新型充填技术，有效规划地下开采空间等途径，以解决充填开采带来的挑战。同时还提出结构充填开采同样适用于其他矿产资源、其他地下空间的再利用。

1.7.2 发电

煤矸石发电主要是将煤矸石固体颗粒投入锅炉，在气流作用下增加与空气的接触面，提高其燃烧效率。煤矸石发电始于20世纪70年代，经过40多年的发展，截至2019年年底，煤矸石、煤泥资源综合利用装机规模约有3000万kW。

2019年煤矸石电厂消耗煤矸石量达到1.51亿t，占煤矸石利用总量的28.8%，回收利用能量折合标煤4700万t。随着CFB(Circulating Fluidized Bed)发电理论和技术水平的进步，如今矸石电厂已经解决了受热面磨损、炉内燃烧稳定性、有毒有害气体排放超标等问题。例如，2020年9月，国信平朔电厂660 MW超临界低热值煤发电项目顺利通过168 h满负荷运行，运行期间机组SO_2的排放小时均值为19.96 mg/Nm^3，NO_X的排放小时均值为28.97 mg/Nm^3，粉尘排放小时均值为0.86 mg/Nm^3，排放指标均远低于超低排放标准要求。

1.7.3 建筑材料

大量利用煤矸石作为建筑材料是煤矸石综合利用的主要途径，主要有煤矸石基水泥、煤矸石基轻质骨料混凝土、煤矸石制备砖和砌块、煤矸石制备陶瓷和陶粒等。

1. 煤矸石水泥

煤矸石中含有大量的氧化铝、二氧化硅和氧化铁，是水泥中Si、Al等组分的主要来源，与黏土成分大致相似，因此砂岩质的煤矸石可用于水泥熟料的制备，节省黏土、铁矿等资源。另外，水泥工业需要消耗大量燃料，而煤矸石中的金属硫化物和金属氧化物发生氧化反应，可放出一部分热量，能够代替部分燃烧材料。煤矸石原料经活化处理后产生活性氧化铝和氧化硅，可用作水泥活性混合材料。煤矸石的活化主要是通过自燃和人工煅烧的方式，同时针对不同成分的煤矸石在使用中需要科学调整使用比例。除此之外，煤矸石还能用于硅酸盐膨胀、少熟料、硫铝酸盐水泥生产。煤矸石在水泥中的添加，可以减轻煤矸石堆放过多的问题，同时减少了黏土材料的使用，并且可以有效提升水泥的强度，实现了资源的高效利用。湖南宜章县辉亮水泥厂，利用煤矸石取代黏土，每年利用煤矸石约3万t，节约原煤0.5万t。

2. 煤矸石制混凝土轻骨料

含碳量低于13%并且SiO_2、Al_2O_3质量分数分别为55%～65%和13%～23%的煤矸石，经过破碎到一定粒度大小的机制砂，放入窑内焙烧，可以制成吸水率低、强度高、抗压性能好、保温、轻容重的煤矸石混凝土轻骨料。

对于混凝土抗冻性能而言，原煤矸石劣于前期煅烧矸石，到后期则发生反转；随着煤矸石含量增加，抵抗F^-渗透性和H_2SO_4侵蚀性能随之增加，但是煤矸石混凝土的力学性能以及强度的降低速度较之普通混凝土要差一些。相对于传统混凝土的资源消耗、环境污染，生态友好型的煤矸石混凝土的使用和发展是一种必然的趋势。随着科学研究，学者们不断改进煤矸石骨料混凝土的性能，煤矸石轻质骨料混凝土必定会逐渐替代传统混凝土。

3. 煤矸石制耐火砖

煤矸石制耐火砖工艺大量使用了煤矸石原料，并且工艺较为简单、投入较低，特别是欧洲 CERIC 公司利用全煤矸石制砖的工艺，该工艺利用 100%的煤矸石和煤矸石的内燃烧结，“制砖不用土，烧砖不用煤”，大大节约了优质资源，实现了废弃物全部利用。该利用途径不但创造了较高的经济价值和环境价值，而且还为其他硬质黏土类原料烧砖提供了参考。

1.7.4 化工材料和肥料

煤矸石中二氧化硅和氧化铝的含量较高，通过各种方法和手段，提取煤矸石中的化学元素后生产化工材料。铝含量较高的煤矸石，可用于生产硫酸铝、沸石等化工产品，生产氯化铝、聚合氯化铝等净水剂。用煤矸石生产铝盐后留下的残渣还可以用来生产水玻璃。

由于煤矸石的矿物组成和土壤中的矿物组成比较相近，并且煤矸石肥料本身具有的吸附性、黏结性、离子交换性质，使得煤矸石肥料有很好的改良土壤结构、提升土壤肥沃程度、减少重金属危害的能力。煤矸石肥料基本是作为肥料载体或者与其他肥料相结合成为复合肥使用。例如，煤矸石与无机矿物复合、煤矸石与粪便复合、煤矸石与污泥混合等。其中煤矸石所含有的养分并不能直接被作物吸收，还需要通过不同的方法将营养成分转化成可吸收的有效态，最早使用的方法是化学制肥法，通过添加化学试剂将铵盐、磷酸盐在煤矸石内保持分子吸附状态，易于作物吸收，但是该方法的效果并不理想。近年来，微生物制肥法开始出现，利用不同的菌种如芽孢杆菌、硅酸盐细菌、解磷细菌等将煤矸石中的养料代谢掉，从而分泌出多糖产物，一方面形成生物膜，另一方面分解矿物作为肥料部分。对于煤矸石中含有且对作物有害的重金属元素，通过对土壤酸碱性的改善，采用粉煤灰及马粪抑制重金属、石灰降低重金属含量的方法来解决。

1.7.5 矸石山修复

矸石山修复是煤矸石最直接的利用途径。该方法只需要将破碎的矸石与土壤按照相应的间隔层铺好，中间加入适当的石灰、黏土、石英砂、水形成隔离层，不需要任何化学试剂或是微生物的参与。该利用途径可以明显改善矿山的生态环境，增加植被的存活率，同时解决煤矸石露天堆放的问题。

第2章 煤 泥

2.1 煤泥的性质

煤泥是煤炭生产过程中产生的一类对环境有着较大危害的固体废弃物，目前国内对煤泥的研究利用集中在生态缓释肥料、腐植酸、生物质型煤、分子筛、活性炭等方面，也有部分研究集中在将煤泥作为原料添加成分制备烧结类制品，例如建筑用砖瓦、陶粒和蓄热陶瓷。宁东地区是我国13个亿吨级煤炭生产基地之一，也是煤泥堆积的主要区域之一。目前宁东地区煤泥的应用主要集中在火力发电方面，因而研发也主要集中在煤泥的选洗工艺方面，高新技术方面研究利用比较少。和煤矸石原料类似，煤泥中也含有大量有机质和黏土类矿物质，利用高温时有机质裂解生成大量碳和黏土或石英之间反应生成 SiC 陶瓷，无疑具有较高研究意义。

我国是发展中国家，以制造业为主，对于化石能源的消耗一直处于增长状态，煤炭的使用占比一直高于60%。然而我国煤炭总储量大，品质却参差不齐，探明资源储量中褐煤和低变质程度的烟煤占55.1%，高变质的贫煤和无烟煤仅占17%，高硫煤约占14%，优质炼焦煤资源仅占9%左右。《洁净煤技术科技发展"十二五"专项规划》指出，未来几十年，煤炭在能源生产和消费结构中的主导作用不会改变，同时煤炭生产和利用中引发的环境、碳排放等问题也会日益突出。提高煤质是洁净煤技术的源头，通过洗煤利用水流的冲击作用，把不同成分不同比重的原煤分出不同等级，并除去尘土和废石，降低灰分和硫分含量，进而使劣质煤炭的利用更为高效和清洁。但洗煤这一过程会产生大量的二次废弃物，通称为煤泥。

煤泥灰分含量高，发热量较低，燃烧价值极低。粒度细、微粒含量多，小于200目的微粒占70%～90%。黏性较大，水分含量高，持水性强，脱水非常困难，经过压滤机压滤后，含水仍在30%左右，很容易再液化并到处流淌，非常不利于远距离运输再利用。而且风干后，遇风漫天飞扬、遇雨水又到处流淌，对生态环境影响恶劣。

煤泥是一种颗粒较细(0.5 mm 以下)、含水量较高的煤浆，一般是依据煤泥中有机质的特性确定其合理利用的途径。因此在煤泥加工利用的生产过程中，必须掌握有关的煤质资料。对煤泥的化学性质的了解，主要是通过煤泥的元素分析、水分、矿物质成分分析来得到；对煤泥的工艺性质的了解，主要是通过煤泥的挥发分、结焦性等的分析来得到。

2.1.1 煤泥有机质的元素组成

碳是煤泥的主要组成部分，其含量随煤化程度加深而增高。在煤化程度相同的煤中，碳含量的大小和煤岩成分有关。一般情况下，镜质组碳的含量要比丝质组低。不同煤种煤泥的主要元素组成，泥煤：C_{daf}(55%～62%)、H_{daf}(5.3%～6.5%)、O_{daf}(27%～34%)、N_{daf}(1%～35%)；褐煤：C_{daf}(60%～77%)、H_{daf}(4.5%～6.6%)、O_{daf}(15%～30%)、N_{daf}(1%～25%)；烟煤：C_{daf}(77%～93%)、H_{daf}(4%～6.8%)、O_{daf}(2%～15%)、N_{daf}(0.7%～25%)；无烟煤：C_{daf}(89%～98%)、H_{daf}(0.8%～4%)、O_{daf}(1%～4%)、N_{daf}(0.3%～1.5%)。

氢也是煤泥中的主要组成部分，氢含量的大小对煤泥的燃烧性质影响很大，一般随煤的变质程度加深，煤泥的氢含量下降。

氧含量对煤泥的工艺性质、质量好坏等关系很大，通常随煤泥的变质程度加深而降低。煤泥的比表面积大，置于空气中易发生氧化作用，氧含量会迅速增加，而碳含量则明显降低，从而导致煤泥的使用价值急剧下降。

煤泥中还常有氮元素，它们主要从成煤植物中的蛋白质转化而来，通常含量较少，对煤泥的使用价值影响不大。

2.1.2 煤泥中的硫

硫是煤泥中最有害的杂质元素。煤泥作为动力燃料，所含硫分会燃烧生成二氧化硫。二氧化硫不仅会严重腐蚀金属设备，而且会严重污染大气环境，大气中所含的二氧化硫是引起酸雨的主要罪魁祸首。所以，煤泥在使用前或使用中应采取适当的脱硫、固硫措施，以尽量减少生成二氧化硫的数量。煤泥经分选处理后所得的精煤如用作炼焦原料，则所含硫分危害更甚。因为在炼焦时煤中硫分60%以上转入焦炭中，焦炭因硫分增加，将导致高炉炼铁时焦炭和石灰石用量增高，高炉利用系数下降，生铁产量降低，而且硫转入钢铁中会导致生铁发脆、质量下降等一系列不良后果，所以低灰煤泥如欲作炼焦原料，对其硫分含量有严格要求，一般全硫含量不能超过1%。

根据硫的赋存状态，可把煤泥中的硫分为无机硫和有机硫两大类。有机硫就是存在于煤泥有机质中的硫分，主要来自成煤植物中的蛋白质。由于它和其他有机质结合得很紧密，一般的分离手段很难清除它，实践中通常采用固硫法，如在煤泥成型时加入适当的固硫剂(如石灰)，使煤泥型煤燃烧时生成的二氧化硫转换成稳定的硫酸盐硫，呈灰渣形态排出。无机硫是以矿物质形式存在于煤泥中的硫，通常分为硫化物硫和硫酸盐硫2种。由于煤泥中硫酸盐硫含量较少，大部分小于0.1%，所以煤泥中的无机硫通常是指黄铁矿硫(FeS_2)。黄铁矿硫和煤泥的天然可浮性相近，用浮选法通常只能去掉部分黄铁矿硫，效果常常不能让人满意。从高硫煤泥中以经济合理的技术手段脱除黄铁矿硫，一直是个世界性难题。从我国目前的实际情况考虑，对高硫煤最好采取限采、禁采的措施，以从根本上杜绝高硫煤泥的产生和危害。对已经产生的、积存在那里的大量高硫煤泥，应尽快治理，以尽量减少二次污染的形成量。从治理的角度上讲，最好采取综合处理的脱硫工艺，以保证取得最好的综合效果。

实际生产中一般都只测定煤泥各种硫分的总和，得到的煤质数据叫全硫含量，简称全硫。全硫测定一般用艾斯卡法或燃烧法。煤泥硫含量的等级分类如下：特低硫煤(SLS)：S，d(%)≤0.50；低硫分煤(LS)：S，d(%)>050～1.00；低中硫煤(LMS)：S，d(%)>100～1.50；中硫分煤(MS)：S，d(%)>1.50～2.00；中高硫煤(MHS)：S，d(%)>2.00～3.00；高硫煤(HS)：S，d(%)>3.00。

2.1.3 煤泥中的水分

煤泥由于粒度细，比表面积大，所以通常水分含量很高，从而严重地影响了煤泥的工业利用价值，甚至不得不扔弃。煤泥因为水分高，不采取一定的特殊措施不能单独装车运输，因而装卸很麻烦，在冬季还会发生“冻车”事故；另外，煤泥水分高也会大大增加无效运输量，如用于燃烧易造成结团，严重影响燃烧效果，用于炼焦时因蒸发水分而多耗热，延长结焦时间，降低装炉密度，从而导致焦炭质量下降。如何经济有效地降低煤泥水分，一直是个困难的课题，也是限制煤泥使用的主要原因。

依据煤泥中水分存在形态，可以把它们分成游离水和化合水。化合水也叫结晶水，通常跟煤泥中的矿物质结合，如高岭土($Al_2O_3 \cdot 2SiO_2 \cdot 2H_2O$)中的化合水，用一般工业分析方法测定不出来。工业分析测定的是游离水，也叫全水分，简称“全水”。全水分是外在水分和内在水分二者之和。

外在水分是指煤样放在空气中和空气湿度达到平衡时失去的水分。此时残留在煤样中的水分就是内在水分。实践中为了操作方便和保证结果的准确，全水分的测定都是分别测定外在水分和内在水分后，求和得到全水分试验值的。另外需要注意，由于测定时空气的温度和湿度不同，所以测得的全水分不会是一个固定值。

2.1.4 煤泥中的矿物质

煤泥中的矿物质就是通常所说的灰分，它们是煤泥中的无机质。煤泥中的矿物质大多为黏土类矿物，其他还有砂质类、碳酸盐类、黄铁矿等，如邢台选煤厂煤泥所含矿物质中高岭土占80%、伊利石占10%、石英占10%。直接测定煤泥中矿物质种类和含量比较复杂，一般都是间接测定灰分产率和分析灰渣成分后，来推断煤泥中矿物质的情况。煤泥经过高温燃烧后，原来的矿物质有时会发生变化，如黄铁矿会生成部分 SO_2 气体，高岭二会放出结晶水，所以测得的灰分产率经常会稍低于煤泥中实际的矿物质含量。

$$4FeS_2 + 11O_2 \longrightarrow 2Fe_2O_3 + 8SO_2\uparrow$$

$$2SiO_2 \cdot Al_2O_3 \cdot 2H_2O \longrightarrow 2SiO_2 + Al_2O_3 + 2H_2O\uparrow$$

煤泥中矿物质的种类、含量、粒度组成等参数对煤泥的加工利用影响很大，和煤泥质量的好坏有直接关系。

煤泥灰分的工业分析的方法是：准确称取一定数量的煤样放入坩埚，在马弗炉

815 ℃±10 ℃的条件下完全燃烧，以残留物占试样的质量百分数表示。

2.1.5 煤泥的挥发分和焦渣特性

煤泥的挥发分是指在特定条件下，其中有机质受热分解的产物，这些产物称为挥发物，挥发物占煤质量百分数称为挥发分。我国测定挥发分的特定条件是取 1 g 煤样放在隔绝空气的容器中，在 900 ℃±10 ℃的温度下，加热 7 min。在该条件下，煤样受热分解出一部分液体(蒸气状态)和气体产物，产物中包含煤泥的有机质分解产物、水分及矿物质分解产物等。因此，计算挥发分时，应等于总的气体产物减去水分和矿物质的分解产物。有机质分解产物占煤样的质量百分数，称为挥发分产率。残留下来的不挥发固体称之为焦渣。焦渣包括固定碳和灰分两部分。固定碳是煤泥中有机质热分解的残余物，其主要成分是碳。挥发分和固定碳相加基本上是煤样中有机质的量。

挥发分的产率与煤泥中有机质的组成和分子结构有密切的关系，一般随着煤化程度的增高，挥发分产率逐渐减少。

煤泥的挥发分产率和煤化程度呈有规律的变化，一般用它作为确定煤泥煤种的主要参考指标。

由于不同煤种形成的焦渣特征不同，可将焦渣分为 8 种类型，用于初步鉴定煤的黏结性、熔融性和膨胀性。

测定挥发分所得焦渣可分为：

(1)粉状：全部是粉末，没有互相黏着的颗粒。

(2)黏着：以手指轻压即碎成粉状。

(3)弱黏结：以手指轻压即碎成碎块。

(4)不熔融黏结：以手指用力压才裂成小块。

(5)不膨胀熔融黏结：焦渣是扁平的饼状，煤粒的界限不易分清，表面有银白色金属光泽。

(6)微膨胀熔融黏结：焦渣用手指压不碎，表面有银白色金属光泽和较小的膨胀泡。

(7)膨胀熔融黏结：焦渣表面有银白色金属光泽，明显膨胀，但高度不超过 15 mm。

(8)强膨胀熔融黏结：同上，焦渣高度超过 15 mm。

根据焦渣特性可知：泥炭、褐煤、长焰煤和无烟煤没有黏结性，焦渣呈粉末；气煤、肥煤、焦煤、瘦煤都具有黏结性，其中以肥煤熔融膨胀性最好。

2.1.6 煤泥的黏结性和结焦性

由焦渣形状和特性看出，某些煤泥在隔绝空气加热时，能黏结成焦炭，也有些煤泥不能黏结成焦炭，这主要是由于各种煤泥的黏结性不同。所谓煤的黏结性，是指煤在隔绝空气受热分解过程中(干馏过程)，能产生一定数量和质量的胶质体，不仅能使煤粒互相黏结融合，并且能黏结其他惰性物，煤泥的这种性质称为煤泥的黏结能力。煤泥的结焦性是指在工业炼焦条件下(一定的加热速度、炼焦温度等)原料煤能结成优质冶金焦的性能。结焦性包括了保证结焦过程能够进行的所有性质，黏结性仅是性质的一个方面，黏结性最好的煤泥，其结焦性不一定最好(如肥煤)；而结焦性好的煤泥，其黏结性就一定好(如焦煤)。

煤泥的黏结性和结焦性好坏与干馏过程中产生的胶质体数量和性状(如流动性、膨胀性和透气性等)有着密切的关系。胶质体是指煤料在隔绝空气条件下加热到一定温度(350～500 ℃)时，生成像焦油那样的黏稠液体，该液体中存在由煤气构成的气泡及固体颗粒，这种由液体、气体和固体组成的黏稠物质称为胶质体。

胶质体的数量和性状差别主要与煤泥的组成和分子结构有关。煤化程度低的煤(褐煤、长焰煤)，其分子结构中虽然侧链数较多，氧的含量也很高，但氧和碳之间的结合力非常弱，加热时最容易分解变成气态产物挥发出来，因而只能生成极少量或少量液体，不能或很少形成胶质体，所以没有黏结性或黏结性很差。煤化程度高的煤泥(贫煤、无烟煤)虽然氧含量少，但侧链数也较少，热解时大部分生成气体，少部分生成液体，不能或很少形成胶质体，所以也没有黏结性或黏结性很差。只有中等煤化程度的煤泥，分子结构中侧链的数目较多，氧含量较少，热分解时能生成大量的液体，形成适量和性状较好的胶质体，因此具有良好的黏结性。在宏观煤岩组分中，镜煤、亮煤黏结性好，暗煤次之，丝炭没有黏结性。同一煤化程度的煤，由于煤岩组成不同，其黏结性也有所区别。

黏结性和结焦性的测定方法很多，大致可以分为以下几类：

(1)根据胶质体性质测定，可分为胶质层指数、奥阿膨胀度和基氏流动度等。

(2)根据焦炭外形测定，可分为坩埚黏结特征、自由膨胀系数和葛金指数等。

(3)根据测定所得焦块强度，说明黏结性的有罗加指数、黏结指数等。

(4)在规定的实验条件或工业条件下，把煤泥炼成焦炭，测定焦炭品质，可分为铁箱试验、小焦炉试验等。

2.1.7 煤泥的发热量

单位重量(1 kg或1 g)的煤泥完全燃烧后，所产生的全部热量称为煤泥的发热量。以 Q 表示，单位为kJ/kg或J/g。煤泥的发热量是煤质分析的重要指标之一，是它在燃烧或气化过程中计算热平衡、耗煤量、热效率等的依据。

对燃烧用煤泥，一般对发热量的要求取决于燃烧的设计要求。不同煤种的发热量是不同的。

影响煤泥的发热量因素，主要是煤泥中的有机元素组成、水分以及矿物质等，并和煤化程度、成因类型及煤岩组成有关。从煤泥煤种上讲，褐煤的发热量最低；随着煤化程度加深，发热量逐步增加，到焦煤、瘦煤阶段达最大值；煤化程度继续加深，发热量反而降低。煤泥的发热量与煤化程度存在规律性变化，其原因是与煤中碳、氢、氧含量的变化有关。因为碳的发热量为335 J/g，氢的发热量为1444 J/g，氢是碳发热量的 4 倍，而氧在燃烧时不产生热，所以煤泥有机质中 3 种元素比例变化的结果，使不同煤化程度煤泥的发热量不同。对煤种变化不大的同一矿区，灰分增加，发热量降低，一般灰分增加 1%，发热量降低 356 J/g；水分增加，发热量也要降低。

2.1.8 煤泥的燃点

将煤泥加热到开始燃烧时的温度，叫作煤泥的燃点(也称着火温度、着火点)。测定煤泥的燃点的方法很多，一般是将氧化剂加入或通入煤样中进行加热，使其发生爆燃或有明显的升温现象，然后求出爆燃或急剧升温的临界温度，作为煤泥的燃点或着火点。采用不同的方法，尤其是使用不同的氧化剂，就会得出不同的着火点。因此，在实验室测定的燃点是相对的，规范性很强，它不能直接代表在日常生活中和工业燃烧条件下煤泥开始点火燃烧的温度。

我国测定燃点是采用亚硝酸钠作氧化剂，并和煤样按一定比例混合，在燃点测定仪中进行测定。研究表明，煤泥的燃点和煤化程度有关。煤化程度低的煤，其燃点低；随着煤化程度增加，燃点也增高。

2.1.9 煤泥中有机质的反应机理

1. 反应热力学和动力学

高温时 SiO_2 和 C 之间发生反应生产 SiC，随着反应不断进行，包覆 SiO_2 的新生相 SiC 层厚度不断增加，SiO_2 在 SiC 新生相层中扩散变得愈来愈困难，反应趋缓，温度的逐渐升高可以加快反应的进行。许多研究结果显示控制反应过程进行的是 SiO_2 与 C 反应生成 SiO 为主体的气态硅氧化物逸出，被 C 吸附而生成 β－SiC，反应不局限于直接接触的界面，可沿整个反应物颗粒的自由表面同时进行。反应生成的大量 CO 气体外溢会导致反应体系更加松散，进一步阻碍反应的进行；而逐渐升高的温度会加速反应传质的进行，又会加快反应的进行。在标准状态下 SiO_2 约在 1350 ℃下可以和 C 发生反应，山口明良认为由于大量杂质相的存在和其他副反应发生，炉内存在的 CO 和 SiO 并未达到标准状态，SiC 相生成温度比计算值偏高。1600 ℃保温 2 h 出现大量尺寸小于 3 μm颗粒相，这些颗粒相围绕尺寸较大其他颗粒聚集分布。从晶面间距测试来看，这种颗粒相即为 β－SiC 相。

煤泥中氧化硅相主要包含 3 类，煤泥含有石英砂、偏高岭石高温分解生成方石英和莫来石高温分解生成的方石英。偏高岭石高温分解生成方石英首先与多孔碳之间发生反应生成 β－SiC，随着温度升高反应逐渐加快；随着温度升高至一定程度莫来石开始高温分解，生成的方石英也开始与有机质高温裂解多孔碳之间发生反应，直至消耗完全。偏高岭石高温分解生成方石英由于开始反应温度较早，生成的 β－SiC 围绕在莫来石周围，阻碍了莫来石分解生成的方石英与多孔碳之间的反应，反应过程中生成的 CO 气体在一定程度上可以改变颗粒在体系内部的位置，促进莫来石分解生成的方石英相参与碳热还原反应。反应结束后体系内部残余大量氧化铝以刚玉相形式存在，随着温度的升高逐渐长大或单独存在。

当梅花井煤泥添加50%石英砂后反应生成SiC，当温度升高至1200 ℃左右时，有机质高温裂解产生的多孔碳开始与添加石英砂之间发生反应生成β-SiC相，并伴随着反应气体CO外溢；随着温度升高和反应进行，添加石英砂形状和大小均发生较大改变，反应速度也越来越快，接近添加石英砂颗粒的多孔碳逐渐参与反应，距离较远的多孔碳难以迁移至添加石英砂周围参与反应；随着温度进一步升高，添加石英砂会变为熔体相进行扩散并与距离较远的多孔碳进行反应，直至消耗完全。整个过程伴随着生成气体的外溢，结构进一步疏松，多孔碳结构也趋于完善。

2. 煤泥中其他成分对有机质反应过程的影响

煤泥中含有一定量钾钠长石相，高温时钾钠长石形成共熔相，这类共熔相与有机质高温裂解多孔碳发生如下反应：

$$K_2O_3 \cdot Al_2O_3 \cdot 6SiO_2(liquid) + C(solid) \longrightarrow 3Al_2O_3 \cdot 2SiO_2(solid) + K(gas) + CO(gas) + SiO_2(liquid) \quad (1)$$

$$Na_2O_3 \cdot Al_2O_3 \cdot 6SiO_2(liquid) + C(solid) \longrightarrow 3Al_2O_3 \cdot 2SiO_2(solid) + Na(gas) + CO(gas) + SiO_2(liquid) \quad (2)$$

反应生成的SiO_2相参与碳热还原反应，同时产生具有较强侵蚀性的挥发性K、Na气体，进一步升高温度莫来石相继续参与碳热还原反应。在CaO存在情况下，进行如下反应：

$$Na_2O_3 \cdot Al_2O_3 \cdot 6SiO_2(liquid) + CaO(solid) + C(solid) \longrightarrow xCaO \cdot 3Al_2O_3 \cdot ySiO_2(solid) + Na(gas) + CO(gas) + CaO \cdot SiO_2(liquid) \quad (3)$$

$$K_2O_3 \cdot Al_2O_3 \cdot 6SiO_2(liquid) + CaO(solid) + C(solid) \longrightarrow xCaO \cdot 3Al_2O_3 \cdot ySiO_2(solid) + K(gas) + CO(gas) + CaO \cdot SiO_2(liquid) \quad (4)$$

继续升高温度$xCaO \cdot 3Al_2O_3 \cdot ySiO_2(solid)$相分解也参与碳热还原反应。煤泥中含有较多$TiO_2$、$Fe_2O_3$以及一定量的SrO和$Rb_2O$等。高温时$TiO_2$逐渐转变为$Ti_3O_5$、$TiO_2$，并参与碳热还原反应生成TiC，TiC相的存在可以大幅度提高制品力学性能。研究证明高温熔融下Fe^{3+}等杂质离子的存在可以大幅度改变体系的热力学活度，因而Fe_2O_3可以作为碳热还原反应的催化剂存在从而加速SiC的生成。SrO和RbO_2都是高熔点氧化物，在整个碳热还原反应过程中可以抑制晶粒长大，降低了颗粒表面能，改善了颗粒的分散性，细化晶粒。

煤泥中碳和矿物质成分较高程度的混合方式，促使有机质高温裂解生成的多孔碳1000 ℃左右时开始与石英砂发生反应生成β-SiC相；添加50%石英砂后主要发生添加成分和多孔碳之间的反应，伴随有微量SiC纤维相生成。

煤泥中少量长石相和含钙矿物相也相继发生反应促进SiC晶相生成，微量重金属元素分别起到提高材料性能、促进反应烧结等作用。

2.1.10 煤泥的天然可浮性

1. 煤泥可浮性的概述

在我国大多数炼焦煤选煤厂中，由于工艺系统不够完善，废弃煤泥的灰分多为

18%～25%。它们含有大量的优质低灰的精煤成分，只要增设简单的浮选回收系统，就可以回收大量的灰分为8%～12%的精煤产品，不需破碎就可直接作为炼焦原料入炉，这是煤泥利用最经济合理的方法。

从煤岩学的角度讲，煤泥是一种有机岩石，是一种有机质和矿物质的混合物。根据"相似溶于相似"的原则，煤泥是一种天然可浮的物质，其中的有机质呈疏水性，而矿物质是无机物，它们呈亲水性。浮选就是用适当的办法在煤泥水中产生大量的气泡，这些不溶于水的气泡在上升过程中会自然吸附所碰到的煤粒，把它带到矿浆的表面，而那些亲水的矿物质则依然留在煤泥水中，从而实现了二者的分离。由于煤泥的天然可浮性受其所含矿物质的"拖累"，上升气泡一般不足以实现煤泥中有机质和矿物质的较好分离，所以在实际生产中就采取加入一定数量完全疏水的烃类油的办法，这些疏水的烃类油会优先吸附在煤泥中的有机物表面形成薄薄的"油膜"，从而大大提高了它们的疏水性，也就是改善了它们的可浮性，从而较好地实现了二者分离。这些烃类油通常被叫作浮选捕收剂。在选煤中最常用的捕收剂是煤油，其次是轻柴油。为了使在矿浆中形成的气泡有最大的比表面积(气泡面积越大，能吸附的煤粒也就越多)，就应该使气泡体积尽可能小。为了减小巨大表面积所带来的表面张力的影响，防止气泡的自动"兼并"，保持形成的气泡有一定的机械强度，提高它们的稳定性，就加入了一种取名为起泡剂的浮选药剂。起泡剂一般是杂醇类物质，比较常用的有仲辛醇、甲基异丁基甲醇等。

此外，在浮选过程中为了降低煤泥中极细颗粒的高灰分的矿物质对煤泥中低灰组分的污染，降低浮选精煤的灰分，还可以依据实际生产的需要加入不同种类的调整剂。如起分散矿泥作用的分散剂(六聚偏磷酸钠)、抑制黄铁矿上浮的抑制剂(糊精)等，不过除非特别需要，一般不用调整剂。

总之，煤泥浮选的实质就是利用煤中有机质组分和矿物质组分彼此表面性质的不同，在捕收剂的帮助下进一步扩大二者的可浮性，在上升气泡的作用下，表面呈疏水性的低灰组分上浮"刮出"后成为精煤产品。浮选过程虽然是个很复杂的物理化学过程，涉及的各种因素非常多，但实际的生产却相当简单，尤其是采用浮选柱作为煤泥的分选设备后，投资更省，效益更高，完全可以用相当低的成本从煤泥中回收精煤，实际回收率一般在70%以上。

2. 不同粒度煤泥的可浮性试验研究

煤泥浮选有合适的浮选范围，范围的确定一是由矿物的单体解离度决定，这与矿物和脉石的嵌布粒度特性有关；二是取决于气泡的负载能力和矿物颗粒的密度。若煤与矸石解离不够，即使粒度能够适合气泡附着和负载，浮选效果也不一定理想；若解离过度，粒度太细甚至泥化，则会导致精煤中细泥含量过大，灰分超标。因此不同粒度煤泥浮选效果不一样。

开滦矿区位于河北省唐山市境内，主要盛产烟煤，质地优良，该矿区开采利用跨越了3个世纪，现既有开采100多年的老矿，也有20世纪80年代建成的较先进的矿井。其中，开滦集团钱家营矿是我国自行设计与施工建设的一座大型现代化矿井，

1978 年开工建设，1988 年 12 月建成投产，最初设计年生产原煤 400 万 t，到 2009 年，核定年生产能力为 600 万 t，是开滦矿区高产、高效矿井的典型代表之一。钱家营选煤厂入选煤种为肥煤，利用价值很高，但该厂浮选效率较低，精煤灰分较高，尾煤灰分偏低，造成了肥煤资源的浪费。为了更好地实现"高产、高效"的目标，该厂拟对浮选环节进行改造。结合现场实际，采取钱家营选煤厂浮选入料，从天然可浮性和调浆后的实际可浮性两方面分析了该厂各粒级煤泥的浮选效果，此为制定浮选工艺改造方案提供依据。

1)煤泥粒度组成

试验按照 GB/T19093—2003《煤粉筛分试验方法》进行，试验设备为浙江上虞水仙仪器厂生产。

由筛分试验结果可知，煤泥中含有少量的>0.5 mm 粒级粗煤泥，说明选煤厂粗煤泥回收作业在粒度控制方面不完善；0.5～0.25 mm 粒级灰分较高，表明该厂重介质旋流器分选下限较高，粗煤泥分选效果较差，最后进入浮选系统；中等粒级 0.25～0.125 mm粒级灰分相对最低，可燃体含量更多，在浮选时应尽量加以回收；该煤泥的突出特点是细粒级含量很大，<0.074 mm 粒级占 50.73%，尤其是<0.045 mm 粒级占了 36.28%，且灰分突增，达到了 29.48%，属于高灰细泥。

2)各粒级接触角

煤泥的天然可浮性很难定量判断，目前比较权威的是表面成分理论或假说。大量的数据研究表明，按该理论的经验公式计算的可浮性与接触角为线性关系。因此可以通过测定接触角来确定煤泥的可浮性。

各粒级煤泥接触角从大到小的顺序为：$\theta_{0.25\sim0.125} > \theta_{0.5\sim0.25} > \theta_{0.125\sim0.074} > \theta_{<0.074} > \theta_{>0.5}$。由于可浮性与 θ 值成正比，因此将各粒级煤样大致分为 3 种级别：天然可浮性最好的为 0.25～0.125 mm 中间粒级；其次为 0.5～0.25 mm 和 0.125～0.074 mm，两者与水的接触角相近；可浮性最差的为>0.5 mm 粗粒级和<0.074 mm 细粒级。全粒级的最终接触角为 58.6°，与<0.074 mm 粒级最终接触角 56°绝对值相差最小，这说明全粒级煤泥的天然可浮性受含量最多的<0.074 mm 粒级影响最大。

3)调浆后各粒级可浮性

煤泥可浮性主要取决于其表面的润湿性，在实际生产中可通过改变浮选浓度、添加浮选药剂、调节搅拌速度、改变充气量等来改善煤泥的可浮性。通过前期条件试验研究，确定了该煤样的最佳浮选试验条件为：入浮浓度 70 g/L，捕收剂(煤油)用量 200 g/t，起泡剂(仲辛醇)用量 100 g/t，搅拌转速 1800 r/min，充气量 0.15 m^3/h。为了研究各粒级的可浮性变化，仅进行调浆试验，然后将其烘干、筛分，并与试验用水测定接触角。

与调浆前相比，添加药剂搅拌调浆后各粒级的接触角除<0.074 mm 和>0.5 mm 两个粒级增大外，其余粒级接触角均减小，这说明外界条件对于可浮性较差的粒级影响程度较为明显。然而添加药剂和搅拌可使煤泥表面性质发生变化，但也可能造成其他粒级接触角减小的情况，当然也不免存在接触角测定时操作、视觉误差等情况，因此本测定结果仅为相对值。

与天然接触角相比，调浆后各粒级煤泥接触角变化很大：<0.074 mm 细粒级煤泥从相对可浮性最差一跃成为可浮性最好的粒级，原因是细粒煤泥比表面积大，分散度高，高的比表面积能优先吸附药剂，从而极大地改善了煤粒的表面性质，所以可浮性迅速增强，这也是细粒级中高灰细泥影响精煤质量的重要原因之一；0.25～0.125 mm 和 0.125～0.074 mm 两个粒级粒度偏细，同时颗粒本身的天然可浮性较好，所以仍然保持着优势的可浮性地位；可浮性下降的是 0.5～0.25 mm，由于其粒度较大，比表面积相对较小，药剂吸附量少，因此表面疏水性相对较低；而粗颗粒>0.5 mm 粒级本身天然可浮性较差，且比表面积最小，与药剂接触混合不充分，所以相对来说其表面性质基本未得到有效改善，可浮性仍然最差。

由于各粒级煤泥天然可浮性有差异，因此调浆对其影响程度也不同，调浆后的可浮性是由各粒级表面积差异引起的药剂浓度分配不均和天然可浮性共同决定的。

4)浮选过程中各粒级的可浮性

在最优条件下，对全粒级煤泥进行了浮选速度试验，并将浮选速度试验中的各浮选精煤产品进行了小筛分试验，以分析各粒级随浮选时间变化的具体浮选行为。本试验通过一次加药多次刮泡实现，前两次刮泡时间为 0.5 min，中间两次为 1 min，最后一次为 2 min，共刮泡 5 次，得到 6 个产品。后期进行各粒级小筛分试验时，由于产品量少，为减小筛分试验误差，将 J4 和 J5 两个产品合并筛分。

根据浮选速度试验结果，评定该入浮煤样可浮性：当要求精煤灰分为 12.0%时，精煤产率约为 53%，可燃体回收率为 59.5%，在 40%～60%之间，为难浮煤泥；当要求精煤灰分为 12.5%时，精煤产率约为 67%，可燃体回收率为 74.8%，介于 60%～80%之间，属于中等可浮。

从各粒级随浮选时间变化的回收率可以明显看出各粒级在浮选体系中的具体浮选行为。从充气浮选开始到浮选 1 min 时，回收率最高的为 0.125～0.074 mm 和 0.25～0.125 mm 两个粒级，其次为<0.074 mm、0.5～0.25 mm、>0.5 mm 粒级，说明在浮选初始，天然可浮性较好的两个粒级优先大量浮出；但是，随着浮选时间的延长，易浮的先浮出，加之浮选槽内药剂浓度不断降低，各粒级(<0.074 mm 除外)的回收率均下降。根据曲线斜率来看，0.25～0.125 mm 和 0.125～0.074 mm 回收率下降速度最快，而<0.074 mm 细粒级煤泥从第 2 min 开始可浮性凸显，在产品中的比例不断增大，在最后时刻回收率达到最高。

从各粒级灰分随时间的变化情况可看出，随着浮选时间延长，粗粒级>0.5 mm 和 0.5～0.25 mm 精煤灰分降低，而细粒级 0.125～0.074 mm 和<0.074 mm 灰分升高，中间粒级 0.25～0.125 mm 基本不变。这说明易浮物料优先浮出后，粗粒的低灰煤泥才能缓慢浮出，同时也夹带了大量高灰细泥进入精煤。从尾煤中各粒级随着粒度减小、回收率降低也能看出这一规律，在浮选后期低灰粗颗粒约有 50%留在尾煤中，而细粒级高灰物料则随浮选时间推移不断被机械夹带进入精煤，这也是该选煤厂长期浮选精煤灰分较高，尾煤灰分偏低的原因所在。

2.1.11　煤泥的成型性质

以适当的工艺方法将煤泥加工成具有一定形状、大小和特定理化性能的型煤叫煤泥成型。它基本上是一个机械过程，但在加工过程中，由于加入的添加剂和煤泥颗粒发生相互作用等原因，在加工成型过程中，煤泥的物理化学和化学特性同时也发生了变化。

煤泥加工成型煤后再使用，无疑是合理的。这是因为有些煤泥(例如晋城无烟煤)从煤种上来讲是很适合于造气的，但造气用煤必须是块煤，所以只能先将煤泥做成型煤后才能使用。另外，一般的层燃锅炉是不能燃用煤泥的，必须制成型煤后才能正常使用。煤泥一般都是含水量高、灰分也较高的劣质能源(否则也就不会被丢弃了)，如果不进行适当的脱水处理，设法提高它的发热量，是很难有效利用的。煤泥成型的主要任务就是依据不同用途的需要，对煤泥的性质进行改造，克服其存在的缺陷，将煤泥这种劣质、低效、非清洁的原料转变成优质的工业原料或高效、清洁的能源。

煤泥的成型性质主要是指它的成型特性和它与成型黏结剂的相互作用，其次是指成型压力、水分等因素对煤泥成型过程，以及成型后型煤产品质量的影响。

2.1.12　煤泥的成浆性质

水煤浆是国际上 70 年代末发展起来的煤炭高新技术产品，具有石油一样的流动性。燃用水煤浆比直接燃煤效率高，对环境的污染也小，是一种煤基洁净燃料。煤泥水煤浆是水煤浆的一种特殊形式，目前已在徐州、开滦等数个矿务局得到推广应用，使用效果较好。

和通常所说的煤水浆相比，煤泥浆主要是为了更好地利用我国每年新增的1000 万 t 以上煤泥而开发的新技术。煤泥浆一般对质量没有严格要求，只要能满足实际燃烧需要就可以，制浆时一般不预先磨矿，不加起稳定作用的添加剂(必要时可以略加一点)，所以煤泥浆的制浆系统简单，生产成本低廉。为了充分利用煤炭资源和提高煤泥浆的浓度，通常用于制浆的煤泥灰分都比较高(一般都大于 25%)。

煤泥的成浆性反映了煤泥制成煤泥水煤浆的难易程度。煤泥浆沉降稳定性是指浆体阻止颗粒的能力，它又分为静态稳定性(无短力作用的静止条件下沉降情况)和动态稳定性(经铁路、管道、卡车运输过程中的沉降情况)。

2.1.13　煤泥的抗拉强度特性

煤泥的断裂与煤泥的抗拉强度密切相关。煤泥入炉形态包括煤泥长度和直径，选择最佳长度范围的煤泥有利于提高整个炉膛的燃烧效率：煤泥长度过长，导致煤泥掉落炉排燃烧不充分；煤泥长度过短，又达不到资源化利用煤泥的目的。由于煤泥含水率高、黏度大、难以成型且实验过程中易发生端部应力集中现象，煤泥抗拉强度测定难以实现，可通过借鉴物理性质与煤泥相近的黏土拉力测量方法，进而研发测量煤泥抗拉强度的实验装置。目前，测定黏土抗拉强度的试验方法主要有直接测量法和间接测量法2种。直接测量法主要有单轴拉伸法和三轴拉伸法，间接测量法主要有梁弯曲法、空心圆柱法、轴向压裂法。三轴拉伸法受围压影响较大，间接测量法受周围环境和计算参数影响较大，进而产生较大的误差，而单轴拉伸试验方法操作简单、方便，受外界因素影响较小，精确度高，适合室内操作。目前还没有适用于高含水率、高黏性的非牛顿流体的单轴拉伸试验仪器，而且自行研制的简易拉伸仪和采用的制样方式都存在一定的弊端，试验测定结果存在较大的误差。有研究者基于以上原因，设计了一套单轴拉伸试验系统来测量煤泥的抗拉强度，通过试验确定煤泥最佳静置时间及步进伺服电动机拉伸速率，并研究不同含水率及压实度对煤泥抗拉强度的影响规律。

1. 煤泥拉伸断裂过程

煤泥含水率高、黏性大，表现出非牛顿流体的性质，在传统的非牛顿流体实验中，通常认为非牛顿流体断裂属于脆性断裂，在拉伸过程中，当抗拉强度达到煤泥抗拉强度极限时，试样发生断裂。但在实际实验中发现，当煤泥抗拉强度到达极限值时，并不会突然断裂。煤泥抗拉强度在达到临界抗拉强度之前，随着位移增加，进入微裂阶段，抗拉强度先会处于亚临界状态，亚临界状态下产生很多细小裂缝，细小裂缝会导致煤泥抗拉强度逐渐增大，出现局部回弹现象；当煤泥抗拉强度到达极限值时，煤泥部分裂缝对于煤泥抗拉强度的影响小于煤泥主裂缝对煤泥抗拉强度的影响，煤泥抗拉强度逐渐减小，失稳扩展阶段后煤泥最终被破坏。

2. 煤泥拉伸强度的影响因素

1)试样静置时间对抗拉强度的影响

煤泥静置时间不同，煤泥的抗拉强度也会有所变化。通过试验研究确定煤泥静置时间对煤泥抗拉强度 σ_T 的影响规律。前2 d，静置时间越长，煤泥的抗拉强度越大，且抗拉强度增加速率较快，随着静置时间延长，煤泥的抗拉强度趋于不变。这是因为对于原始煤泥，颗粒间含有较多的孔隙水，流动时需要克服的阻力小，抗拉强度较小；1～2 d时，孔隙水逐渐被蒸发，抗拉强度增大；3～5 d时，煤泥抗拉强度趋于不变。由于洗煤厂生产的煤泥首先会被集中静置，根据生产工艺和发电厂利用情况的不同，静置时间会有所不同，通常为1 d。

2)拉伸速率对抗拉强度的影响

拉伸速率的变化使煤泥中孔隙水压力的作用效果发生变化，导致测量结果存在一定差异。孔隙水压力指孔隙水所承受或者传递的压力，孔隙水压力均匀地分布于颗粒表面，不改变物料体积，也不改变颗粒位置。当拉伸速率分别为0.2 mm/mim、0.4 mm/mim、0.6 mm/mim、0.8 mm/mim、1.2 mm/mim、1.4 mm/mim和1.6 mm/min时，进行单轴拉伸试验。随拉伸速率增大，煤泥抗拉强度先增加后减小。在慢速拉伸过程中，荷载增加速度慢，试样内部的孔隙水压力逐渐消散；而当拉伸速率较大时，荷载增加速度较快，持续时间短，试样内部的孔隙水压力来不及消散，使得测得的抗拉强度偏大。因此，选取孔隙水压力不发生突变时的拉伸速率即0.8 mm/min作为试验拉伸速率。

3)含水率对煤泥抗拉强度的影响

测量边界条件确定后，煤泥的抗拉强度仅仅取决于煤泥本身的特性，在工业应用上，其主要影响因素是煤泥含水率，含水率 w 为煤泥水分的质量与煤泥总质量的比值，较小的含水率变化会对煤泥的抗拉强度产生较大的影响。为减小管道输送阻力，流化床燃烧用煤泥含水率为 25%～38%。取一定量煤泥，用烘干法测定煤泥的含水率，按控制含水率计算所需要掺加的水的质量，在煤泥样品中均匀喷洒去离子水，控制含水率 w 分别为 25.12%、28.39%、30.46%、33.18%和 35.17%，放置 24 h 进行养护，保证水分分布均匀。在相同的压实度下将煤泥压制成型，用单轴拉伸试验系统对试样进行拉伸试验，在线定量研究煤泥抗拉强度随含水率 w 的变化规律。

试验开始后，煤泥的抗拉强度随着含水率的增加而减小。当含水率为 25.12%时，煤泥抗拉强度为 25.23 kPa；当含水率为 35.17%时，煤泥抗拉强度仅为 3.57 kPa。这是由于当含水率较小时，颗粒之间的距离较近，颗粒之间的联结性能较大，抗拉强度较大；随着含水率增大，煤泥颗粒之间的水化膜也随之增厚，颗粒之间的接触面积变小，联结性能减弱，煤泥抗拉强度变小。不同含水率的煤泥断裂过程相似，试验开始后，煤泥试样经过微裂阶段到达临界状态，之后随着拉伸铝板位移进一步增加，煤泥进入失稳扩展阶段，直至煤泥试样发生断裂。

4)压实度对抗拉强度的影响

压实度是依据砝码质量人为定义的煤泥压实情况。当砝码质量为 100 g 时，压至压杆不向下产生位移为止，认为压实度为 100 g；当采用质量为 95 g 的砝码压制时，认为煤泥样品压实度为 95 g。压实度反映煤泥颗粒间的紧密程度。用制样模具制备试样并进行拉伸试验，固定含水率为 30.46%，压实度分别为 85 g、90 g、95 g 和 100 g。在含水率不变的情况下，煤泥抗拉强度随着压实度的增加而增大，在压实度从 85 g 增大到 100 g 过程中，煤泥抗拉强度从 19.44 kPa 增加至 29.92 kPa。这是因为随着压实度增大，煤泥抗拉强度经过微裂阶段后到达抗拉强度极限值，煤泥颗粒之间的间距变小，颗粒之间相互接触的面积也随之增大，颗粒之间的联结性能也增大；而进入失稳扩展阶段后，煤泥产生破坏时需要较大变形来克服颗粒之间的联结性能，因此，煤泥抗拉强度逐渐减小。

2.2 煤泥的综合利用

2.2.1 煤泥的燃烧

我国对煤泥燃烧技术的试验和研究，始于 20 世纪 80 年代初，煤泥燃烧利用一直居世界领先水平。浙江大学独创煤泥流化床燃烧技术并开展了燃煤泥锅炉的中间试验。煤炭科学研究院、中国矿业大学等开发了多种煤泥燃烧技术，淮南、邢台、徐州、永荣等矿区相继开展了煤泥燃烧的研究，这些技术和研究都取得了一定的成就，成功地用于发电厂和热能电力系统。利用煤泥的低热值的特点，燃烧发电是较理想的利用方式。全国首座直燃型煤泥热电厂建于山东良庄煤矿，实现了热电联供，锅炉燃烧率可达 98%，每年节约燃煤 1 万多 t。国外大部分国家煤泥的燃烧利用还处于小试阶段，未进入工业性试验或商业应用阶段，这主要是因为煤泥在流化床中燃烧时容易形成结团，从而破坏整个流化床内的流化状态，难以达到稳定和实现煤泥的高效燃烧。

煤泥的燃烧利用方式除上述的煤泥直燃外，还有煤泥成型、煤泥制浆、掺烧等。煤泥成型是将浮选煤泥通过加压成型，制成不同质量、规格的型煤，满足不同用户的需求。国内的煤矸石电厂将煤泥制备成煤泥浆，用于流化床锅炉，实现了对煤泥的有效利用。煤泥掺烧主要是在循环流化床锅炉上大量掺烧煤泥，不仅可降低发电成本、降低受热面磨损，而且可以延长锅炉连续运行时间、提高锅炉运行可靠性。

2.2.2 煤泥的分选

煤泥的分选是煤泥利用中最经济合理的方法之一。在我国，大多数选煤厂由于工艺系统不够完善，导致废弃煤泥的灰分多在 18%～25%之间，只要增设简单的浮选回收系统，就可以回收大量的精煤产品，不需破碎就可以直接作为炼焦原料入炉。近年来，我国选煤主要以重介旋流器、跳汰机为主选设备，辅以高效配套设备的高效工艺配置，改变了过去以多种工艺和主选设备共存的工业格局。

美国的选煤技术处于世界领先地位，是世界上原煤入选比例最高的国家之一，55%的原煤都经过洗选加工。美国十分注重煤炭利用过程中带来的环境污染问题和煤炭的利用效率，现有选煤厂 265 座，约 85%的选煤厂采用重介选煤工艺，最大处理能力达到 6200 t/h。南非是世界煤炭大国之一，年产 3 亿多 t 原煤，有多个大型选煤厂，其中，Grootegeluk 选煤厂是世界上最大的选煤厂。在南非有各种不同的选煤设备和选煤工艺，其中重介质选煤是应用最广的分选方法，年入洗量 2.55 亿 t。

2.2.3 煤泥的其他应用

煤泥除燃烧、分选外，还可以用于制备颗粒活性碳，用作建筑掺合料和工业填料等。其中用煤泥制备的新型无机高分子絮凝剂——聚硅酸铝铁，有逐步成为主流药剂的趋势。煤泥中含有的 S_2O_2、Al_2O_3、Fe_2O_3 等主要矿物质满足制备聚硅酸铝铁的条件。利用煤泥制备聚硅酸铝铁，具有明显的社会、经济和环境效益。

综合而言，煤泥的综合利用向资源化利用的方向发展，煤泥变废为宝，使“自然资源—产品—废弃物”的发展模式逐渐转变为“自然资源—产品—废弃物—产品”的循环经济模式。

第3章 煤气化渣

3.1 煤气化细渣的生成

煤气化是指煤在气化气氛(氧气、CO_2、水蒸气等)下，在较高的温度和压力下进行反应，使煤中的可燃组分转化成煤气(CO、H_2 和 C_nH_m 等)的过程。煤中的矿物质则在高温高压下发生均相及非均相反应生成无定型熔渣，并与残余煤焦在混燃区高度混杂、紧密嵌布、致密熔融，随后随粗煤气或液态灰渣排出气化炉。排出气化炉的产物主要包括两部分，即粗煤气和固体副产物。固体副产物主要包括两部分，一是跟随粗煤气排出的气化飞灰(干灰)，二是由液态灰层经灰渣释放机构排出气化炉的气化灰渣。气化灰渣随后在激冷池中激冷，其中结构致密、高密度、耐研磨的玻璃态，球体，类球体颗粒随底流由锁斗排出，称为粗渣(锁斗渣)；结构蓬松、孔隙发达、密度低、碳含量高的不规则、絮团状，球体，类球体颗粒随黑水进入沉淀池，与水洗后的飞灰混合后压滤脱水，压滤机的滤饼即为气化细渣(气化滤饼)。一般来说，细渣具有比粗渣更高的碳含量，而在某些气化工艺中，如壳牌炉、两段炉工艺，气化细渣中不包括飞灰，飞灰由另外的工艺单独处理。

3.2 煤气化渣的基本性质

3.2.1 煤气化渣的特点

煤气化指的是煤炭在气化炉中，在高压高温条件下与气化剂相互反应，煤炭中的有机物发生转化，成为气体燃料的过程。煤气化渣是以上过程中产生的无机矿物质及碳质颗粒等，其中包含粗渣和细渣，粒径在 14－4 目及 200 目以下，粗渣含量占比为 5%～30%，细渣残碳量在 30%～50%之间，产生量的占比为 20%。而采用不同煤气化工艺，其中产生的气化渣也存在一定不同，例如，使用固定床气化炉过程中，将块煤及焦煤作为主要原料，与气化剂逆向流动。气化剂从底部进入，而煤块从上部位置进入，气化残渣从底部位置排出。这种方式的气化反应较为完全，热效率及气化效率较高。而循环流化床气化炉中，煤块的粒径在 3～5 mm 之间，以上煤块在气化剂的影响下处于持续悬浮及运动状态。

煤气化渣的组成成分和性质，与原煤的种类和进料方式之间存在紧密联系，气化渣的表面具有一定光泽，并且主要为黑色，其中粗渣主要来源于气化炉的底部位置，占比为60%～80%；细渣主要集中在除尘装置中，并且粒径在50 μm以下，主要是粉末的形式，含水率较高，数量占比为20%～40%之间。通过对其中可燃物分布情况进行分析发现，气化渣中可燃性物质的分布较为混乱，炭粒表面的孔隙结构较为发达。在气化渣化学性质方面，二氧化硅是气化渣的主要组成成分，其中还包含氧化钙、氧化镁等物质，而在不同地域及产地的煤炭，最终产生气化渣的成分也较为相似，其中细渣的含碳量较高。

3.2.2 煤气化渣的物理性质

气化渣表观致密有光泽，整体呈灰黑色。其中，粗渣产生于气化炉的底部排渣口，介于3.75～9.00 mm，占总排渣量的60%～80%；细渣产生于合成的除尘装置处理，粒径在50 μm以下且以粉末状的形式存在，含水率较高，占总排渣量的20%～40%。方梦祥等通过SEM和XRF对粗渣和细渣中可燃物分布进行分析，发现气化渣中可燃物分布不均匀，粗渣的可燃物含量随粒径的增大而减小，而细渣的可燃物含量随粒径的增大而增大。粗渣中可燃物与CO_2的反应使细渣的残碳含量明显大于粗渣，且渣样碳粒表面均具有发达的孔隙结构。渣中的大部分矿物质主要以无规则晶形惰性物质存在，粗渣碳粒比表面积大于细渣。笔者参照《土壤农业化学分析方法》，对陕西榆林某化工厂气化渣的物理性质进行了测试。结果表明，气化渣颜色为灰黑色的，有致密光泽度，pH值为8.86，密度为0.82 g/cm^3，比表面积为235.08 cm^2/g，田间持水量为57.20%。

3.2.3 煤气化渣的化学性质

气化渣成分以SiO_2为主，同时包括氧化钙、氧化镁、氧化铁等。笔者参照《土壤农业化学分析方法》，采用重铬酸钾容量法、比色法和火焰光度计法，分别测试了煤气化渣的有机质含量为33.47 g/kg，速效磷含量为0.16 mg/kg，速效钾含量为365.74 mg/kg。同时，笔者对比分析了陕西、内蒙古和宁夏气化渣性质，发现尽管地域不同，原煤的产地不同，化工企业的工艺流程不同，其气化渣的主要成分相近。

细渣的含碳量均比粗渣高，气化渣还含有氧化钙、氧化镁、二氧化钛等无机物，主要矿相为非晶态铝硅酸盐，夹杂着石英、方解石等晶相。例如，杨帅等、赵永彬等分析了德士古(Texaco)水煤浆、四喷嘴对置式、GSP 3种气化炉细渣的化学成分，发现气化渣矿相由SiO_2、Al_2O_3、CaO、Fe_3O_4等组成。以上特点是气化渣资源化利用技术的物质基础。

3.2.4 气化渣特性分析

1. 粒度组成

高旭霞等对德士古和多喷嘴对置式水煤浆气化炉和干粉煤气化炉的粗渣和细渣进

行了粒度分析，粗渣粒度基本分为0～1 mm和1～4 mm粒度级，>4 mm粒度级含量较少，细渣则主要集中在0～65 μm和90～105 μm粒度级。盛新等研究了皖北煤和云南煤的Shell粉煤气化炉细渣粒径分布，云南煤细渣比皖北煤的粒径分布广，粒径较大。池国镇等研究了神府烟煤气化细渣的粒度，发现<30 μm细渣占比约为53.18%，粒度>100 μm细渣占比约为11.76%，整体粒度较小。赵永彬等发现气化残渣的粒径远大于粉煤灰，且气化工艺会影响粒度组成。笔者通过对国内煤气化单位产生的气化渣粒度汇总分析发现，气化渣粒度组成与煤种、产地、炉型、气化工艺等均相关，其无明显规律。其中，较细粒度组成增大了后续炭与灰的分离难度。

2. 比表面积与孔径

高春新等通过对某干粉气化炉细渣进行孔结构分析，结果表明气化细渣的 N_2 吸附—脱附曲线为Ⅳ型等温线，在相对压力较低的区域，气体吸附量快速增长，表明气化细渣中含有微孔填充，同时也有介孔存在，气化细渣比表面积较大，高达223.1 m^2/g。Zhu等发现中国神华气化细渣疏松多孔，比表面积为157.2 m^2/g，且样品吸附解吸符合Ⅳ型等温线，表明细渣中有高度介孔的固体物质。吴昊东等对宁东煤炭GPS工艺气化炉3种粒级的气化细渣进行分析，发现≥0.25 mm粒级的气化细渣比表面积明显小于<0.125 mm和0.125～0.25 mm粒级，表明大粒级颗粒孔隙结构不发达，反应性较差，3种粒级样品的介孔及大孔面积都显著大于其微孔面积。由于气化细渣较大的比表面积，气化细渣不仅可作为催化剂载体、多孔材料等多种高附加值材料的制备原料，而且在水体修复与净化方面也有广泛应用。王学斌等对榆林煤气化细渣进行了筛分，并对不同粒级进行了孔结构分析，结果表明，该煤气化细渣孔隙发达、以中微孔为主、比表面积丰富且粗粒度级产品具有相对更强的吸附特性，通过75 μm筛分富集，>75 μm粒度级可直接作为优质的吸附材料用于废水及废气处理，大幅提升其综合利用价值。

3. 矿物组成及残炭含量

由于煤种、原煤产地、炉型、气化工艺等条件的差异，气化渣在矿物组分含量上存在差异，但均主要由 SiO_2、Al_2O_3、CaO、Fe_2O_3 和残炭等构成。一般来讲，气化粗渣产生量占气化渣排放总量的80%左右，残炭含量较低。细渣因其在气化炉内气化停留时间较短，残炭质量分数较高，一般在20%左右，部分地区甚至达40%以上。

经气化后产生的粗、细渣灰化样品几乎没有衍射峰。主要矿相以非晶态玻璃体为主，无机矿物质的固有晶型经剧烈的高温氧化后发生改变生成玻璃体物质，图谱中晶体峰的面积小且平缓。石英由于熔点高，仍有部分未熔融而保持晶体结构。

从陕西、宁东、内蒙古、山东及部分中石化地区选取的代表性气化渣的化学组成分析表明，气化粗渣一般含碳量较低，气化细渣残炭质量分数均较高，在20%左右，部分地区甚至达40%以上。各地气化渣化学组成均以 SiO_2、Al_2O_3 为主，部分地区气化渣中CaO、Fe_2O_3 含量也较高，SiO_2、Al_2O_3、Fe_2O_3 是参与火山灰反应的主要氧化物，其含量影响脱碳处理后作为建材、建工原料的优劣性。

4. 表面官能团分析

拉曼散射谱线能够给出物质的组成和分子内部的结构信息，红外光谱可以反映分子振动能级的变化及分子内部的结构信息，X射线光电子能谱仪可用于研究化合物的化学键、电荷分布以及分析测定同一种元素不同种价态含量，对于研究物质表面同种元素的不同官能团组成具有重要作用。Fan等对神宁炉干煤粉气化细渣进行了Raman光谱结构分析，发现在Raman谱中主要存在D峰和G峰，称为“缺陷峰”和“石墨峰”，气化细渣的芳香程度较高，大芳香环结构含量更高，较大的芳环形成了结构有序、定向的碳结晶。潘婵婵等对水煤浆气化细渣和粉煤气化细渣及其原煤的热解特性与官能团特征进行了研究，发现原煤气化过程中，官能团结构发生变化；粉煤气化后，原煤官能团几乎完全分解，生成新的酸酐和杂环芳香族化合物等含氧基团；水煤浆气化后，原煤中大多数官能团结构分解，而醚结构、含氧杂环结构和羟基结构因其稳定性只有部分分解，说明粉煤气化过程中官能团分解更彻底。葛晓东对气化渣样品进行红外光谱特性分析，发现气化渣样品中不仅含煤中的C—C/C—H结构，还含有C—O—C/C—O结构以及—OH。此外，含少量C ═O和各种形式的C—*X*，其中*X*可能为N、S。试验表明经1300 ℃左右气化后，煤表面生成了较多C—O—C/C—O等含氧官能团。Wu等发现气化细渣中存在低石墨化结构的碳和大量的含氧官能团。Pan等对煤气化细渣原样进行XPS分析，发现原样中C含量较高，具有浮选回收的必要性。通过对C1s分峰拟合，发现C—C/C—H、C—O—C/C—OH、C ═O以及O ═C—O含量较高，因此气化细渣含氧官能团较多。亲水性强，表面疏水性差，但其表面疏水官能团仍占主要部分。Zhao等发现富灰物质中C—OH、C—O—C、C—O—Si、C—O—Al、C—O—Mg和C—O—Ca含量较多，C ═O和COO—含量较少。

通过对气化细渣进行矿相组成、比表面积与孔径、表观形貌和表面官能团分析，表明气化细渣中碳含量较高、比表面积较大、表面含氧官能团较多。不同的煤气化工艺、煤种及原煤产地所产生的气化细渣成分各不相同，但煤炭经高温气化后产生的气化细渣的挥发分都较低，其主要矿相均为非晶态铝硅酸盐，同时夹杂着石英、方解石等晶相。碳含量较高以及富含硅和铝资源的组成特点，是气化细渣进行碳-灰分离以实现其资源化利用的重要前提。

5. 微观形貌

气化渣中无机物由于表面张力的作用，趋于形成球形玻璃体物质，气化渣中还含部分未燃炭，残炭则呈分散絮状，表面较粗糙、疏松多孔、孔隙结构较发达。多孔残炭的存在增加混凝土掺水量，降低混凝土强度和耐冻性，导致其无法直接作为建材原料使用。同时，多孔残炭比表面积及孔容积较高，具有作为吸附剂、活性炭/焦炭等材料潜力。气化渣中残炭发达的孔隙结构增强了气化渣表面对水和药剂的吸附作用，是后续文献中浮选药剂用量较大的主要原因。

任振场等对宁夏煤业GSP干粉气化炉细渣进行了SEM - EDS分析，发现细渣主要由C、O、Si、Al元素组成，原样中存在表面光滑且密实的片状和球体颗粒，其余大部分呈蜂窝孔的絮团状。Pan 等分析了工业夹带流煤粉气化炉细渣的表观形貌，发现细渣颗粒有多孔不规则、絮凝、黏性球形和孤立的大球形 4 种形貌，通过对不同尺寸颗粒的形貌进行分析，表明孔隙率、多孔颗粒表面粗糙度和球形颗粒比例随粒径减小而增大。Zhao 等观察到夹带流煤浆气化炉细渣样品表面覆盖着小球体和细絮凝体，其中絮凝体的含碳量高于球体。气化细渣中残碳与灰物质粘连严重，简易的筛分装置难以高效回收与提质气化细渣中的残碳。通过对其表观形貌进行分析，进一步证实了气化细渣中含有发达的孔隙结构。

6. 气化渣持水特性

通常气化粗渣含水率较低，而气化细渣因其孔结构较丰富，含水率较高，真空带式过滤机脱水后气化细渣含水率甚至达 50% 以上。高含水率影响了进一步利用和无害化处理，同时，高含水率也为重金属渗出、土壤和水体污染等生态环境问题带来了隐患。

赵旭等从气化细渣的表面官能团、粒径分布、孔隙特征、矿物质活性位点的分布特性等方面对细渣高含水特征进行了详细解释，认为：① 气化细渣粒度小，比表面积大，灰水接触面的结合能较大，导致气化细渣含水量较高；② 颗粒表面的极性官能团与水分子结合力较大，使气化细渣不易脱水；③ 细渣中的残炭颗粒发达的孔隙结构具备了充足的水分吸附空间，造成气化细渣的高含水率；④气化细渣中亲水性矿物石英的大量存在促进水分在颗粒表面的吸附。开发低能耗、高效率的气化细渣干燥/脱水技术，能最大限度地解决用水、运输成本高和环境水土污染问题，对气化产业发达的宁夏、内蒙古、陕西等中西部缺水地区具有重要意义。

综上所述，不同炉型、产地、煤种等产生的气化渣理化性质不同。气化粗渣、细渣粒度存在差异，气化细渣粒度更细，残炭质量分数较高，且呈疏松多孔的不规则状，含水率较高。原煤气化过程中，官能团结构发生了较大变化。气化渣表面的含氧亲水性基团与残炭发达的孔隙结构增大了后续残炭浮选的难度。后续应进一步研究上述物理特征与气化工艺的对应关系，为其资源化利用提供机理支持。

3.3 煤气化渣利用技术现状

3.3.1 煤气化渣碳利用技术

煤气化渣中的物质可以分为粗渣和细渣 2 种类型，煤气化渣中碳含量的影响因素较多，其中包括煤炭的种类、气化炉类型以及操作条件等各种因素。通常煤气化渣中粗渣的含碳量在 5%～30%之间，粒径范围是 1.2～4.75 μm；细渣的含碳量往往在 30%以上，甚至能达到 50%，粒径在 1.2 μm 以下。二者在含碳量之间差距出现的主要原因为：细渣由于以粉末的形式存在，所以非常容易被气流携带，所以在气化炉中的时间较短，气化程度较低，并没有实现完全转化。但是粗渣由于体积加大，所以不会受到气流的影响，在气化炉中的时间较长，能够进行完全气化，因此煤粉的转化率较高，细渣中碳含量较高。但是对于煤气化渣利用来说，碳含量较高会增加煤气化渣的利用难度，降低利用效率，碳含量高则表示煤气化渣中存在的可燃物质较多，因此可以将其应用在循环流化床锅炉燃烧中，为燃烧提供能量。

当前在对煤气化渣碳利用技术进行研究的过程中，主要将重点放在残碳分离之后活性炭的制作中，活性炭具有较高的附加价值，因此对其进行重点分析。在煤气化渣中，比表面积以及微孔面积较高的残余碳，可以将其作为活性炭产品前驱体。部分研究人员表示，在高温高压的条件下，煤的气化反应已经完成了炭化过程，所以要想对其进行利用制作活性炭，则需要对其进行活化处理，将水作为其中的活性剂，针对粗渣进行活化处理。当活化温度在 800 ℃的情况下，粗渣经过活化处理之后，其中碳含量在 11%左右。再对其进行预处理，其中盐酸浓度为 8%、碱度为 5%，晶化温度为 120 ℃，时间为 8 h，在以上条件下对其进行处理之后，复合物中活性炭的含量已经达到了 26%，比表面积为 294.98 m^2/g。该复合材料具有较强的吸附力，能对 Cr^{3+} 进行有效吸附，吸附率已经达到了 85%。

3.3.2 煤气化渣铝利用技术

近几年我国内部高质量铝土矿的数量逐渐减少，加上环境保护的影响，从而在废物中提取铝元素，已经成为相关人员关注的重点问题。煤气化渣中铝的含量占比为 10%～30%之间，尤其是高铝煤炭在完成气化之后，产生的煤气化渣中，Al_2O_3 的含量在 45%左右，并且以非晶态铝硅盐、石英相与铝硅酸盐相互夹裹的形式存在。该种情况下对铝进行提纯处理，增加其附加价值，是煤气化渣铝利用技术的主要内容。在此过程中，使用酸浸法制作氯化铝絮凝剂，分析各种因素对氯化铝浸出速度产生的影响，进而判断最佳工艺条件，最终最佳聚合温度为 80 ℃，聚合时间为 2 h，铝酸钙粉的添加数量为 0.25 g/mL。通过这一工艺条件进行制备，最终氧化铝的含量为 10%～11%，与我国工业废水处理中的相关处理标准相互吻合。另外，在将高铝煤作为原料进行气化处理之后，针对其残渣采用 2 种方法进行处理，其中 NaOH 烧结-稀盐酸溶解法氧化铝的提取率较高，达到了 98.5%。

利用煤气化渣利用技术提取氧化铝，并使用氧化铝生产具有高附加值的产品，是提高煤气化渣利用技术水平的有效途径，目前在提取铝过程中，主要使用酸浸以及碱浸 2 种方法进行处理，在处理过程中会产生一定的废水和残留物质，残留物质的内部组成结构较为复杂，因此，在实际提取中存在一定的制约因素，需要根据实际情况利用该技术。

3.3.3 煤气化渣硅利用技术

硅主要以 SiO_2 的形式存在于煤气化渣中，占比在 30%～50%之间，因此对其进行再次利用的价值较高，由于炉渣中 Si 原子的化学环境具有一定差异，并且周围 Al 原子数量会产生变化，该种情况下，可以通过以下方法进行利用处理。

(1)将煤气化渣中的细渣作为原材料，利用溶胶-凝胶方法制备 MCM－41，该物质为六角形孔形结构，但是以上技术需要投入的成本较高，技术较为复杂，所以在选择之前需要对其进行全面衡量和分析。

(2)酸浸法，煤气化渣属于高温燃烧之后产生的非晶态混合物，因此利用酸浸的方法，能够去除其中存在的可溶性金属盐，最终得出二氧化硅材料，并且该材料具有丰富的介孔结构。该种方法在实际应用中的难度较低，并且投入的成本并不高，使用的性价比较高，由此可以看出，酸浸成孔技术能够对煤气化渣进行有效处理。该技术在实际应用的过程中，将酸灰比 1∶0、液固比 4∶1、盐酸浓度 20%、酸浸温度90 ℃作为处理条件。在将煤气化细渣作为提取原料的过程中，可以对细渣中的碳进行有效利用，通过碳燃烧热对残渣进行活化处理，CTAB 和 Trion－X－100 作为混合模板，利用这种方式最终提取出的二氧化硅比表面积为 1248～1573 m^2/g，其中硅的纯度达到了 99.6%。对煤气化渣中的硅元素进行有效利用，能够制备出具有高附加价值的介孔材料，这也是对煤气化渣进行成分利用的有效途径。但是，在此过程中需要注意，使用酸浸法的过程中，会产生浸出废水以及残渣等物质，相关人员需要对其进行有效处理，这也是硅利用提取中的关键点。

3.4 煤气化渣综合利用方式

目前，煤气化细渣的处理方式主要是通过脱水、干化等方式减少堆存量，降低环境风险。从利用方式上看，研究主要集中在建工建材、高附加值材料、掺烧等方面。

3.4.1 建工建材中的应用

用于制备建工建材是目前煤气化细渣主要的规模化综合利用消纳途径，如用作制备水泥、墙体、砖、混凝土等，利用了灰渣具有一定火山灰活性的特点，或其结构中存在的高强度组分，或残碳可以在烧结过程中可作附加燃料等。

在水泥方面，闫秀清研究发现，采用气化细渣替代 50%～70%的黏土配料制成的水泥全龄期的强度与原水泥强度基本相同，抗压与抗折强度分别可达 38.6 MPa 和 6.8 MPa，满足国家《通用硅酸盐水泥》标准。张超将高钙粉煤灰与气化炉渣作为原料混合配制硅酸盐水泥的比表面积可达 350 m^2/g，8 d 抗压强度可以达到 48.8 MPa。王昊用低碳气化细渣作为掺料，制备出了 32.5 级少熟料复合硅酸盐水泥。

在建筑用砖和墙体材料方面，宝鸡汇德三废开发利用有限公司将煤矸石、钢渣、低碳气化细渣和锅炉渣按照一定质量配比，加入水和氧化钙、硫酸钠，经过陈化、成型、压装和蒸汽养护可制得强度为普通砖强度 3 倍的免烧砖。Chen 等利用印第安纳州沃巴什河 IGCC 气化细渣制备出气化细渣烧结砖，其饱和系数低于 0.78，满足 ASTM

C62对砖体特殊环境等级的要求。尹洪峰等将粗渣和细渣混合研磨后与黏土混合，在混合渣掺量为70%时，制得了强度大于MU7.5的墙体材料；云正等向铁尾矿中添加部分低碳气化细渣制备铁尾矿烧结墙体材料，在细渣添加量为20%时可制备密度较低、导热系数较低且抗压强度高于300 MPa的墙体材料。

在制备混凝土方面，Fu等发现较高的低碳煤气化细渣添加量会显著缩短混凝土凝结时间，适当的添加量会提高混凝土浆体的早期强度，可以起到成核和凝硬作用，有利于水化产物的形成以加速凝结，从而最终提高混凝土的抗压强度；此外，添加煤矸石和低碳煤气化细渣的混凝土在合理的加工工艺下具有更好的抗氯化物渗透性，且可显著增强抗冻能力。

上述研究中，除制备烧结砖过程可以在烧结过程中将残碳利用外，其他方式中气化细渣的残碳量往往是影响产品品质的关键因素，且在大多研究中细渣掺量一般较低，或所采用的细渣原料本身的残碳量较低，以适应目标产物的使用要求。

3.4.2 在土壤修复中的应用

将煤气化渣利用技术应用在土壤修复中，遵循“以废治废”的原则，利用煤气化渣对土壤进行改良。

在土壤改良中，在土壤中加入20%的煤气化渣，能够改变土壤的pH值、容量以及阳离子交换能力等性能，实现土壤性能的优化。另外，煤气化渣中硅含量较高，所以将煤气化细渣利用到水稻增长方面，能够有效促进水稻生长，煤气化细渣的投入量控制在5%左右。

3.4.3 在污水处理的应用

煤气化细渣本身比表面积、孔体积较高，在经过酸、碱、高温等方式扩孔后，可制成煤气化细渣基多孔吸附材料。目前对这些多孔材料的研究主要集中在污水处理方面，但相关应用研究尚处于起步阶段。现阶段，各研究的吸附质主要包括重金属离子、有机染料、氨氮和苯酚等。

重金属离子会对人体健康和环境安全构成严重威胁，对污水中重金属离子的治理一直是近年来的研究热点。沸石晶格上的负电荷对阳离子有静电吸附作用，同时其骨架中自由移动的阳离子也可以与重金属离子进行离子交换，2种作用的协同效果可有效去除水中的重金属阳离子，是沸石吸附重金属离子的基本原理。粉煤灰基X/A沸石能有效去除污水中的Ni^{2+}，且去除率高达90%以上；由煤气化细渣酸浸残碳制备的吸附材料对污水中Pb^{2+}的吸附能力达到了141 mg/g，是吸附污水中Pb^{2+}的理想材料。

印刷、纺织工业产生的有机染料在水体中不易降解，近年来由于行业的快速发展，产生的大量有机染料废水的净化、处理逐渐成为研究热点。目前煤气化细渣基吸附材料对有机染料的吸附主要集中在硅基介孔材料、MCM-41介孔分子筛和P型沸石等方面，污水主要采取在去离子水中配入亚甲基蓝或结晶紫模拟。研究结果表明，硅基介孔材料对亚甲基蓝的吸附作用主要在于其静电作用和氢键作用的协同效应；MCM-41对结晶紫的吸附作用主要在于其本身的高比表面积和较强的静电作用，同时，MCM-41中水溶性碱金属或碱上金属离子与结晶紫之间的离子交换作用也会促进其对结晶紫的吸附；P型沸石对结晶紫的吸附作用主要是Si—OH或C—OH与结晶紫阳离子之间的静电作用，同时有离子交换等其他吸附机制，吸附过程具有物理和化学双重作用。

生活污水和工业废水中含有大量的氨氮和苯酚，过量的氨氮和苯酚会对水体产生严重污染。目前煤气化细渣基吸附材料对氨氮的吸附主要集中在碳硅复合介孔材料和P型沸石，污水主要由去离子水中添加氨氮调配。研究结果表明，煤气化细渣基碳硅复合介孔材料对NO_3^-的吸附作用主要在于单层吸附，与吸附材料的比表面积和孔隙结构关系密切；而煤气化细渣基P型沸石对NH^{4+}的吸附主要在于其骨架中自由移动的阳离子对NH_4^+的离子交换吸附；此外，利用筛分方法选别出的具有较高比表面积的气化细渣可作为非均相芬顿催化剂吸附含酚废水，并取得了较好的吸附效果。

3.4.4 掺烧

煤气化细渣中一般含有比粗渣更高的残碳，部分含碳量甚至接近或超过50%，仍具有一定的热量利用价值。而由于气化炉的“人工加速煤化”过程，煤气化细渣中残碳的芳构化、石墨化度、有序化程度明显加深，原煤大分子结构中含活性位点的脂肪侧链、含氧官能团、多烯类侧链、类联苯类物质化学键断裂、脱除殆尽，挥发分极低，致使煤气化细渣的着火点温度高达500～610 ℃，燃尽点温度高达600～750 ℃，直接造成了其燃烧性能极差，显著低于煤粉。同时，由于煤气化细渣含水率极高，干基灰分极高，燃烧过程中大量水分的汽化会严重影响热值，而大量的灰渣不仅会阻碍残碳的燃烧、显著降低热值，也会由于Ca、Na、Mg等氧化物的引入而影响灰渣的灰熔融点，从而影响燃烧工艺中的灰渣排放。

为解决这一问题，大量学者基于节约资源、处理固废、减量化气化细渣的目的，将煤气化细渣与燃烧性能较好的煤粉、木屑、竹渣、煤泥掺烧，均取得了较好的应用效果。

干基煤气化细渣具有高达16 MJ/kg的热值，单独燃烧性能较无烟煤差，与劣质烟煤相当。其与煤粉混烧时具有不可忽视的协同作用，在显著改善煤气化细渣的燃烧性能的同时不会显著影响混煤的燃烧性能；在煤气化细渣中混入一定量的木屑，可以有效降低着火点和燃尽点温度，改善综合燃烧性能；将煤泥与煤气化细渣均匀混合后加入白泥浆，通过高压管道泵送入炉，可通过流化床锅炉燃烧技术实现气化细渣的综合利用；通过流变性实验，确定当细渣与煤泥质量比(水分30%±2%)为1∶1时，循环流化床锅炉掺烧气化细渣和煤泥具有较高的可行性，可满足锅炉设计的燃料要求。

3.5 煤气化渣利用存在的问题

煤气化细渣成本低廉，铝、硅、碳等资源丰富的特点使其可以广泛地成为制备建材、高附加值吸附材料、燃烧碳源等的原料。但许多地区由于受当地产品市场、技术设备和交通运输等因素的综合影响，煤气化细渣难以甚至无法进行综合利用。同时，煤气化细渣由于产地、煤源、气化工艺条件的不同而具有一定差异，这要求煤气化细渣利用技术需要不断地适应细渣本身的特性。

煤气化细渣的处理和利用方式主要包括2部分：减量化(脱水、干化)；资源化(建材、高附加值吸附材料、掺烧原料)，但这本身也存在一些问题。首先，气化细渣的孔隙发达、比表面积大、持水性强，使得其不易脱水干化提质，干化过程需要耗费大量能量。其次，煤气化细渣制备高附加值吸附材料和作为掺烧原料时，其高灰分、高混杂、低热值等特点将严重影响其高效转化、利用。第三，除极小部分煤气化细渣可达到作为建材的烧失量标准外，大部分均因残碳高、烧失量大而不能直接作为建材使用。

残碳和无定型硅铝等氧化物是煤气化细渣资源化利用和高附加值利用的基础，但由于混杂严重、嵌布紧密，致使两者均因相互的存在而严重影响了煤气化细渣的利用价值。因此，从上述煤气化细渣的各种利用方式来看，无论采用何种方式，碳-灰分离都是实现煤气化细渣高值化利用和规模化处置的重要前提。

第 4 章　粉煤灰

4.1　粉煤灰的产生和危害

4.1.1　粉煤灰的产生

粉煤灰的形成大致可分成 3 个阶段。

第一阶段，煤粉在开始燃烧时，其中气化温度低的挥发分，首先自矿物质与固定碳连接的缝隙间不断逸出，使粉煤灰变成多孔性碳粒。此时的煤灰，颗粒状态基本保持原煤粉的不规则碎屑状，但因多孔性，使其比表面积极大。

第二阶段，伴随着多孔性碳粒中的有机质完全燃烧和温度的升高，其中的矿物质也将脱水、分解、氧化变成无机氧化物，此时的煤灰颗粒变为多孔玻璃体，尽管其形态大体上仍维持与多孔碳粒相同，但比表面积明显地小于多孔碳粒。

第三阶段，随着燃烧的进行，多孔玻璃体逐步熔融收缩而形成颗粒，其孔隙率不断降低，圆度不断提高，粒径不断变小，最终由多孔玻璃转变为一密度较高、粒径较小的密实球体，颗粒比表面积下降为最小。不同粒度和密度的灰粒具有显著的化学和矿物学方面的特征差别，小颗粒一般比大颗粒更具玻璃性和化学活性。

最后形成的粉煤灰(其中 80％～90％为飞灰，10％～20％为炉底灰)是外观相似、颗粒较细而不均匀的复杂多变的多相物质。

4.1.2　粉煤灰的危害

粉煤灰是煤在锅炉中燃烧后形成的被烟气携带出炉膛的细灰，是当前我国排放量较大的工业废渣之一。我国能源工业的发展，带动了电力工业的迅速发展，致使粉煤灰产量与日俱增。1995 年和 2000 年我国粉煤灰排放量分别为 1.25 亿 t 和 1.53 亿 t，5 年的时间增长了 0.28 亿 t，到了 2009 年产量已达到 3.75 亿 t，相当于当年全国城市生活垃圾总量的 2 倍多，截至 2010 年我国粉煤灰产量达到了 7 亿 t 左右，预计到 2025 年，粉煤灰堆存量将达到 30 多亿 t。粉煤灰排放量的急剧增加，造成了严重的环境污染：大量排放的粉煤灰露天堆放侵占大量土地，造成土地资源紧张；地面堆放的粉煤灰含有大量粉尘，随风飘入大气，造成空气污染；排入填埋场或江河湖海中的粉煤灰，造成水体污染，同时减少了水域面积，还会造成河道阻塞。此外，粉煤灰中含有多种有害物质，特别是砷、铅、铬、汞、镉等重金属进入自然环境中，通过呼吸、饮水等途径直接或间接进入人体，危害人体健康。2010 年 9 月国际环保组织“绿色和平”发布的研究报告指出，电力企业粉煤灰的综合利用率较低，实际只有 30%左右，与我国现行国家政策要求的综合利用率应达到 60%以上相差较大。因此，实现粉煤灰的资源化利用，减少对环境的污染已刻不容缓。

4.2 粉煤灰的组成和结构

4.2.1 粉煤灰的化学组成

我国火电厂粉煤灰的主要氧化物组成为：SiO_2、Al_2O_3、$FeO+Fe_2O_3$、CaO、TiO_2、MgO、K_2O、Na_2O、SO_3、MnO 等，此外还有 P_2O_5 等。其中氧化硅、氧化铝和氧化钛来自黏土、页岩；氧化铁主要来自黄铁矿；氧化镁和氧化钙来自与其相应的碳酸盐和硫酸盐。

粉煤灰的元素组成(质量分数，下同)为：O：47.83；Si：11.48～31.14；Al：6.40～22.91；Fe：1.90～18.51；Ca：0.30～25.10；K：0.22～3.10；Mg：0.05～1.92；Ti：0.40～1.80；S：0.03～4.75；Na：0.05～1.40；P：0.00～0.90；C：10.00～0.12；其他 0.50～29.12。

由于煤的灰量变化范围很广，而且这一变化不仅发生在来自世界各地或同一地区不同煤层的煤中，甚至也发生在同一煤矿不同部分的煤中。因此，构成粉煤灰的具体化学成分含量，也就因煤的产地、煤的燃烧方式和程度等不同而有所不同。其主要化学组成为：SiO_2(38%～54%)、Al_2O_3(23%～38%)、Fe_2O_3(4%～6%)、CaO(3%～10%)、MgO(0.5%～4%)、SO_3(0.1%～1.2%)。

4.2.2 粉煤灰的矿物组成

由于煤粉各颗粒间的化学成分并不完全一致，因此燃烧过程中形成的粉煤灰在排出的冷却过程中，形成了不同的物相。比如：氧化硅及氧化铝含量较高的玻璃珠在高温冷却的过程中逐步析出石英及莫来石晶体，氧化铁含量较高的玻璃珠则析出赤铁矿和磁铁矿。另外，粉煤灰中晶体矿物的含量与粉煤灰冷却速度有关。一般来说，冷却速度较快时，玻璃体含量较多；反之，玻璃体容易析晶。可见，从物相上讲，粉煤灰是晶体矿物和非晶体矿物的混合物。其矿物组成的波动范围较大。一般晶体矿物为石英、莫来石、磁铁矿、氧化镁、生石灰及无水石膏等，非晶体矿物为玻璃体、无定型碳和次生褐铁矿，其中玻璃体含量占 50%以上。

4.2.3 粉煤灰的结构

粉煤灰的结构是在煤粉燃烧和排出过程中形成的，比较复杂。在显微镜下观察，粉煤灰是结晶体、玻璃体及少量未燃碳组成的一个复合结构的混合体。混合体中这三者的比例随煤燃烧所选用的技术及操作手法不同而不同。其中结晶体包括石英、莫来石、磁铁矿等；玻璃体包括光滑的球体形玻璃体粒子、形状不规则孔隙少的小颗粒、疏松多孔且形状不规则的玻璃球等；未燃碳多呈疏松多孔形式。

4.3 粉煤灰的性质

4.3.1 粉煤灰的物理性质

粉煤灰的组成波动范围大，这就决定了其性质的差异。统计数据表明，我国68个火力发电厂的粉煤灰的基本物理性质如下：密度1.9～2.9 g/cm^3；堆积密度531～1261 g/cm^3；比表面积25.6～47.0 cm^2/g；原灰标准稠度27.3%～66.7%；需水量89%～130%；28 d抗压强度比37%～85%。

4.3.2 粉煤灰的化学性质

粉煤灰是一种人工火山灰质混合材料，它本身略有或没有水硬胶凝性能，但当以粉状及有水存在时，能在常温，特别是在水热处理(蒸汽养护)条件下，与氢氧化钙或其他碱土金属氢氧化物发生化学反应，生成具有水硬胶凝性能的化合物，成为一种增加强度和耐久性的材料。这也正是粉煤灰能够用来生产各种建筑材料的原因所在。

4.4 粉煤灰的存在形态

粉煤灰是以颗粒形态存在的，且这些颗粒的矿物组成、粒径大小、形态各不相同。人们通常将其按形状分为珠状颗粒和渣状颗粒两大类。其中珠状颗粒包括漂珠(亦称漂珠形空心微珠，英文为floaters)、空心沉珠(亦称空心微珠，英文为cenosphere)、复珠(子母珠)、密实沉珠(实心沉珠)和富铁玻璃微珠五大品种；渣状颗粒包括海绵状玻璃渣粒、碳粒、钝角颗粒、碎屑和黏聚颗粒五大品种。正是由于这些颗粒各自组成上的变化，组合上的比例不同，才直接影响到粉煤灰质量的优劣。

4.5 粉煤灰的活性

粉煤灰的活性包括物理活性和化学活性2个方面。物理活性是粉煤灰颗粒效应、微集料效应等的总和，是一切与自身化学元素性质无关，又能促进制品胶凝活性和改善制品性能(如强度、抗渗性、耐磨性)的各种物理效应的总称。它是粉煤灰能够直接被充分利用的最有实用价值的活性,是早期活性的主要来源。

化学活性是指其中的可溶性二氧化硅、三氧化二铝等成分在常温下与水和石灰徐徐地化合反应,生成不溶、安定的硅铝酸钙盐的性质,也称火山灰活性。需要说明的是,有些粉煤灰本身含有足量游离石灰,无须再加石灰就可和水显示该活性。

粉煤灰化学活性的决定因素是其中玻璃体含量,玻璃体中可溶性的 SiO_2、Al_2O_3 含量,以及玻璃体解聚能力。

粉煤灰的活性是粉煤灰颗粒大小、形态、玻璃化程度及其组成的综合反映,也是其应用价值大小的一个重要参数。

粉煤灰的活性大小不是一成不变的,它可以通过人工手段激活。常用的方法有如下 3 种。

4.5.1 机械磨细法

机械磨细对提高粉煤灰(特别是颗粒粗大的粉煤灰)的活性非常有效。通过磨细,一方面粉碎粗大多孔的玻璃体,解除玻璃颗粒黏结,改善表面特性,减少配合料在混合过程的摩擦,改善集料级配,提高物理活性(如颗粒效应、微集料效应);另一方面,粗大玻璃体尤其是多孔和颗粒粘连的破坏,破坏了玻璃体表面坚固的保护膜,使内部可溶性 SiO_2、Al_2O_3 溶出,断键增多,比表面积增大,反应接触面增加,活化分子增加,粉煤灰早期化学活性提高。

4.5.2 水热合成法

粉煤灰是在高温流态化条件下产生的,其传热传质过程异常迅速,在很短时间(约 2~3 s)内被加热至 1100~1300 ℃或更高温度,液相出现,在表面张力作用下收缩成球形液滴,结构迅速致密化,同时相互黏结成较大颗粒,在收集过程中又由于迅速冷却,液相来不及结晶而保持无定型形态(仅有微小莫来石固溶在其中),这种保持高温液态结构排列方式的介稳结构,内能比相应成分的晶态内能高,但又低于完全无序的无定形态物质,内部结构处于近程有序,远程无序,常温下对水很稳定,不能被溶解(无定型形态 SiO_2 是可溶的)。但在水热条件下,无规则网络被激活,水就可直接破坏网络结构,并随温度升高,破坏作用加强,反应简式为:

$$\equiv Si-O-Si\equiv + H-O-H \longrightarrow \equiv Si-O-H\equiv + H-O-Si$$

水热合成后,网络硅铝变成活性硅铝溶于水中。

4.5.3 碱性激发法

碱类物质对硅酸盐玻璃网络具有直接的破坏作用,所以碱溶液对粉煤灰具有最强的作用,即碱性激发。

影响粉煤灰碱性激发的因素很多,其中起主要作用的有:碱的种类和 pH 值、温度、粉煤灰结构与表面状态等。一般说来，碱性越强，pH 值越高，温度越高，碱激发作用越强；而网络聚合度高，网络连接程度越高，破坏网络需要能量越大，碱激发作用越困难，需要时间越长。

总之，只要能瓦解粉煤灰结构，释放内部可溶性 SiO_2 和 Al_2O_3，将网络高聚体解聚成低聚度硅铝酸(盐)胶体物，就能提高粉煤灰的活性。

4.6　粉煤灰综合利用现状

由于运输成本及环保等问题，部分粉煤灰被暂时搁置，在其资源化利用中，用于水泥生产的占比最大，其他利用渠道包含建材生产、作混凝土添加剂、矿山回填及铺砌等。随着科技的进步和环保意识的提升，粉煤灰逐渐在高端装配式建筑、高分子材料、筑路工程、水利工程、农业、环境保护等领域发挥作用，利用模式逐步实现高利用率及高附加值的目标。

4.6.1　建材及建工领域

早在 20 世纪 30 年代，粉煤灰就已经开始被应用于建筑行业。研究表明，近年来，我国粉煤灰在资源化利用过程中用于建材及建工领域的占比最大，其中主要用于水泥及混凝土制备、墙体材料制作、微晶玻璃制作、筑路工程、水利工程等领域。

1. 水泥

粉煤灰中的 SiO_2、Al_2O_3、CaO 等活性成分与黏土相似，因此它可代替黏土参与水泥的生产。研究表明，粉煤灰的掺入可以强化水泥的水硬胶凝性能，有利于提升水泥后期强度，相较于传统水泥的生产过程，粉煤灰水泥生产过程成本低、能耗少，满足可持续发展的要求。

邱瑞芳等利用蒸汽动能磨粉工艺对循环流化床(CFB)燃烧低热值燃煤获得的粉煤灰进行超细处理，制备高掺量的粉煤灰水泥。研究显示，在石膏、熟料、粉煤灰配比为 3∶57∶40 的条件下，当粉煤灰的中位粒径为 5 μm 时，其微集料效应与火山灰活性得到最充分的发挥，粉煤灰水泥的强度达到最佳(PF52.5 等级)。曹瑞东等研究了粉煤灰种类和掺量对水泥基胶凝体系性能的影响。对于掺量所造成的影响，研究表明，粉煤灰-水泥净浆流动性随着粉煤灰掺量的增加而降低，超细粉煤灰的掺量介于 20%～25%时，其胶砂试件的 3 d、28 d 的抗压强度与抗折强度达到最高。对于粉煤灰种类所造成的影响，研究表明，超细粉煤灰-水泥净浆的流动性略低于Ⅰ级粉煤灰-水泥净浆，但差别很小；超细粉煤灰-水泥胶砂试件的 3 d、28 d 的抗压强度和抗折强度均要高于Ⅰ级粉煤灰-水泥胶砂试件。综合粉煤灰的种类与掺量考虑，掺量 20%的超细粉煤灰-水泥基胶凝体系的综合性能可以达到最佳。

2. 混凝土

粉煤灰可部分替代水泥、砂等原料作为配制混凝土的添加剂，其凭借独特的物化性质(水硬性、火山灰活性、微集料效应等)，可以有效改善混凝土的综合特性，满足许多工程需求。研究表明，相较于传统混凝土，加入一定比例粉煤灰的混凝土综合性能更佳，其水硬性、抗渗性、和易性、可泵性、后期强度等性能均有提高，同时这样可以降低工程造价与能耗，缓解水泥水化热现象所产生的消极影响。

周玲珠等采用不同掺量粉煤灰等量替代水泥制备自密实混凝土，对高掺量粉煤灰自密实混凝土的综合性能进行了研究。试验表明，7 d、28 d、56 d 的抗压强度均随粉煤灰掺量的增加而降低；当粉煤灰掺量大于 45%时，自密实混凝土的扩展度与粉煤灰掺量成正比，当其掺量小于 45%时，二者成反比；当粉煤灰掺量占比达到 50%时，混凝土的抗压强度与粉煤灰掺量具有极高的线性相关性。

3. 墙体材料

以粉煤灰为原料生产的砌块、砖块等墙体材料具有力学性能优异、密度小、保温性能好、成本低等优势，被广泛应用于建筑行业。粉煤灰隔墙板(粉煤灰加气混凝土板、粉煤灰硅钙板等)作为一种轻质、低成本、环保的墙体材料，被广泛用于替代传统砖块、砌块等墙体材料。

漆贵海等利用粉煤灰、陶粒、机制砂与矿渣粉等材料制备隔墙板，并对其性能的影响因素进行研究。结果表明，胶凝材料的掺量小于 36%时，隔墙板的综合性能随掺量的增加而增加，当胶凝材料的掺量大于 36%时，其性能增长趋于缓和；当粉煤灰掺量为 20%时，隔墙板的抗压强度最优，但综合考虑隔墙板的密度与性能，粉煤灰与矿渣的最优掺量分别取 10%和 20%。

4. 微晶玻璃

微晶玻璃作为一种耐腐蚀、耐高温、抗拉抗压的新型材料，可用于建筑材料、耐火材料、化工等领域。粉煤灰中富含的 SiO_2、Al_2O_3、CaO、Fe_2O_3 等氧化物正是制作微晶玻璃的主要原料。此外，微晶玻璃的制备过程还可以固定粉煤灰中微量的重金属污染物，降低环保压力。因此，作为粉煤灰高值化利用的方式之一，利用粉煤灰制备微晶玻璃受到广泛关注。

王瑞鑫等以粉煤灰、石英砂、高炉渣作为主要原料，采用熔融法制备高性能微晶玻璃。研究表明，当粉煤灰、石英砂、高炉渣的掺量分别为 15%、20%和 65%，并辅以掺量 1.5%的 Cr_2O_3 与掺量 5%的 Fe_2O_3 作为晶核剂时，微晶玻璃的综合性能可以达到最佳，其抗折强度可达 161.76 MPa，维氏硬度可达 793.67 HV30。总之，微晶玻璃是一种极具发展前景的新型材料。

5. 其他

除了用于生产水泥，制备混凝土掺合料，制作墙体材料、微晶玻璃等，粉煤灰还可用于工程砂浆、地质聚合物等建筑材料的制备以及筑路等实际工程。粉煤灰可部分代替水泥、砂等组分制备工程所需砂浆。粉煤灰与砂浆稠化配合使用，可提升砂浆保水性，对砂浆进行改性，研究表明，在一定掺混比下，粉煤灰砂浆相较于传统砂浆(纯水泥砂浆)，抗压强度与抗折强度均有改善。

地质聚合物是一种由 AlO_4 和 SiO_4 四面体结构单元组成的 3D 网状结构的无机聚合物，其作为一种新型的碱性激发胶凝材料，能耗少、性能优异，近年来常被用于替代普通硅酸盐水泥或用作混凝土添加剂。粉煤灰因其成分与地质聚合物相近，可用于制备地质聚合物。HABERT 等研究发现，由粉煤灰基地质聚合物制备的混凝土相比普通混凝土对环境的影响更小，它是制备高性能混凝土的良好黏接剂。此外，粉煤灰可与砂石等材料混合作为路基。用粉煤灰填充路基，可以使粉煤灰资源化，粉煤灰具有火山灰特性，其填充后的路基强度要高于传统路基。

4.6.2 化工领域

粉煤灰在化工领域的综合利用形式丰富。一是高附加值组分的分离与提取；二是制备沸石分子筛，用于吸附、催化等领域；三是作为橡胶填料，强化橡胶的拉伸性能；四是制备比表面积大、稳定性强的催化剂载体；五是以纤维形态参与制造纸张。

1 提取高值组分

粉煤灰是一种富含多种组分的粉末状固体，其复杂的组分限制了高附加值利用率的提高，但同时也为高值组分的提取提供了丰富的原料。粉煤灰中的有价值组分包含空心玻璃微珠、磁珠、氧化铝等。利用不同组分物化性质的不同，可以对有价值组分进行分离与提取，进而进行高值化利用。

空心玻璃微珠是高温熔融预冷后形成的空心微粒，其主要成分为 SiO_2 与金属氧化物，可广泛应用于耐火、绝缘阻电、航空航天等领域。磁珠指的是粉煤灰中富含铁等磁性物质的玻璃相微珠，通常可用磁选将其从粉煤灰中分离出来，与空心微珠一样可用作吸附材料。Al_2O_3 是粉煤灰的主要成分之一，对 Al_2O_3 的提质是粉煤灰资源化利用研究的一大热点问题。

目前，氧化铝的提取主要有酸法、碱法、酸碱联合法。残碳不仅可以用于二次燃烧，还能作为吸附剂对废气与污水中的有害物质进行吸附，改善自然环境。Blissett 等通过研究，建立了一套粉煤灰有用组分的分离工艺。该工艺通过重介选、泡沫浮选、磁力分选、粒度分级等技术，直接对粉煤灰中的玻璃微珠、富碳物质、磁珠等有用物质进行了分选。该工艺流程简捷高效，可用于大规模的工业生产，是一种极具前景的高值组分提取技术。

2. 制备沸石分子筛

沸石分子筛作为一种热稳定性强且具有多孔结构的硅铝酸盐材料，广泛应用于吸附、催化与离子交换领域。粉煤灰与其化学成分相近，因此常被用作制备沸石分子筛的低成本原料。以粉煤灰为原料制备沸石分子筛的途径主要有水热合成、微波辅助合成和酸蚀合成等。当前，沸石分子筛的主要类型分为 P 型、X 型、A 型。

NIU 等以粉煤灰为原料，采用碱熔融-水热合成技术制备了沸石分子筛，并与商业 4A 型沸石分子筛进行了性能对比。研究发现，粉煤灰基沸石分子筛对甲醛的吸附效果要优于商业 4A 型沸石分子筛，经时间 2 h 的吸附试验，其甲醛吸附量比 4A 型沸石分子筛高22.64%。李晓光等先用NaOH预活化粉煤灰，再利用13X沸石分子筛作为晶种，采用水热合成技术制备出X型沸石分子筛。研究表明，在NaOH浓度为0.75 mol/L、Si/Al比为2.8、陈化时间为30 min、晶化时间为10 h、液固比为9 mL/g的条件下，制备的粉煤灰基X型沸石分子筛的性能最好，可以实现粉煤灰的高附加值利用。

3. 其他化工领域

密度小、强度高的粉煤灰可用作补强橡胶的填充料，添加粉煤灰可以显著提升橡胶材料的拉伸强度与断裂伸长率。于洪鉴等将酸法提铝后的粉煤灰进行超细研磨、表面改性等处理，然后用作丁苯橡胶补强填料。研究显示，当粉煤灰与白炭黑质量比为1时，橡胶的性能有显著提高，其断裂伸长率为851.26%，是纯白炭黑的1.3倍，拉伸强度增长至5.33 MPa，该工艺为粉煤灰的资源化利用提供了新思路。

粉煤灰具有较大的比表面积与较强的热稳定性，因此可用作催化剂的载体。杨超以粉煤灰为载体、膨润土为基体黏接剂，辅以化学黏接剂、淀粉造孔剂等材料，制备蜂窝形脱硝催化剂。结果显示，当膨润土与粉煤灰质量比为1∶4，造孔剂添加量为6%时，催化剂的催化效率达到最高，可以满足工艺要求，因此利用粉煤灰制备催化剂载体是一种可行的高附加值利用方式。

4.6.3 农业领域

为降低粉煤灰综合利用对建材领域的依赖，除了将粉煤灰进行高附加值利用外，还将粉煤灰用于农业领域，如土壤改良、化肥生产以及海产养殖(制造人工鱼礁)。

1. 改良土壤

粉煤灰含有Ca、K、N、P、Si等元素，它们是植物生长不可或缺的元素。研究表明，将粉煤灰用于改良土壤，不仅可以蓬松土质，治理土壤板结、盐碱化等问题，还能丰富土壤元素，优化植物生长环境。杨猛首先利用超声波法对粉煤灰进行改性处理，再利用改性后的粉煤灰与粉磨后的秸秆对露天矿排土场的土壤进行改良。研究发现，粉煤灰的加入并没有对当地土壤造成二次污染，当排土场土壤、粉煤灰、秸秆粉的占比分别为70%、20%、10%时，土壤改良效果最佳。此外，还应以分堆多次拌和结合分层犁耕的作业方式实施土壤改良。

2. 生产肥料

研究表明，粉煤灰中有至少15种的植物所需元素，施用粉煤灰肥料后，农作物的抗逆性能、产量均有明显提升。以粉煤灰为原料生产肥料，不仅可以实现废弃物利用，还能缓解我国用肥紧张的难题，因此这是一种可行的高附加值利用方式。胡兆平等利用粉煤灰与低品位磷矿制备粉煤灰磷肥，并研究了原料配比、助熔剂用量、熔融时间与温度对肥料最终性能的影响。研究表明，在1300 ℃的熔融温度下，加入掺量20%～40%的粉煤灰与掺量10%的助熔剂，熔融0.5 h所制备的粉煤灰磷肥性能可以达到最佳，其磷的枸溶率可以达到90%。

3. 人工鱼礁

人工鱼礁不仅可以用于海产养殖，还能改善海洋环境，恢复生态平衡。刘秀民等以粉煤灰和碱渣为原料，制作人工鱼礁用于海产养殖，并对粉煤灰鱼礁的性能进行全面评估。结果表明，在保证粉煤灰鱼礁对海洋水质无污染的情况下，粉煤灰鱼礁的抗压强度、Ca^{2+} 溶出通量、Ca^{2+} 与 Mg^{2+} 的交换特性均可以达到要求。

4.6.4　环境保护领域

粉煤灰在环境保护领域主要用于改善水质，处理烟气中的有害成分，还用于矿井回填工程。根据粉煤灰独特的多孔结构和超大的比表面积，可将其用于吸附空气或污水中的有害组分；根据粉煤灰的粒度分布及火山灰特性，可将其用于矿井回填，避免开采后的矿井发生塌陷。

1. 污水处理

粉煤灰比表面积大，具有多孔结构，含有多种活性基团，广泛应用于污水治理。粉煤灰可以吸附污水中的重金属(汞、铅等)、油污、染料等污染物。经改性处理，粉煤灰可以与污染物发生反应，产生絮凝沉淀。

谢跃等利用粉煤灰并辅以脱水污泥、黏土等材料，制备出用于处理城市污水的粉煤灰陶粒填料，并通过正交试验，探究不同材料配比对污染物去除特性的影响。研究表明，当粉煤灰、黏土、脱水污泥、碳酸钙的掺量分别为 40%、40%、25%、15%时，废水中的 N、P 去除效果最佳。唐代瑶等首先采用酸处理与造粒工艺对粉煤灰进行改性，然后利用改性后的粉煤灰对含磷污水进行处理，并研究了不同粉煤灰改性条件与粉煤灰投入量对含磷废水(含磷量 100 mg/L)处理效果的影响。研究表明，粉煤灰用硫酸改性后，粉煤灰改性颗粒投入量为 10 g/L 且 pH 介于 4～10 时，污水处理效果可以达到最佳，出水含磷量为 0.24 mg/L，可直接利用。

2. 烟气处理

近年来，粉煤灰常被用于烟气脱硫脱硝。粉煤灰凭借自身独特的物化性质，可以高效地对氮氧化物(NOx)、SO_2、Hg 等成分进行吸附。此外，粉煤灰富含碱性金属氧化物(CaO、MgO、Na_2O 等)，对酸性气体的净化效果优异。

郭慧娴等首先对粉煤灰进行煅烧处理，再将其与氢氧化钙混合并辅以九水偏硅酸钠($Na_2SiO_3 \cdot 9H_2O$)，最后采用水热法对混合物进行处理，得到粉煤灰烟气吸附剂，实现以废治废。研究表明，改性后的粉煤灰可以有效地对废气中的 SO_2 进行处理，粉煤灰烟气吸附剂在烟温 90 ℃、含湿率 30%、气体流速 300 L/h、SO_2 初始浓度 0.2%的条件下进行脱硫，吸附 20 min 后，脱硫率高达 96%。

3. 矿井回填

为防止采空区地面沉降或塌陷，可利用粉煤灰对采空矿井进行回填，改善矿区环境。研究发现，将粉煤灰、脱硫石膏与粉碎后的煤矸石混合，并辅以胶凝剂、复合减水剂和少量水泥等材料，可以制备采空矿井充填料浆，凝固后的料浆充当开采前的煤柱，有效地解决采空区地质环境问题。

参考文献

[1] 王世林，牛文静，张攀，等．煤矸石的研究现状与应用[J]．江西化工，2019，145(05)：69－71.

[2] 曾鹏，谢海云，晋艳玲，等．我国煤矸石的特性及其提取氧化铝研究进展[J]．矿产保护与利用，2022，42(06)：21－29.

[3] 孙艳芳，赵丽，罗绍河，等．不同地质年代煤矸石中有机质的溶出特征对比[J]．煤田地质与勘探，2019，47(03)：172－178.

[4] 孙春宝，张金山，董红娟，等．煤矸石及其国内外综合利用[J]．煤炭技术，2016，35(03)：286－288.

[5] 常纪文，杜根杰，杜建磊，等．我国煤矸石综合利用的现状、问题与建议[J]．中国环保产业，2022，290(08)：13－17.

[6] 李扬．X射线粉晶衍射法结合显微镜薄片观测运用于具隐晶质岩石的鉴定[J]．中国金属通报，2018(02)：246－247.

[7] 王新富，秦云虎，王彦君，等．华丰煤矿矸石理化特征分析及分级分质利用[J]．中国煤炭地质，2023，35(01)：19－24，31.

[8] 王世林，牛文静，张攀，等．煤矸石的研究现状与应用[J]．江西化工，2019，145(05)：69－71.

[9] 王新伟，钟宁宁，韩习运．煤矸石堆放对土壤环境PAHs污染的影响[J]．环境科学学报，2013，33(11)：3092－3100.

[10] 谢宏全，张光灿．煤矸石山对生态环境的影响和治理对策[J]．北京工业职业技术学院学报，2002(03)：28.

[11] 常允新，朱学顺，宋长斌，等．煤矸石的危害与防治[J]．中国地质灾害与防治学报，2001(06)：40.

[12] 曹建军，刘永娟，郭广礼．煤矸石的综合利用现状[J]．环境污染治理技术与设备，2004(01)：19－22.

[13] 沈威，黄文熙，闵盘荣．水泥工艺学[M]．武汉：武汉工业大学出版社，1992.

[14] 建材科学研究院．水泥化学分析[M]．北京：中国建材工业出版社，1982.

[15] 王彦峰．论煤矸石综合利用现状[J]．北方环境，2011，23(11)：52.

[16] 王新富．典型生态脆弱区煤矸石处置环境效应研究[D]．淮南：安徽理工大学，2020.

[17] 宫晨琛，宋旭艳，李东旭．煅烧活化煤矸石的机理探讨[J]．材料科学与工程学报，2005(01)：88－91.

[18] 杨稔．煤泥、粉煤灰、煤矸石制备陶粒及应用基础研究[D]．昆明：昆明理工大学，2012.

[19] 刘誉．煤泥特性及对沙性土壤的改良效应[D]．呼和浩特：内蒙古农业大学，2019.

[20] 梁利东，何天颖，白建光，等．煤泥有机质高温碳热还原反应机理[J]．西安文理学院学报(自然科学版)，2021，24(04)：79－84，98.

[21] 丁华琼，王洁，桂夏辉，等．开滦矿区不同粒度煤泥的可浮性试验研究[J]．选煤技术，2013，239(04)：1－4.

[22] 栾运加．煤气化渣利用技术研究现状及应用趋势分析[J]．中国石油和化工标准与质量，2023，43(05)：158－160.

[23] 吴阳，赵世永，李博．宁东煤气流床气化残渣特性研究[J]．煤炭工程，2017，49(03)：115－118.

[24] 株洲市革委会环境保护办公室．工业废渣综合利用[M]．北京：中国建筑工业出版社，1975.

[25] 柴磊，岳天，严志桦，等．粉煤灰资源化利用研究进展[J]．中国资源综合利用，2023，41(02)：93－98.

[26] 王雪峰，薛亚洲，刘保顺．粉煤灰资源综合利用潜力评价方法及实例分析[J]．国土资源科技管理，2014，31(06)：65－71.

第二篇

碳–灰分离技术

气化细渣是煤气化生产过程中产生的固体废弃物，富含 SiO_2、Al_2O_3、CaO、Fe_2O_3和 C，资源化利用潜力较大。根据气化细渣矿物组成成分物理化学性质的不同，可利用不同的分离方法及设备对目的矿物进行富集与分离。现阶段，气化细渣主要通过以下 3 种方式进行分离：利用高效筛分设备对细粒级气化细渣进行筛分分级处理，可以实现降灰的效果，同时，低碳渣也可以作为微晶玻璃等的生产原料；气化细渣中未燃碳颗粒密度(1.8 g/cm^3)的差异为其重力分选提供了条件；与低阶煤、煤泥相似，气化细渣中的碳亲油疏水，无机物亲水疏油，残碳大多以颗粒碳和絮状碳的形态存在，且煤气化细渣粒度较细，可通过浮选的方法对气化细渣进行碳-灰分离。浮选前预处理可以改善气化细渣表面性质以促进浮选效果；利用油泡浮选可显著提高浮选产率，大幅度降低浮选药剂消耗量；载体强化可以增加矿浆内颗粒的碰撞，使载体表面附着部分气化细渣；浮选流程和浮选工艺参数的优化也可以为气化细渣的资源化利用提供强有力的支持。

第1章 预处理技术

颗粒表面的氧化层是影响风化煤浮选效果的主要原因，对气化细渣进行预处理，可改变细渣的表面性质，使可浮性发生较大的改变。使用物理手段破坏细渣表面的氧化层是一种简单有效的方法，目前主要有高浓度搅拌调浆、超声预处理、微波预处理及研磨、热预处理和水热预处理等方法达到活化细渣表面性质的目的。

1.1 物理方法预处理技术

1.1.1 高浓度搅拌调浆表面改性处理

颗粒之间的相互摩擦可以有效去除煤表面的部分氧化层，充分地预混合可以去除颗粒表面部分氧化层，从而达到改善颗粒浮选效果的目的。但在预混合的过程中，需要特别注意的因素主要有4点：矿浆浓度，矿浆浓度太低不利于颗粒间的相互摩擦碰撞；颗粒的粒度分布，在颗粒相互碰撞摩擦过程中，粒级太细的颗粒无法产生足够的动能；搅拌速度，预混合过程中的搅拌速度是决定能否去除氧化层的主要因素之一；预混合时间，预混合时间太短无法去除氧化层，过长又可能导致过分解离，同时使气化渣的细粒极增多，不利于浮选。

通过搅拌调浆，可以在相对较低的药剂用量下得到较为满意的精煤回收率，且其浮选速度大大提高。

1.1.2 超声波表面改性处理

在强化风化煤浮选的物理调节法中，超声波技术是一种比较理想的方法和手段。超声处理过程中形成的空化作用可以在煤粒表面产生有效的清洗作用，从而使煤的表面性质发生改变。同时，超声处理还可以对矿浆的性质产生影响，如pH值、电导率、氧含量及盐浓度等，使药剂在矿浆中均匀分散，提高药剂的化学反应活性。超声处理可以使氧化煤的可浮性恢复到原煤的程度甚至超过原煤。研究表明，经高浓度搅拌以及超声波处理后浮选速度及细粒级回收率明显提高，但是在同样功耗条件下超声波处理对氧化煤浮选效果更佳。

1.1.3 微波表面改性处理

煤泥经过微波作用后，煤中有机质与矿物质之间的局部温差引起的热应力会使煤泥表面产生裂隙，使得煤泥比表面积、表面孔容以及孔径发生变化，同时表面裂隙的生成还会导致大量不饱和键的形成，极大影响了煤泥对浮选药剂、气泡的吸附作用。另外，微波加热可以在较短的时间内使煤粒表面基团发生变化，从而改变煤泥的可浮性和选择性。研究发现，经微波处理后氧化煤表面羟基(—OH)含量明显降低，羧基(—COOH)含量略微降低，浮选可燃体回收率大幅度增加。

1.1.4 研磨表面改性处理

目前很多研究学者采用研磨处理改善难浮煤泥的浮选，主要是利用物理破碎、解离的作用，促使煤中的无机质与有机质的解离，从而提高煤泥的可浮性。研磨可以有效地破坏风化煤表面的氧化层。对原煤和氧化煤进行 FTIR 分析，发现氧化煤表面含氧官能团明显多于原煤，通过研磨处理可以有效改善氧化煤的表面活性，经研磨处理后氧化煤表面负 Zeta 电位随研磨时间增加而增加，最后趋向于零，浮选试验表明，研磨时间对氧化煤表面 Zeta 电位的改变及浮选结果有很大影响。

在磨矿过程中主要存在 2 种作用方式，初始阶段以表面研磨形式为主，该阶段氧化煤颗粒表面产生大量新生疏水性表面，但煤的粒度变化不大，浮选回收率显著增加；随着磨矿进行，粉碎形式占据主导地位，产生大量高灰细粒煤，对浮选造成不利影响，因此控制磨矿时间对氧化煤浮选具有重要作用。

与仅对氧化煤进行干法研磨相比，氧化煤和捕收剂共磨时只需在较短的研磨时间便可获得较佳的浮选回收率。

总之，物理调节法是一种直接作用于风化煤的表面，强行破坏氧化层，从而达到改善风化煤表面性质、活化风化煤表面性质的作用，因此物理调节法是改善风化煤浮选效果的重要手段。

1.1.5 热预处理

热预处理可利用生产厂内的低品质热资源，热烟气或蒸汽来提高能源效率；水热预处理是一种典型的非蒸发方法，过程中不适用有机溶剂，有机溶剂热预处理，如四氢萘等，可增加煤中挥发分和焦油收率，不足在于有机溶剂价格较高；Zeng 等研究了热预处理对褐煤快速热解的影响，发现在 250 ℃下热预处理会导致预处理煤样热解焦油收率降低。Dong 等研究了热预处理对胜利褐煤热解行为的影响，发现热预处理后煤中羟基含量降低，200 ℃和 250 ℃下热预处理可提高预处理煤样热解焦油中轻油和酚油馏分含量。刘瑞民等研究了不同气氛对于煤热解的影响，认为当预温度低于 300 ℃只进行脱水脱气及脱羧基反应。董鹏伟等发现内蒙古胜利褐煤经热预处理后羟基含量减少。Miura 等通过将煤在 70～150 ℃简单预热 1 h，发现预处理后煤样的热解焦油收率可提高 3%～4%，将其归因于热解前氢键的断裂。Sakanishi 等认为褐煤中含水量小于10%对于煤样热解半焦及焦油收率基本没有影响，水分及含氧官能团中的氢键，可微弱影响煤样的热解行为，煤中大的芳环结构只有在大于 380 ℃下处理 30 min 后才会出现明显减少。李志强等采用 FTIR 和 TG 研究了 Ar、CO_2 气氛下热预处理对于褐煤表面官能团及热解行为的影响，结果表明，Ar、CO_2 预处理后煤的热解特性相差无几。Guffey 等阐述了低变质煤在燃烧发电过程中排放出汞有毒物，认为燃烧前在 150～290 ℃下热预处理可以移除 70%～80%的汞。周强等研究了兖州煤和大同煤在氢气气氛下热预处理的影响，以脱硫效果作为指标，发现其适宜的预处理温度分别为 250 ℃和 350 ℃。水恒福等研究了氮气气氛下热处理对烟煤溶胀性能的影响，结果表明，热处理温度大于240 ℃时，可破坏煤中的氢键及降低煤中的羰基和羟基的含量，引起煤交联密度的降低。

1.1.6 水热预处理

水热预处理的主要优点是煤中水以液体直接脱除，避免了汽化潜热，过程简单易于分离预处理煤样；水热预处理常被拿来与热预处理作对比，热预处理主要是以热解和脱氧为主，而水热处理能够抑制挥发分的逸出，通过稳定煤中的活性基团来降低二次反应，研究表明，当水热处理温度为 260 ℃时，预处理后煤样的热解焦油收率可相对提高 19%，预处理煤分子中的弱键发生了一定断裂，含氧官能团减少，芳香侧链增加，但水热温度过高会造成预处理煤样热解焦油收率的下降。

水热预处理温度一般在 200～300 ℃之间，水热预处理的条件，包括热处理温度、时间、水煤比对煤性质的影响已有研究，Shi 等对煤进行了水热预处理及其液化行为考察，在 250 ℃下进行水热预处理可获得理想的优质煤。Zhang 等研究了水热预处理对煤理化性质和气化特性的影响，结果表明，预处理煤的微晶结构趋于石墨化，化学结构致密有序稳定，气化活性降低。水热预处理对煤成浆性的研究表明，预处理煤可制备更低黏度的水煤浆。水热预处理后煤中微量元素(Hg、As、Se)、硫、氮热转化过程的迁移变化也被研究。综上，煤的热预处理研究较少，水热预处理研究主要集中于对煤液化、气化和成浆性等方面的影响，对煤热解行为影响的研究较少。

1.2 化学方法预处理技术

物理方法虽能较好地进行预处理，但其较难应用于原储层。化学预处理是提高煤生物利用度的有效途径，主要包括利用氧化剂、酸、碱、有机溶剂、表面活性剂和螯合剂等对煤进行预处理的方法。

1.2.1 氧化剂预处理

氧化剂直接作用煤的结构、增加可溶有机质含量。中低阶煤易被氧化剂氧化，实验室条件下氧化剂的浓度对煤的气化效果起控制作用。高锰酸盐预处理大大提高了煤中有机碳的生物利用度。在 80 ℃下用高锰酸钾处理褐煤时，多达 25.0%的煤转化为有机酸，15.9%的煤转化为腐殖酸。高锰酸钾在碱性介质中的应用导致酚环、多环芳烃和杂环结构转化为有机酸(腐殖酸、黄腐酸、乙酸和草酸等)。

1.2.2 强酸预处理

煤的化学键和环状结构在强酸预处理后遭到破坏导致煤的增溶作用增加。煤的 HNO_3 预处理过程伴随一系列如硝化、氧化等链式反应，主要表现为环状芳香结构逐渐降解为链状脂肪结构。通常，甲基的数量减少，而酚羟基、羰基、羧基和含氮基团的数量增加。用 HNO_3 对褐煤进行预处理，发现 HNO_3 增加煤的氧化程度，进而促进煤中有机成分的溶解，煤的生物气化率显著提升。HNO_3 处理可不同程度改变不同煤阶煤的结构，而由于其强酸性导致现场应用受到限制。

1.2.3 强碱预处理

强碱因其强腐蚀性使煤的晶核结构减小、芳环结构变得疏松、酚类和醇类物质增多。通常，自然碱性条件是通过分泌碱性代谢物(氨、生物胺、肽及其衍生物)和微生物消耗有机酸而产生的。真菌可以产生碱性物质电离煤的酸性基团，有利于后续煤的生物降解。碱性溶液的 pH 值越高、温度越高，酸性含氧基团解离度越大。从风化的褐煤中分离出的芽孢杆菌可有效增加褐煤的溶解性。芽孢杆菌分泌细胞外碱性物质，其溶解褐煤的能力与 pH 值有关。高浓度 NaOH 溶液的预处理可以显著提高产气量，产量与 NaOH 浓度呈正相关。而高浓度 NaOH 溶液对微生物有害，可能会抑制其降解煤的作用。NaOH 溶液对褐煤的表面结构有影响，褐煤表面的含氧基团在用碱性溶液处理后解离。

1.2.4 表面活性剂预处理

表面活性剂可改变煤的表面电位和亲水性，促进生物酶在煤表面的吸附，降低煤的表面张力，从而促进煤的溶解、增加煤的生物有效利用性。金属离子普遍存在于煤中，并将煤的各种结构单元结合在一起。真菌产生的螯合剂能与这些金属离子发生反应，形成金属螯合物并解聚煤的分子结构、产生水溶性小分子。

1.2.5 酸洗脱灰预处理

Yan 等选用不同的含芳环溶剂(四氢喹啉，四氢萘，甲基萘)预处理中国和澳大利亚褐煤，发现预处理过程中，煤样的小分子化合物被萃出，交联反应增强，预处理煤的热解活性降低，溶剂与煤会形成新的化学力(氢键和 $\pi-\pi$ 共轭键)以及孔隙结构的坍塌和破坏使得煤与溶剂紧密结合。之后，Yan 等采用四氢萘作为溶剂预处理云南褐煤，具体预处理过程为将质量比为 1∶3 的煤与 150 mL 的四氢萘加入反应釜中，在 150 ℃、

200 ℃、250 ℃和300 ℃下分别预处理120 min，液固采用过滤分离，四氢萘溶剂采用苯反复超声清洗去除，真空80 ℃下干燥过夜，发现当溶剂预处理温度低于200 ℃，在加氢液化过程中可增加煤的转化率和焦油的收率，当溶剂预处理温度高于250 ℃则相反，四氢萘溶剂预处理后煤结构更加紧密，热解活性降低。Sangon等认为四氢萘可以稳定自由基，增加煤液化过程中的油收率。同时四氢萘等液化溶剂可以向煤碎片供氢，溶解煤颗粒及分散催化剂。Ashida等提出了一种新的组分分离方法，可以将煤分为若干个含有不同分子量的组分。该方法是采用流动的非极性溶剂(四氢萘或甲基萘)逐步提高萃取温度，对比了四氢萘和甲基萘的萃取能力，发现在350 ℃下两种溶剂的萃取率基本相同。何涛利用四氢萘对铜川煤进行了预处理，采用质量比为1∶1的四氢萘和煤样，在高温高压反应釜中，200 ℃下处理3 h，溶剂四氢萘先过滤，后在270 ℃下的氮气气氛下吹扫脱除，结果发现，预处理煤样的加氢热解转化率和失重速率都大于原煤，主要体现在煤活泼热分解阶段。

1.3 预处理研究

1.3.1 H_2O_2 预处理煤

化学预处理的常见问题是化学残余物、pH值和盐度对环境的影响，所以需对预处理后的环境进行调节以使其适合微生物生存。H_2O_2是一种较为适宜的化学试剂，它对pH值和盐度的影响较小，也不会引入外来化学物质。H_2O_2可降低芳香碳含量、将煤降解为有机酸，从而显著提高煤的生物利用度。褐煤经H_2O_2预处理后，其芳香结构被氧化、芳香单元被裂解，腐殖酸等有机酸含量增加，可供产甲烷菌用于产出甲烷。当褐煤完全浸入1%H_2O_2溶液时，生物甲烷产生所需的低分子量有机酸随处理时间的延长而增加。Haq等使用H_2O_2溶液溶解褐煤，通过研究煤中微生物群落代谢活动评估生物甲烷的生成潜力。煤的生物转化效率与H_2O_2浓度密切相关，5%H_2O_2溶液处理后煤的转化率最高。然而，当H_2O_2溶液浓度达到10%时，产生的生物甲烷量并没有达到预期。煤的增溶是通过H_2O_2转化为羟基自由基来实现的，而高浓度H_2O_2溶液使煤中的大分子部分或完全转化为CO_2，因为过度氧化大大降低溶解有机碳的浓度。

用H_2O_2预处理亚烟煤后，溶解有机酸和有机碳类型和含量显著增加，尤其是含氧化合物，如脂肪族羧酸、醇、醚、酮以及含氧单环脂肪族和芳香烃等。Chen等用H_2O_2处理亚烟煤使甲烷产量在30 d内提高10倍，甲烷产量随H_2O_2浓度增大和预处理时间延长呈指数增加，但达一定浓度和时间增产效果不明显。Wang等和Liu等用H_2O_2预处理Powder River盆地亚烟煤改变煤衍生化合物的有机组成和整体分布，短链羧酸(C_1至C_6)等不稳定化合物增多有助于缩短生物气产出周期，不易被生物降解成分也发生部分降解。烟煤用H_2O_2处理后，其可萃取物含量增加。即使是无烟煤，用H_2O_2处理也能改善其芳香性。Guo等用H_2O_2对无烟煤进行预处理，发现高浓度、长

时间的 H_2O_2 预处理可提高生物甲烷产量。芳香烃、烷烃环、碳碳双键等在 H_2O_2 作用下发生解聚生成含氧官能团，厌氧菌群可进一步降解含氧官能团，因此通过 H_2O_2 预处理也可提高高阶煤生物甲烷产量。

为厘清 H_2O_2 预处理煤后生物甲烷的生成潜力，诸多学者针对不同储层煤样利用不同浓度 H_2O_2 预处理。研究结果表明，低阶煤经高浓度 H_2O_2 处理后甲烷产量普遍大幅增加，部分研究证实高浓度 H_2O_2 浸泡也可使高阶煤产甲烷量有所提升。Aramaki 等提出用 H_2O_2 作为增溶剂的地下培养和气化概念，以提高日本北海道北部褐煤的原位生物甲烷含量，即向煤层高压注入 H_2O_2 溶液以快速生成低分子量有机物用于甲烷生成。地下储层的酸碱度被调节后，可在不添加外源菌群、还原剂和其他营养物质的前提下提高微生物降解煤大分子的效率。此外，在现场应用 H_2O_2 预处理前应全面评估其环境危害效应。

1.3.2 超临界 CO_2 预处理煤

微生物产出煤层气因在煤炭改性、煤层气再生及环境友好等方面的独特性而受到关注。然而，煤的生物气化效果尚未达到预期，一方面原因是煤的复杂分子结构限制微生物的降解作用，另一方面是可被微生物利用的低分子量有机物可能困在煤的孔隙结构无法被微生物充分利用，这共同导致煤的生物利用率低。溶剂萃取使芳香烃或脂肪烃支链断裂、官能团或侧链分离，萃取过程削弱了煤的不规则三维空间交联结构，微生物更容易进入煤的内部结构。乙醇作为一种有效的萃取溶剂使煤生物气化效率增加，而对某些煤阶煤样也可能产生抑制作用，其原因尚不清楚。Yang 等用异源细菌进行褐煤产气发酵实验，发现浓度为 1%的乙醇溶液处理后产气量翻倍，乙醇没有明显改变细菌群落，但强烈影响古菌群落甚至改变甲烷生成途径，所以对不同煤样应确定其合适溶剂类型和浓度。CO_2 萃取技术因其无害高效提高小分子有机物溶解性被广泛用于提取各种混合物中的活性物质。有研究表明 CO_2 萃取可有效溶解煤中的有机物，萃取过程涉及的非共价键的破坏导致小分子有机物从煤的大分子网络中分离并降低煤的芳香性，煤的孔隙连通性得到改善。特别是在超临界条件下 CO_2 在煤中的扩散和溶解度大大提高。因此，将 CO_2 萃取应用于煤的生物气化进一步提高该技术的可行性、高效性和实用性。

产甲烷菌在最佳温度、压力和其他物化条件下将煤降解为甲烷需要 H_2 和 CO_2 的直接或间接参与。迄今为止发现的大多数生物成因煤层气储层都是通过 CO_2 还原产生的，几乎所有类型的产甲烷菌都可通过 CO_2 还原产生甲烷。此外，CO_2 驱替煤层甲烷已成为提高煤层气采收率的常规方法。Guo 等基于超临界 CO_2 萃取原理以提高煤的生物气化效率，对无烟煤和烟煤进行超临界 CO_2 萃取，经萃取后的无烟煤和烟煤甲烷产率分别提高 734.85%和 148.15%，对芳香烃的萃取占比最大。经亚临界 CO_2 萃取的煤的甲烷产量几乎没有增加。超临界 CO_2 萃取后形成更多甚至新的官能团以提高煤的生物有效利用性，比表面积和总孔隙体积增加，为微生物和酶提供更多的作用位点，证明了超临界 CO_2 萃取对于微生物降解煤产出煤层气的可行性。

地质封存 CO_2 为减碳提供新思路。由于不可采煤层的广泛分布，可将其用于 CO_2 储存，而煤层存在 CO_2 泄漏的危险，通过微生物代谢将其转化为生物甲烷是解决这一问题的有效途径。大多数地下煤层是高度还原环境，其中产甲烷菌可利用碳酸氢盐作为主要电子受体为甲烷生成创造有利条件。因此，原位煤层的 CO_2 达到超临界及最佳萃取增产条件，对于提升煤的生物气化和 CO_2 的生物转化具有重要意义。一定埋深的煤层气储层(800～1000 m)的温压条件易达到 CO_2 超临界态，超临界 CO_2 的扩散系数大幅增加、储层孔裂隙系统迁移通道放大、煤中孔裂隙结构中小分子有机物的溶解性相应增强。张亦雯等以超临界 CO_2 对烟煤萃取确定最佳产气条件(温度、压力、时间、样品粒度)，煤样经萃取后含水量、挥发分降低，灰分和固定碳增多，大量挥发分被萃取用于生物产甲烷作用，且萃取后煤中支链增多、脂肪链变短、比表面积增大。微生物代谢作用降解煤可明显延长煤层气储层产气周期、增加总产气量；而超临界 CO_2 萃取作用可改变煤的分子结构、释放煤孔隙中原本未能被微生物充分利用的有机成分，超临界 CO_2 萃取与微生物代谢联合作用可能出现另一个产气高峰，实现二氧化碳减排和煤层气增产的双重效应。

1.3.3 研磨预处理

经过风化作用，煤的表面物理化学性质发生较大变化，煤的可浮性也发生不同程度的变化。轻度风化煤表面含氧官能团含量略微增加，氧化程度较小，可浮性降低，而重度风化煤表面含氧官能团占据主导地位，并且强极性基团 O═C—O 含量显著增加，氧化严重，可浮性严重变差。根据风化煤的浮选试验可以看出，仅仅通过增加浮选药剂用量的方法并不能有效改善风化煤的浮选效果，因此需要采用一定的处理方法对其进行表面改性工作。

1. 表面打磨改善轻度风化煤可浮性

通过原煤与轻度风化煤的表面结构与物理化学性质分析，轻度风化煤颗粒表面仍然十分平整，含氧官能团增加，但强极性的 O═C—O 含量较少，疏水性略微降低，轻度风化煤浮选可燃体回收率较原煤降低 25%左右，由此可知轻度风化煤表面氧化程度相对较低，仅仅是颗粒表面发生轻度氧化，因此只要将表面氧化层去除掉，暴露出新鲜表面，即可使轻度风化煤可浮性升高。

1）表面打磨矿浆浓度的影响

矿浆浓度对表面打磨有着重要影响，在转子转速以及定子与转子间距一定的情况下，改变矿浆浓度可以有效改变矿浆黏度，从而使转子与定子间的剪切力场发生变化，煤粒所承受的剪切力亦随之改变，并且矿浆中颗粒间相互摩擦力也会发生变化，导致煤粒发生不同程度的破碎解离。

经表面打磨后，随着矿浆浓度不断增加，轻度风化煤中＋0.25 mm 粒级含量不断降低，当达到一定浓度后基本不再变化，灰分亦随之显著降低；0.25～0.125 mm 粒级一经打磨含量急剧增加，随矿浆浓度升高，含量略微降低，但仍大于未处理前该粒级含量；0.125～0.074 mm 粒级含量不断增加，但增加幅度较小；0.25～0.125 mm 与 0.125～0.074 mm 粒级灰分均缓慢减小，并且这两个粒级灰分相差不大；－0.074 mm 粒级含量与灰分显著增加。

由此可知，经表面打磨，轻度风化煤粗粒级含量与灰分显著降低；中间粒级含量增加，灰分略微降低，但随矿浆浓度增加，中间粒级含量基本不变；细粒级含量与灰分显著增加。提高矿浆浓度可以使矿浆更加紧密地充满于定子与转子间缝隙中，转子与矿浆间的剪切力以及煤粒间的摩擦力均显著增加，煤粒破碎程度增加，使风化煤表面氧化层更易脱落，由于这部分氧化层灰分较高，导致细粒级含量与灰分显著增高。另外在较大的矿浆浓度下，矿浆黏度增加，矿浆不易从排料口排出，使得矿浆可以在定子与转子间停留更长时间，使颗粒打磨时间提高，从而提高打磨效率，因此随矿浆浓度增加，轻度风化煤粒度减小更加显著。

2）表面打磨定子与转子间距影响

在一定的转子转速与矿浆浓度下，改变胶体磨定子与转子的间距不仅可以改变研磨容积大小，还会使定子与转子间的剪切力场发生变化。一般认为，减小定子与转子间距，转子对物料颗粒施加的剪切力增加，物料破碎程度增强。

改变定子与转子间距使各粒级含量与灰分呈现不同的变化趋势。随着研磨间隙减小，＋0.25 mm 粒级含量与灰分逐渐减小，并且随着矿浆浓度增加，含量与灰分减小幅度显著增加；0.25～0.125 mm 粒级含量逐渐降低，但减小幅度不大，0.125～0.074 mm 粒级含量明显增加，同时这两个粒级灰分均随定子与转子间距减小而降低，但是间距为 0.1mm 与 0.15 mm 时灰分减小幅度较小；－0.074 mm 粒级含量与灰分显著升高，但间距为 0.2 mm 与 0.15 mm 时，－0.074 mm 粒级含量与灰分基本不变。

由此可知，减小定子与转子间隙可以使粗粒级含量降低、细粒级增加，但中间粒级变化不大；同时粗粒级与中间粒级灰分都呈现降低趋势，而细粒级灰分明显提高。当定子与转子间隙为 0.1 mm，矿浆浓度为 60％时，经表面打磨后，轻度风化煤＋0.25 mm粒级产率由 44.85％降至 26.01％，灰分由 24.39％降至 17.23％，粗粒级含量显著降低有利于提高浮选速度；中间粒级含量由 35.5％增加到 45.03％，而灰分由 25.59％降至 21.54％，由于中间粒级浮选效果最佳，因此中间粒级含量增加而灰分降低有利于提高浮选效果；细粒级含量由 19.65％增加到 25.05％，灰分由 19.51％增加到 30.95％，细粒级含量与灰分急剧增加，由于高灰细泥极易在浮选过程中通过泡沫夹带进入精煤产品中，不利于降低浮选精煤灰分。

3)表面打磨的影响

由表面打磨对风化煤的粒度变化影响情况可以看出，经过表面打磨后，轻度风化煤粗粒级含量减少，中间粒级及细粒级含量增加，由于对煤粒的表面打磨作用，煤粒表面必将暴露出新鲜表面，从而使轻度风化煤可浮性有一定的提高。分别对表面打磨后的轻度风化煤进行浮选试验。

轻度风化煤经过表面打磨后，浮选精煤产率与可燃体回收率显著增加，精煤灰分也发生较大变化。定子与转子间距一定时，随着矿浆浓度增加，精煤产率逐渐增加，当达到一定浓度后，产率基本趋于稳定。可燃体回收率也随着矿浆浓度的增加而增加。当表面打磨矿浆浓度为20%时，浮选精煤灰分略微降低，但是随着表面打磨矿浆浓度增加，灰分显著增加，但是精煤灰分基本小于12%。在相同矿浆浓度条件下，随定子与转子间距减小，精煤产率与可燃体回收率增加，并且打磨间距为0.1 mm时的浮选效果要远远好于0.15 mm与0.2 mm。随着间距减小，精煤灰分略微增加。当矿浆浓度为50%，定子与转子间距为0.1 mm时，精煤产率达到77.43%，可燃体回收率达到89.14%，已接近原煤浮选水平，此时精煤灰分为11.91%，灰分略高于原煤浮选精煤灰分。由表面打磨后轻度风化煤粒度变化可以看出，矿浆浓度升高以及定子与转子间距减小，都会导致转子与矿浆间的剪切力以及颗粒间的摩擦力增大，使煤的破碎程度增强，煤粒表面氧化层更易剥落脱离，从而暴露出更多新鲜表面，进而使轻度风化煤可浮性增加，因此随矿浆浓度升高以及定子与转子间距减小，轻度风化煤浮选精煤产率与可燃体回收率大幅度增加。由于风化作用，煤粒表面灰分增加，随表面打磨进行，表面氧化层脱落形成高灰细泥，由于这部分细泥极易黏附于气泡上进入精煤中，从而导致精煤灰分逐渐增加。

4）表面打磨次数的影响

当定子与转子间隙为0.1 mm、矿浆浓度为50%时，表面打磨后风化煤浮选效果最佳，此时精煤产率与可燃体回收率分别增加到77.33%与89.14%，但与原煤浮选结果相比仍存在一定差距，说明仍有部分轻度风化煤可浮性未得到改善。但改变矿浆浓度、定子与转子间距已经不能有效提高浮选效果，因此对轻度风化煤进行多次表面打磨处理，进而获得更多新鲜表面，使煤的可浮性进一步提高。试验在定子与转子间隙为0.1 mm、矿浆浓度为50%条件下进行。

随着研磨次数增加，轻度风化煤各粒级含量与灰分变化较小，其中+0.25 mm粒级产率略微降低，灰分降低较为明显；0.25～0.125 mm粒级含量与灰分稍微减小，0.125～0.074 mm粒级含量稍微增加，灰分略微降低，但这两个粒级整体含量基本不变，而灰分也只是略微降低；随着研磨次数增加，−0.074 mm含量增加，并且灰分也显著增加。由此可知，增加表面打磨次数并不会有效改变轻度风化煤粒度组成。

轻度风化煤经多次打磨后浮选精煤产率与可燃体回收率均有较小程度的增加，其中精煤产率由71.49%增加到80.72%，可燃体回收率由89.14%增加到91.54%，但精煤灰分明显增加，由11.91%增加到13.34%。由打磨次数对粒度的影响可知，进行多次表面打磨，轻度风化煤的粒度变化很小，轻度风化煤粗粒级含量与灰分略微减小，中间粒级含量基本不变，灰分也只是稍微降低，而细粒级含量与灰分增加幅度较大，说明增加打磨次数，轻度风化煤并未发生较大程度的破碎，仅表面氧化层发生一定程度的剥离，可浮性改善效果较弱，因此增加表面打磨次数，轻度风化煤浮选精煤产率和可燃体回收率增加幅度较小，但大量高灰细泥的产生导致精煤灰分增加较为显著。

2. 磨矿处理改善重度风化煤可浮性

重度风化煤经过表面打磨后，浮选精煤产率和可燃体回收率分别增加11.19%和12.16%。虽然浮选效果得到一定改善，但精煤产率与可燃体回收率仍处于较低水平。

另外，从表面打磨后重度风化煤的粒度分布可以看出，重度风化煤粒度已发生较大改变，同时进行多次打磨，粒度组成和浮选效果变化不大，说明表面打磨已不能有效去除重度风化煤表面氧化层，进一步提高重度风化煤可浮性。因此采取磨矿方法对其进行深度解离，从而暴露出更多新鲜表面，提高重度风化煤可浮性。

1）磨机给矿量对重度风化煤浮选的影响

磨机给矿速度是单位时间内通过磨机的有效矿量，是影响磨矿效果的重要因素，通常在一定范围内增加给矿速度可以有效提高磨矿效率。实际生产中，磨机通常与水力分级设备组成闭路循环，由于实验设备有限，只能进行开路试验研究，因此采用给矿量取代给矿速度考察不同给矿情况下重度风化煤研磨效果及其对重度风化煤可浮性改善情况。

(1)给矿量对重度风化煤粒度组成的影响：在重度风化煤的磨矿试验中，给矿量分别选取 40 g、50 g、60 g、70 g、80 g，矿浆浓度为 50%，磨矿时间为 5 min，通过湿法筛分将磨矿后的产品分为＋0.25 mm、0.25～0.125 mm、0.125～0.074 mm 以及－0.074 mm 四个粒级。

经过磨矿处理后，重度风化煤粒度组成与灰分随给矿量增加发生较大变化。其中，＋0.25 mm 粒级含量显著降低，当给矿量为 70 g 时，该粒级产率已由 42.29%降至 12.35%。0.25～0.125 mm 粒级先迅速增加后又缓慢减小，但仍远大于未处理前该粒级含量，0.125～0.074 mm 粒级含量逐渐增加。对于 0.25～0.074 mm 粒级，经过磨矿后该粒级含量迅速增加，但随着给矿量增加，该粒级含量增加幅度很小，当给矿量为 80 g 时该粒级含量稍微降低。－0.074 mm 粒级产率随给矿量增加明显提高。随着给矿量增加，＋0.25 mm 粒级灰分稍微降低后逐渐增加；0.25～0.125 mm、0.125～0.074 mm 粒级灰分不断降低，其中 0.25～0.125 mm 粒级灰分减少幅度较大，0.25～0.074 mm 粒级灰分由 30.22%降至 25.71%；－0.074 mm 粒级灰分随给矿量增加而增加。

由此可知，随着给矿量增加，粗粒级含量降低而灰分增加，中间粒级含量显著增加但灰分降低，细粒级含量与灰分显著增加。在一定范围内增加给矿量，可以使研磨介质与更多的煤粒接触，从而提高研磨效率，粒度减小幅度增加。由重度风化煤粒度组成可以看出中间粒级灰分远大于粗粒级和细粒级，并且粗粒级含量最高但灰分最低，因此在磨矿过程中，灰分较低的粗粒级经过研磨后粒度减小进入下一粒级，导致中间粒级灰分降低。粗粒级中连生矿石由于硬度较大很难被粉碎，从而留在粗粒级中，使粗粒级灰分增加。另外重度风化煤表面黏附有大量黏土类矿物，并且被高灰氧化层覆盖，在磨矿过程中这部分高灰物质极易脱落形成高灰细泥，导致细粒级含量与灰分显著增加。

(2)给矿量对重度风化煤浮选的影响：对不同给矿量下的磨矿产品进行浮选试验，经过磨矿后，重度风化煤精煤产率与可燃体回收率均得到一定程度提高。随着给矿量增加，精煤产率与可燃体回收率缓慢增加，当给矿量为 60 g 时，精煤产率与可燃体回收率基本达到最佳效果，此时精煤产率由 27.19%增加到 41.09%，可燃体回收率由

32.73%增加到49.46%。另外经过磨矿后，浮选精煤灰分开始时明显降低，但随着给矿量增加，灰分随之增加，但增加幅度较小。

磨矿使重度风化煤粒度显著降低，一方面煤粒与研磨介质以及煤粒之间的相互研磨可以使煤粒表面部分氧化层剥落，暴露出新鲜表面，另一方面研磨介质对煤粒的冲击使重度风化煤破碎，形成大量新生表面，因此重度风化煤的可浮性得到一定程度的改善。另外，磨矿后粗粒级含量显著降低，而中间粒级占据主导地位，由于中间粒级浮选效果最佳，暴露出新鲜表面的中间粒级颗粒可以有效通过浮选得到回收，所以重度风化煤浮选效果得到明显改善。

随着给矿量增加，煤粒之间以及煤粒与研磨介质间的研磨作用增强，新鲜表面增加，重度风化煤可浮性进一步提高，所以精煤产率和可燃体回收率随给矿量增加而增加。由于重度风化煤颗粒表面暴露出大量新鲜表面，煤粒表面疏水性增强，捕收剂可以更为容易地铺展于煤粒表面，在一定程度上可以提高浮选选择性，所以经过磨矿后精煤灰分略微降低。但随给矿量进一步增加，重度风化煤中高灰细泥含量增加，导致精煤灰分增加。

(3)磨机矿浆浓度对重度风化煤浮选的影响：在磨矿过程中，矿浆浓度对磨矿效果具有重要影响，一般认为，浓度越高，矿浆黏性增加，矿粒更易黏附于研磨介质上，同时还会使矿浆流动变慢，导致有效研磨时间增长，从而提高研磨效率。但是矿浆浓度过高，研磨介质对矿浆的冲击力减小，磨矿效果降低。

(4)矿浆浓度对重度风化煤粒度组成的影响：在不同矿浆浓度条件下对重度风化煤进行磨矿试验，试验中矿浆浓度分别选取20%、30%、40%、50%，给矿量为70 g，磨矿时间为5 min。

矿浆浓度对磨矿后重度风化煤粒度组成和灰分产生较大影响。随着矿浆浓度增加，+0.25 mm粒级含量显著降低，当矿浆浓度为40%时，该粒级含量由42.29%减小到11.67%。0.25～0.125 mm粒级含量先增加后略微降低，但仍大于磨矿前该粒级含量，0.125～0.074 mm粒级含量缓慢增加，浓度达到30%时基本不再增加。−0.074 mm粒级含量显著增加。另外0.25～0.074 mm粒级含量显著增加，但随着矿浆浓度增加，含量变化很小，当矿浆浓度为40%时，该粒级产率高达56.73%，但矿浆浓度为50%时，含量略微降低。

由磨矿后各粒级灰分变化情况可以看出，随矿浆浓度增加，重度风化煤中+0.25 mm粒级灰分逐渐增加，但增加幅度很小；0.25～0.125 mm粒级灰分显著降低，当浓度为30%时，灰分基本不再变化，0.125～0.074mm粒级灰分显著降低；−0.074 mm粒级灰分显著升高，当矿浆浓度为40%时，该粒级灰分已明显高于另外三个粒级灰分。另外，0.25～0.074 mm粒级灰分随矿浆浓度增加，灰分不断降低，当矿浆浓度为40%，灰分已由30.22%降至25.64%。

由此可知，随着磨机矿浆浓度增加，重度风化煤粗粒级含量降低，灰分略微增加；中间粒级含量显著增加并占据主导地位，而灰分逐渐降低；细粒级含量和灰分均大幅度增加。

(5)矿浆浓度对重度风化煤浮选的影响：对不同矿浆浓度下得到的磨矿产品进行浮选试验，磨矿过程中改变矿浆浓度使重度风化煤浮选效果得到一定改善，随着矿浆浓度增加，精煤产率与可燃体回收率逐渐增加，当矿浆浓度为40%时，精煤产率增加14.74%，可燃体回收率增加19.13%，但矿浆浓度为50%时，精煤产率与可燃体回收率略微降低。重度风化煤一经磨矿处理，其精煤灰分迅速降低，矿浆浓度为20%时，磨矿后的重度风化煤精煤灰分由11.98%降至10.84%，但随着矿浆浓度增加，精煤灰分显著增加，矿浆浓度为50%时，浮选精煤灰分为12.52%。

增加矿浆浓度，矿浆黏度增加，煤粒与研磨介质以及煤粒之间的摩擦力增强，煤粒表面氧化层更易脱落，暴露出大量新生表面，重度风化煤可浮性增加，因此浮选精煤产率与可燃体回收率随矿浆浓度增加而增加。由于暴露出大量新鲜表面，煤粒疏水性增强，捕收剂可以有效铺展于煤粒表面，浮选选择性随之增加，导致精煤灰分降低，但随着矿浆浓度进一步增加，高灰细泥含量显著增加，由于高灰细泥极易黏附于气泡上进入精煤产品，所以进一步增加矿浆浓度，浮选精煤灰分增加。

2)磨矿时间对重度风化煤浮选的影响

在重度风化煤的磨矿试验中，磨矿时间分别选取2.5 min、5 min、10 min、15 min、20 min、30 min，给矿量为70 g，磨矿浓度为40%。

(1)磨矿时间对重度风化煤粒度组成的影响：随着磨矿时间增加，重度风化煤粒度组成发生巨大变化。其中，+0.25 mm粒级含量显著降低，当磨矿时间为15 min时，+0.25 mm粒级含量接近为零，磨矿时间为20 min时，+0.25 mm粒级已经消失。0.25～0.125 mm粒级含量开始时显著增加，当磨矿时间为5 min时，该粒级含量由20.91%增加至33.10%，但随磨矿时间继续增加，该粒级含量开始迅速降低，当磨矿时间在30 min时，0.25～0.125 mm粒级含量已降至3.53%。0.125～0.074 mm粒级含量开始时随磨矿时间大幅度增加，磨矿时间为15 min时，该粒级含量增加22.98%，之后略微降低，但仍大于未处理前该粒级含量。−0.074 mm粒级含量显著增加，研磨30 min后，该粒级含量已高达62.34%。另外对于0.25～0.074 mm粒级，随磨矿时间增加，该粒级含量逐渐增加，磨矿时间为10 min时，含量由36.37%增加到61.19%，但随着磨矿进行，含量迅速降低，磨矿时间为30 min时，该粒级含量已降至37.66%。

随着磨矿时间增加，+0.25 mm粒级灰分显著增加，磨矿时间为15 min时，灰分高达29.87%；0.25～0.125 mm、0.125～0.074 mm粒级灰分显著降低，并且这两部分灰分相差不大，磨矿时间为30 min时，0.25～0.125 mm粒级灰分由29.89%降至21.03%，0.0125～0.074 mm粒级灰分由30.67降至21.82%；−0.074 mm粒级灰分开始增加较快，15 min后缓慢增加，磨矿时间为30 min时，该粒级灰分已高达31.04%。对于0.25～0.074 mm粒级，随磨矿时间增加，灰分显著降低，当磨矿时间为30min时，灰分由30.22%降至21.75%。

由此可知，随着磨矿时间增加，粗粒级迅速减少，磨矿时间为15 min时，粗粒级含量已接近为零，同时粗粒级灰分显著增加；中间粒级含量先显著增加后又逐渐减小，灰分则逐渐降低；细粒级含量与灰分均显著增加，并且磨矿时间为20 min时，细粒级含量已占主导地位。

(2)磨矿时间对重度风化煤浮选的影响：对不同磨矿时间下磨矿产品进行浮选试验，增加磨矿时间可有效改善重度风化煤浮选效果。当磨矿时间小于 15 min 时，随着磨矿时间增加，重度风化煤精煤产率和可燃体回收率显著增加，此时，精煤产率增加 25.37%，可燃体回收率增加 29.81%。在这一阶段，精煤灰分开始时先略微降低，后又缓慢增加，磨矿时间为 15 min 时，精煤灰分为 13.09%。随着磨矿时间进一步增加，精煤产率与可燃体回收率增加幅度减小，但灰分却显著升高，磨矿时间为 30 min 时，精煤灰分由 13.09%增加到 14.99%。磨矿初始阶段，由于研磨作用，粗颗粒暴露出大量新鲜表面，风化煤颗粒表面疏水面积相对增加，重度风化煤可浮性提高。另外，粗颗粒粒度减小，中间粒级含量显著增加，导致大量具有新生疏水表面的中间粒级煤粒生成，所以磨矿开始阶段，浮选精煤产率大幅度增加。随着磨矿时间进一步增加，已经暴露出大量新鲜表面的中间粒级煤粒虽然得到进一步粉碎，但主要生成大量细泥，因此该阶段风化煤浮选产率并未得到很大提高。

由于煤粒表面暴露出大量疏水表面，捕收剂更易黏附于颗粒表面，浮选选择性提高，所以精煤灰分开始时略微降低。但随着磨矿时间增加，细粒级含量和灰分显著增加，并逐渐占据主导地位。由于这部分高灰细泥极易覆盖于煤粒和气泡表面，导致浮选精煤灰分显著增加。

1.3.4 水热预处理研究进展

与 SD 煤相比，水热预处理后样品水分和氧含量明显降低，说明水热预处理有利于 SD 煤脱水、脱氧，对 SD 煤提质作用明显。水热预处理煤样 O/C 原子比降低，而 H/C 原子比增加，可见水热处理不仅促进含氧官能团分解，同时引入水中游离 H^+ 于煤大分子结构中，有效降低煤中交联程度。与 SD 煤相比，预处理温度低于 260 ℃时，预处理煤样挥发分含量略微降低，预处理煤样 HTP－260、HTP－300 挥发分含量降低明显，这可能是因为当处理温度较高时，SD 煤大分子结构中键能较弱的脂肪侧链发生断裂，脂肪烃类小分子逸出。其次，水热预处理后煤样干燥无灰基收率分别为：98.8%(HTP－200)，98.5%(HTP－220)，97.7%(HTP－240)，97.3%(HTP－260)和 96.4%(HTP－300)。因此，水热预处理温度 240 ℃为考察温度范围内最优处理温度，既能有效抑制键能较弱的脂肪烃侧链断裂，又可以有效脱除水分、含氧官能团，同时引入游离 H^+。此外，预处理温度为 240 ℃时，对 SD 煤采用不同的水煤比进行预处理，结果表明不同水煤比预处理煤样挥发分与灰分含量差异微小。

相比 SD 煤，水热预处理后煤样灰分含量降低了 18.05%～25.29%，处理温度越高，预处理煤样中灰分含量越低；同一处理温度下，水煤比越高，灰分脱除率略增；这是由于在处理过程中存在水溶液，水溶性无机金属溶解并残留在滤液中。水热预处理煤样中高岭石、白云母和菱铁矿的峰强度明显降低，水热处理过程中对碱金属(Na，K)脱除率较高，碱土金属(Mg，Ca)、Fe、Al 脱除率略高；同时，水热处理过程有效脱除重金属 Hg、As，且处理温度越高，脱除率越高，金属 Hg 含量由 8.2×10^{-3} mg/gcoal，daf(SD)降至

0.1×10^{-3} mg/gcoal，daf(HTP-300)，金属 As 含量由 23.1×10^{-3} mg/gcoal，daf(SD)降至 10.7×10^{-3} mg/gcoal，daf(HTP-300)。

随着处理温度升高，气体逸出量增加。气体中 CO_2 逸出量由 8.82×10^{-3} mmol/gcoal，daf(HTP-200)增加至 2.89×10^{-3} mmol/gcoal，daf(HTP-300)，是由于该处理温度下，煤中羧基官能团发生分解反应生成；气体中 CO 逸出量由 1.39×10^{-3} mmol/gcoal，daf(HTP-200)增加至 2.71×10^{-3} mmol/gcoal，daf(HTP-300)，源于煤中键能较弱的醛基官能团的分解。此外，随着预处理温度升高，键能较弱的脂肪烃侧链及桥键断裂，脂肪烃类小分子气体 $C_{1\sim3}$ 的逸出量增加。

利用 GC-MS 对水热预处理后滤液中有机化合物进行分析，结果表明，滤液中主要有机化合物是脂肪烃、含氧化合物和芳香烃；其中，含氧化合物中多为脂肪烃链醇和酸酯类化合物，此类含氧化合物的逸出，降低了热解过程中羟基与其的交联反应，促进挥发分的逸出。此外，利用 ICP-OES 对滤液中无机金属进行了定性和定量分析发现，水热处理过程中能够有效脱除煤中水溶性无机金属。由上述结果可知，水热预处理可以有效降低含氧量，脱除水溶性无机金属，降低煤大分子结构交联程度，对 SD 煤提质作用明显；为了进一步考察水热预处理煤样结构的影响，对 SD 煤及水热预处理煤物理结构(比表面积、孔结构分布)和有机官能团结构进行了表征分析。

与 SD 煤相比，随着预处理温度的升高，煤样比表面积和孔容增加，而平均孔径急剧下降。SD 煤中大孔、小孔较丰富，水热预处理煤中介孔更加丰富，主要是孔径较小的介孔形成，主要分布在 2～20 nm 区间内，这是由于水热预处理过程中键能较弱的含氧官能团、脂肪烃侧链发生分解反应，伴随小分子气体逸出，更多孔径较小的介孔形成。

为了进一步考察水热处理对煤样有机官能团结构的影响，对 SD 与水热预处理煤作 FT-IR 分析，由于煤组成结构复杂，有机官能团种类繁多，出现肩峰和包络峰，导致 SD 煤与水热预处理煤样谱图相似。

对 SD 煤与水热预处理煤样有机官能团结构进行分析，水热预处理煤样 I_1、I_5 及 CH_2/CH_3 值相比 SD 煤降低，表明水热预处理过程中键能较弱的脂肪侧链及长链脂肪烃基发生裂解反应，同时伴随着脂肪烃类气体 $C_{1\sim3}$ 的逸出。其次，水热预处理煤样 I_2 值均降低，说明 SD 煤在预处理过程中羧基、羰基官能团发生裂解反应并生成 CO_2 与 CO 气体；通常，低变质煤中含有较多的羧基或氢氧化物，为煤中碱(土)金属提供活性位点，并形成更多交联结构；水热处理过程后，SD 煤中部分可溶性矿物质脱除，有利于含氧官能团分解，降低 SD 煤交联程度及后续热解过程中氢消耗。此外，在水热过程中，由于去离子水的加入，大量游离 OH^- 与 H^+ 被引入并与煤中苯基、苯氧基通过亲电取代反应生成苯酚类羟基，相应 I_3 值由 SD 煤的 1.15 增加至 HTP-300 的 1.30。然而，I_4 值由 SD 煤的 0.52 降低至 HTP-300 的 0.46，一般而言，芳环上醚键氧热稳定性强，在低温下不易分解。由此可推测，在水热预处理过程中，芳基醚键氧通过水解反应，生成酚羟基氧。

根据 SD 煤与预处理煤 HTP-240 的 13CNMR 分析谱图，将样品谱图分为 6 个区间：非极性烷基(alk C)，0～50 ppm；烷基氧(O-alk)，50～90 ppm；芳族碳(aro C)，90～150 ppm；芳基氧(O-aro)，150～165 ppm；羧基(COO)，165～190 ppm；羰基(C═O)，190～220 ppm。以芳香碳(aro C)为基准，相比SD煤，HTP-240煤样的alk C/aro C、COO/aro C、C═O/aro C相对比例降低明显，说明在水热处理过程中键能较弱的羧基官能团、羰基官能团、脂肪烃侧链、脂肪烃链醇羟基、甲氧基发生裂解反应，伴随小分子气体逸出；此外，与SD煤相比，HTP-240煤样的O-aro/aro C相对比例增加，而O-alk/aro C相对比例降低，进一步说明水热处理后煤样中形成较多羟基氧。

综上所述，水热预处理有效脱除含氧官能团及部分矿物质，降低煤中交联程度，同时丰富煤中介孔结构，对SD煤的提质作用明显，同时，预处理煤种更多酚羟基氧形成。通过SD与水热预处理煤组成与结构对比分析，可推测水热处理过程中发生了芳环上羧基官能团的水解反应、芳基甲基醚的水解反应。

根据SD煤与水热预处理煤样热失重与热失重速率(干燥无灰基)曲线，升温速率为10 ℃/min。SD煤及水热预处理煤样热解过程可分为3个阶段：第一阶段温度区间为40～300 ℃，200 ℃之前主要是煤中吸附水分及气体逸出，200～300 ℃主要是煤中弱共价键断裂导致微小失重；第二阶段温度区间为300～600 ℃，煤活泼热分解阶段，大量挥发分逸出；第三阶段温度区间为600～850 ℃，主要发生大分子自由基碎片缩聚反应，伴随小分子气体生成。由DTG曲线可知，在300～600 ℃温度区间内，SD煤热失重较大，且对应最大热失重速率高于水热预处理煤，是因为水热处理过程中含氧官能团及部分弱共价键发生裂解反应，水热预处理煤在活泼热解阶段热失重略低；水热预处理煤样介孔丰富，导致水热预处理煤挥发分更易逸出，最大热失重速率对应峰温相比SD煤略微提前。水热预处理煤在活泼热解阶段生成更多大分子自由基碎片，在高温段发生缩聚反应，伴随更多小分子气体逸出，热失重在600～850 ℃温度区间内略有增加。

由热解动力学可知，SD煤和水热预处理煤在同一升温速率下，高温区间活化能均大于低温区间活化能，与热失重曲线对应；煤热解反应主要发生在300～600 ℃区间内，热失重较大，更易发生裂解反应，对应活化能较低；高温阶段主要发生缩聚反应，热失重较小，对应活化能较高。在低温活泼热分解阶段，水热预处理煤热解活化能及指前因子均低于SD煤，可见水热预处理煤样挥发分逸出更加剧烈，主要源于水热预处理煤样孔隙结构丰富，自由基碎片更易匹配并及时逸出，其最大热失重率对应温度略有提前。在高温热解反应阶段，水热预处理煤样热解活化能及指前因子均低于SD煤，说明预处理煤热解过程大分子自由基碎片在高温阶段发生缩聚反应加剧，同时伴随着更多小分子气体逸出，相应预处理煤在高温热解阶段热失重略增。此外，水热处理温度较低或较高时，对应预处理煤样在低温段和高温段热解活化能及指前因子均较高；由前文分析可知，处理温度较低时，煤样孔隙结构略微增加，对挥发分逸出促进作用较弱；处理温度较高时，煤中弱共价键断裂反应加剧，相应热解活性略微降低；因此，预处理温度适中，有利于降低热解活化能，促进挥发分逸出。综合考虑，在本书考察温度范围内，选取最优水热预处理温度为240 ℃。

第 2 章　碳-灰分离技术

2.1　重力分选

重力分选是根据被分选矿物在分选介质中的密度差异进行目标矿物与非目标矿物分离的一种方法，具有处理量大、生产成本低、无污染等特点。煤气化渣中未燃碳颗粒（<2.0 g/cm³）和高灰分颗粒（>2.4 g/cm³）明显的密度差异为采用重力分选方法进行碳一灰分离提供了可行性。常见的重选分离设备有摇床、跳汰机、螺旋溜槽、螺旋分级机、离心选矿机和旋流器等，因旋流器具有结构简单、分离成本低、处理能力大和分选效率高的特点，在细粒级物料分选中应用广泛。

高少鹏等利用高效螺旋分选机对+0.125 mm 粒级物料进行分选，可使精矿灰分降至 22.35%。Yu 等研究了螺旋分离器对煤气化细渣中残余碳的富集行为，发现经螺旋分离器分选后，气化细渣的精矿产品纯度更高。太原理工大学团队在气化细渣重力分选领域占据国内领先地位，该团队针对国内不同地区、不同炉型的气化细渣，研制出了高效的水介质重力分选装置，开发了重力、重-磁、重-磁-浮的联合分选工艺，并提出气化灰渣的资源化利用技术路线。任振玚等利用复锥结构水介旋流器对宁夏煤业 GSP 干粉气化炉细渣进行水介质重力分选，实验结果表明富碳产品碳含量提高了 51.62%，富灰产品灰分为 95.68%，富碳和高灰产品合计碳回收率达到了 97.09%，实现了残碳与灰物质的高效分离与富集。李慧泽等提出了基于视密度差异对气化细渣进行碳-灰分离的方法，并设计试验分析了旋流器锥体角度、底流口直径、溢流管插入筒体深度等因素与产品灰分、产率及分选综合效率之间的定量关系，为煤气化渣碳-灰分离效果的预测及旋流器结构参数的选择提供了理论支撑。樊盼盼等设计了一种实现气化渣碳-灰分离的联合分选工艺和装置，利用水介旋流器对气化细渣中较粗粒级颗粒进行碳-灰分离得到高碳产品和高灰产品，再利用高梯度磁选机对细粒级矿物进行磁性矿物脱除后，将细粒非磁性产品通过浮选的方法进一步进行分离以实现气化细渣的合理化资源化利用。董连平等公开了一种气化渣水介旋流重选碳-灰分离装置与方法，气化细渣中筛上的大颗粒、杂质和筛下水介旋流器分选底流形成高灰产品；将筛下水介旋流器分选溢流进行分级，分级底流形成高碳产品；分级溢流等形成富碳产品，为气化细渣的资源化利用提供了新的思路。熊善新等设计的一种煤气化渣无机组分和碳组分的富集系统，筛分装置筛上粗料回流至破碎装置，实现循环破碎，有效提高了物料的利用率；筛下细粒气化渣经旋风分离机分离，形成无机组分和富碳组分。赵鹏等将煤气化细渣稀释并将其通过旋流器，旋流器底流分离出的玻璃质底砂可用于配制水泥混凝土；旋流器上部出口的碳颗粒可用作燃烧和气化原料，以实现气化细渣资源的综合利用。重力分选可对较粗粒度级气化细渣实现良好的碳-灰分离效果，但对于较细粒度级(−0.074 mm)分选效果较差。部分地区−0.074 mm 粒度级含量占比高达 80%，超出了重力分选设备的下限，同时，随着颗粒粒度的减小，按密度分选作用逐渐弱化，如何实现超细粒度级气化细渣的深度分离，是后续的研究重点。李慧泽等、任振场等分析了煤气化渣不同密度组分的特性，明确了碳-灰分离是煤气化渣分质利用的关键前提，并从视密度差异和可选性差异验证了水介质重力分选的可行性。产品采用水介质旋流器，经一次分选得到的富碳产品、高灰产品和富灰产品 3 种产品，一次分选实现了残碳与灰的高效分离与富集。董连平通过两级旋流重力分离实现气化渣碳一灰分离，可得到烧失量<4%的高纯灰和含碳 50%～80%的高纯碳。赵鹏等利用重力摇床进行气化渣碳一灰分离，并将高灰产品用于建材产品，高碳产品用于制备水煤浆返炉再气化。Zhang 等使用重力分选机研究了不同结构和操作参数下重力强化分离法脱碳的效果，得到了合格的Ⅱ、Ⅲ级高灰分产品。

有学者针对气化渣脱碳联合开发了筛分一重选分选流程，并于 2001 年建立了处理量达 100 t/h 的气化渣处理厂，2004 年已处理其渣场堆存的 14 万 t 气化灰渣，该工艺先将气化渣进行多段筛分，筛上产品为低碳渣，烧失量<5%，筛下产品经水力旋流器分选出富碳燃料产品(烧失量 30%左右)和高碳细粒级产品(烧失量>60%)，富碳可作燃烧掺料。杨玉芬等采用“先分级，后分选”的工艺，实现了干法流态化方法进行脱碳的分层分选结果，其<0.074 mm 下层高灰分物料最终产品产率为 86.55%，碳含量<4.0%，工艺简单，能有效降低灰渣中的碳含量。章新喜等将粗渣与细渣分别给入筛孔尺寸不同的筛分机，再将提纯后的碳产品给入脉动液固流化床分选机，分选出产品通过 0.03～0.15 mm 筛分机或沉淀池处理后，若满足需要则直接过滤烘干，否则结合浮选获得最终高碳产品，该工艺可将灰分为 65%灰渣分选为灰分 27%的碳产品和灰分 70%的细粒级尾渣。赵鹏等以德士古水煤浆气化废渣为原料，通过摇床重力分离出高含碳量细渣和高硅酸盐玻璃质灰渣块，并用分离出的高含碳量细渣燃烧提供热量，玻璃渣块进一步烘干粉磨可服务水泥混凝土行业。

目前，气化渣重选脱碳虽取得了一定成效，但利用重介旋流器、摇床、螺旋溜槽、动筛跳汰机、螺旋选矿机等重选设备对气化渣进行脱碳的研究较少。另外，由于气化细渣的粒度较小，而重选过程细颗粒最终运动速度与粒度关系密切，在单一重力场中所受分选力相对于细粒级间的黏滞阻力较弱，脉石矿物和目的矿物之间难以产生足够的位移差，未来可能在原有重力场的基础上，叠加离心场或磁场，来强化重选脱碳过程。

2.2 磁力分选

磁力分选是借助目的矿物与非目的矿物磁性差异实现物料分离的一种方法，主要分选或去除铁磁性物质。目前利用磁力分选对气化渣进行分离的研究较少，但针对粉煤灰磁力分选的研究较为深入，粉煤灰的物性组成与气化渣非常相似，因此可借鉴粉煤灰的磁力分选技术应用于煤气化渣。Vassilev 等采用干法磁力分选分离回收西班牙 4 个大型热电厂生产的 5 种粉煤灰中的磁性精矿，磁性物质的回收率在 0.5%～18.1%。谢双江等向湿法磁力分选后的粉煤灰磁性产品中加入分散剂并进行二次精选，得到的铁氧化物的平均质量分数达 47.0%。

2.3 电选脱碳

电选主要利用颗粒进入静电区域后，在静电、摩擦、旋转等作用下，利用颗粒的电物理性质和带电差异，实现碳飞灰与矿物质飞灰的分离。文献对高压静电脱碳进行了研究，该方法脱碳效果良好，电场强度、风量、电压、结构等对分离效果影响较大，可燃碳与无机矿物之间的相对分离程度对分离效果影响很大，而细小颗粒的影响相对轻微，粒度越大，这种影响越明显。Schoffstall 等对 3 种高烧失量灰渣进行干法分选，采用超声筛和摩擦电选结合技术，结果表明，筛分对摩擦电选效果有促进作用。Jiang 等认为，颗粒摩擦荷电是摩擦电选带电的主要因素，并在试验中加入铜粉增加了颗粒表面的荷电量，说明混合铜粉可提高灰的分选效率。虽然电选脱碳在煤基灰渣分选中取得一定效果，但对气化细渣，由于其表面疏松多孔，含水率较高，需要解决脱水烘干问题才能应用于气化细渣脱碳。另外，高压静电分选的局限性为：碳、灰的单体解离度较低时，灰与碳相互联结，电选方法无法实现，各成分矿物摩擦带电相互干扰大，易出现带电不均匀现象，影响分选效果。因此，电选脱碳在实验室虽已被证实是成功可靠的，但需要先克服气化渣脱水干燥和电选如何工业化的问题。

2.4 泡沫浮选

浮选是根据矿物颗粒表面物理化学性质的差异和亲疏水性能差异，从矿浆中借助气泡浮力实现矿物分选的过程。经过气化炉高温作用后，煤表面性质发生了很大的变化，但其表面仍有部分疏水官能团，而其他 Si、Al 等矿物成分则以亲水性矿物为主，因此可以采用浮选的方法对气化渣进行碳-灰分离。

通常，微细颗粒质量小，动量较低，难以与气泡发生碰撞。同时，气化细渣表面含氧官能团丰富，导致气化细渣疏水性较差，难以与脉石矿物进行有效分离。常规浮选中常用的捕收剂主要是柴油、煤油或多种非极性烃类油的混合。由于气化细渣的表面性质特点，煤油和柴油等非极性烃类油难以在气化细渣表面上进行有效吸附与铺展。程延化将煤油作为捕收剂，仲辛醇作为起泡剂，对气化细渣进行浮选，当煤油用量增至 16 kg/t 时，可燃体回收率可达 67.50%。Liu 等将柴油和甲基异丁基甲醇(MIBC)分别作为捕收剂和起泡剂对气化细渣进行分选，在柴油用量为16 kg/t和MIBC用量为8 kg/t时，精矿灰分为37.64%，获得了最佳的常规浮选结果。采用常规捕收剂煤油或柴油进行浮选即可实现一定程度的碳、灰分离效果，但其药剂消耗量大，工业应用价值较低。为降低工业生产的固废再利用成本，实现气化细渣的资源化利用，必须对气化细渣的浮选进行优化改良，现阶段浮选改进措施主要分为以下3方面：

2.4.1 捕收剂改性

难浮煤浮选界面调控的关键科学问题是煤表面疏水性精准调控，因此开发高效浮选捕收剂被认为是一种最有效、最经济的浮选过程强化方法。鉴于难浮煤表面特性与氧化矿有些许类似，油酸、塔尔油、氧化石蜡皂等极性羧酸类氧化矿浮选捕收剂均会对难浮煤浮选有很好的促进作用，特别是在常规非极性烃类油中加入表面活性剂或引入极性基团组分在低阶煤和氧化煤浮选实践中取得了很好的效果。捕收剂作为气化细渣浮选最常用的化学表面改性手段，颗粒表面改性处理可以增强目的矿物表面的疏水性，强化气化细渣的浮选效果。目前，主要通过以下几种方式对气化细渣表面进行改性以强化浮选效率：

1. 表面活性剂

表面活性剂的分子结构具有两性：一端为亲水基团，另一端为疏水基团。表面活性剂的结构特性使之可与气化细渣表面的亲水基团相互作用，露出疏水基团，降低油水界面的张力，有效改善浮选的选择性。李恒等将非离子型表面活性剂蓖麻油聚氧乙烯醚(EL-20)、两性离子型表面活性剂椰油酰两性基二乙酸二钠(MZL)、阴离子表面活性剂脂肪醇醚磷酸酯钾盐(MOA-3PK-70)、阳离子表面活性剂十二烷基三甲基氯化铵(AM-1231)和氟碳表面活性剂全氟烷基丙基甲基丙烯酸酯(FC)与松醇油复配作为气化细渣浮选捕收剂，试验结果发现MOA-3PK-70与松醇油复配时气化细渣浮选过程气泡较小，且当MOA-3PK-70用量在0.5～2.5 kg/t时，随着表面活性剂用量的增高，残碳烧失量随之升高，浮选特性改善，灰分降低，其原因是MOA-3PK-70主要成分是脂肪醇醚磷酸酯钾盐，在水溶液中电离出的阴离子带负电荷，可与碳颗粒表面的正电荷相互吸引，表面张力降低，更易产生细小均匀的气泡。Xue等研究了十二胺聚氧乙烯醚与煤油复配捕收剂对气化细渣浮选分离的影响，发现加入十二胺聚氧乙烯醚的捕收剂具有更好的分散性，从而提高了捕收剂对残碳的吸附选择性。张海军等将十二烷基硫酸钠与非极性烃类油复配，提高了药剂在气化细渣残碳表面的吸附效果，同时添加的疏水性颗粒可进入气化细渣的表面孔隙，阻碍了药剂进入孔隙，提高了药剂的利用率，降低了浮选成本，使浮选效率有效提高。表面活性剂因其独特的结构，一方面可以吸附在固液界面上，使矿物呈现特定的性质，同时，表面活性剂因良好的分散性可促进捕收剂在气化细渣表面的吸附，提高气化细渣的浮选效率。目前，低阶煤浮选中常用的捕收剂包括煤油、柴油等非极性烃类油，这些药剂可以强化低阶煤颗粒表面的亲疏水性。药剂在机械叶轮搅拌下，被打散到矿浆中。分散的药剂液滴在矿浆中与颗粒发生碰撞和黏附。油滴在炭颗粒表面铺展并形成疏水性的油膜，有效地增强了炭粒的疏水性。对于气化细渣来说，由于其表面含氧官能团多且孔隙丰富，传统的非极性烃类油难以在其表面上进行有效的吸附与铺展，因此在气化细渣浮选中效果不佳。此外，非极性烃类油用于气化细渣浮选时，不仅药剂消耗大，成本高，且当药剂用量过高时药剂选择性降低，使得脉石矿物的疏水性增强，造成精矿灰分增加。表面活性剂分子含有固定的亲水亲油基团，这些基团可以在溶液表面进行定向排列，使溶液表面张力显著降低。表面活性剂还可使溶液形成丰富、稳定的泡。为了改善低阶煤的浮选效果，研究者们将非极性烃类油与表面活性剂复配，发现表面活性剂可以通过静电力、共价键、氢键与非极性键等与煤粒表面发生吸附，减少了含氧官能团的影响，增强煤粒的疏水性。同时表面活性剂具有改变液-液、气-液以及液-固界面性质的能力，使得非极性烃类油在水中的分散性增强。因此增加捕收剂与炭颗粒的碰撞概率，从而明显提升低阶煤的浮选效率。郭梦熊等分别研究了阴离子、非离子、阳离子表面活性剂对煤的捕收效果。试验表明非离子型的 FCA 的浮选效果最佳。研究发现 FCA 可在煤粒表面发生特性吸附，并以其长链烃覆盖煤表面的亲水位点，有效提升煤粒的疏水面积。贺萌研究了聚氧乙烯醚型非离子表面活性剂 NP－10 在低阶煤表面的吸附行为，试验表明 NP－10 能通过氢键与低阶煤表面的 C－O 结合，进而增强了低阶煤表面疏水性，有效提高了低阶煤的可浮性。唐晓燕研究了表面活性剂 Span 80 对褐煤表面的疏水改性作用，试验表明低浓度的 Span 80 通过氢键与褐煤表面的含氧官能团吸附，增强了褐煤的疏水性，有效地增加了精煤回收率。王磊等研究了 ODEA、OP－4、Span 80 在长焰煤浮选中的作用。研究表明，ODEA、OP－4、Span 80 均增加了长焰煤颗粒表面的疏水性，但疏水强化度不同，主要表现在药剂对煤亲水位点覆盖与烃类油乳化分散方面。

在非极性烃类油中添加表面活性剂是难浮煤高效捕收剂开发的一种有效途径。表面活性剂不仅可以有效降低油水界面张力、减小油滴粒径，还可以有效钝化难浮煤表面亲水位点，促进捕收剂在煤表面的吸附铺展。XIA 等借助分子动力学模拟研究了非极性捕收剂十二烷中复配阳离子表面活性剂十二烷基三甲基溴化铵(DTAB)在低阶煤表面的吸附行为，发现引入 DTAB 后，低阶煤表面含氧位点被 DTAB 极性头基遮蔽，增强了低阶煤表面的疏水性。Zhang 等进一步探索了不同比例的 DTAB/柴油混合药剂对低阶煤的捕收效果，指出当 DTAB 与柴油质量比为 1∶2 时，精煤产率最大。一方面，DTAB 提高了柴油的分散性，促进了柴油在颗粒表面的铺展；另一方面，DTAB 和柴油具有协同作用，提高了煤炭颗粒表面的疏水性和可浮性，增加了颗粒-气泡黏附的稳定性。Chang 等研究了柴油和非离子型表面活性剂 TX－100 复配药剂对氧化煤浮选的影响，揭示该复合捕收剂浮选氧化煤的优良性能源于 TX－100 对柴油的乳化作用及其与氧化煤表面的亲水位点。Xia 等则考察了十二烷与十二烷基苯酚混合物对褐煤浮选的强化作用，发现组合用药比十二烷或十二烷基苯酚单独使用时效果更好。虽然在非极性烃类油中添加表面活性剂是改善低阶煤和氧化煤浮选效果的不错之选，但表面活性剂通常比较昂贵，浮选药剂成本相对较高，与此同时，表面活性剂的引入容易增加对脉石矿物的回收，恶化选择性。

在非极性烃类油中引入极性基团、人工复配组合捕收剂及筛选天然油脂类混合物也是开发高效浮选捕收剂的重要方法，如复配柴油、人工氧化柴油、生物柴油、废弃油脂、废弃润滑油、煤焦油等。虽然文献中报道的复合药剂种类层出不穷，但此类药剂的界面作用机理均可由 Jia 等最早提出的吸附模型来解释，即极性组分在氢键作用下与煤表面含氧位点键合，非极性组分在疏水键的作用下与煤表面疏水位点作用。油性捕收剂是非极性捕收剂，具有天然疏水性、价格低廉且浮选效果较好等优点。研究表明，烃链长度对于增加浮选精煤产率方面具有重要作用。长烃链最大限度地调节了孔隙的渗透，增加了孔隙的扩展能力。此外，另一项研究报告了不同碳链长度的柴油和 Tritonx 100 混合物与氧化煤的相互作用。结果表明，捕收剂浓度越高，氧化煤的疏水效果与产率越好。Bonner 等研究人员对试剂剂量的影响进行了研究，以降低泡沫中的黄铁矿的可浮性，研究表明以 5∶1 的比例将燃料油和甲基异丁基甲醇(MIBC)混合在一起，有利于煤与黄铁矿的浮选。油性捕收剂与捕收剂起泡剂的混合可以提高煤颗粒的浮选速度和回收率。另一项类似的研究采用分散性较差的多德环酚(DDP)与燃料油相进行混合，克服了燃料油的黏度问题，当 DDP 用量为 2.0 mL/50 g 时，碳回收率最高。采用混合捕收剂进行浮选的结果表明，通过两阶段重新清洗，精煤灰分可从 25% 降至 6%。在此研究中虽然不再需要添加起泡剂，但是 17 kg/t 的 DDP 药剂消耗量相对较高。

通过药剂复配使药剂的表面性质改变来提高低阶煤的捕收性和选择性是一种重要的浮选强化方法。将常规烃类油捕收剂和其他表面活性剂进行复配，可以得到明显改善低阶煤浮选效果的捕收剂。Polat 等研究表明，在常规油类中加入表面活性剂并以此为复配捕收剂能够提高煤泥浮选效果。Vamvuka 等对难浮褐煤进行了浮选研究，结果表明，复配药剂中的离子型和非离子型表面活性剂可以改变煤的表面特性。任聪使用煤油与酯类或非离子表面活性剂按比例配制了 4 种复配药剂，对葫芦素不黏煤进行了浮选试验。结果表明，复配药剂的分散粒径均小于煤油，且在矿浆中更容易分散；润湿热均大于煤油，在煤表面有更强的吸附作用，增加了煤表面的疏水性。朱张磊用表面活性剂 OP-4 与煤油以 15∶85 的比例(质量比)复配并进行浮选试验。结果表明，复配药剂的使用提高了浮选精煤产率及可燃体回收率。宋贤鹏以 OP 系列与煤油复配对屯兰煤进行浮选研究，其中 OP-4 与煤油的复配效果较优。与煤油相比，相同药剂用量下，浮选指标均明显提升。Jia 等用 THF 酯[$C_4H_7O-C_2-OOC-R$]成功地改善了低阶氧化煤的可浮性。与十二烷相比，捕收剂中含氧基团与煤表面的氢键作用强于脂肪链与煤表面含碳部分的范德华力的作用。这类捕收剂中的含氧官能团和苯环能够对低煤阶煤进行高效吸附。任聪等采用油酸甲酯、煤油、AEO-3 混合而成的复配捕收剂对煤泥进行浮选试验，结果表明，相同药剂用量下，复配药剂所得的浮选指标均比油酸甲酯高，体现出较强的适应性。王东岳以羧酸类复配药剂为捕收剂，对低阶煤进行浮选试验，得出随着碳链的增长，羧酸类复配药剂的浮选效果先变好后变差。正癸酸的复配药剂捕收性和选择性最好，精煤可燃体回收率高，浮选完善指标高。安茂燕以神东长焰煤为研究对象，采用脂肪酸-烃类油强化低阶煤浮选，结果表明，脂肪酸的存在不仅降低了油-水界面张力，而且脂肪酸-烃类油作用后煤表面的疏性提高，水化膜变薄，煤粒发生凝聚的可能性增加。王力强将15%质量分数的油酸与柴油复配，以此为捕收剂进行浮选试验。结果表明，复配捕收剂改善煤表面性质作用明显，煤的疏水性有效提升，在同等药剂用量下效果优于单独使用煤油。复配捕收剂的粒度更小、分散性更好，捕收性能更强。李琼等采用生物柴油与煤油、柴油复配作浮选捕收剂对难浮煤种进行了浮选试验。通过研究机理发现生物柴油当中在极性基团与非极性烃链的作用下能够在油滴周围形成水化膜来防止油滴合并，使非极性烃类油更好地分散在水中，提高与煤粒表面的碰撞概率，提高煤粒表面疏水性，降低药耗。于海选以煤油和芳烃类试剂AR为原料制备了一种复合捕收剂，对古汉山选煤厂难浮煤泥进行浮选试验，通过与煤油浮选结果对比，该复合捕收剂的各项浮选指标明显优于煤油。张开永在煤油中加入间二甲基萘(化工产品)，配比为1∶3，浮选结果表明，复合药剂的精煤产率为76.08%，可燃体回收率为80.43%，比煤油高出5%以上。表明复合捕收剂具有较好的捕收能力，经济效益良好。王永田等研发了新型复配药剂FO，可以提高可燃体回收率20%以上，加快浮选速度且药剂成本低，有利于推广低阶煤煤泥浮选的工业应用。

任聪针对低阶煤泥难浮的问题将煤油与活性物质按照一定比例配制了4种复配药剂，测定了其在水体系中的分散粒径以及与煤之间的吸附热。结果表明4种复配药剂相比于煤来说，更容易在矿浆中分散，在煤表面的吸附作用力也更强。煤油与酯或脂肪醇聚氧乙烯醚类表面活性剂之间存在着协同作用，比单一煤油具有更强的捕收能力。王东岳用不同长度碳链的胺类和羧酸类药剂复配对低阶煤的浮选进行了研究。短链胺与低阶煤主要形成氢键、静电以及疏水作用力，长链胺主要形成氢键和疏水作用力，短链羧基药剂形成氢键和疏水作用力，而长链羧酸类则主要以疏水作用力为主。通过比较发现，短链胺类和羧酸类复配药剂与煤表面的氢键键合作用较强，但随着碳链的增长，氢键的键合作用和疏水作用逐渐减弱。郝景润基于润湿性和表面活性剂对煤进行了相关研究。结果表明，煤中的水分、灰分以及含氧量越高，其疏水性越差，润湿性也就越好。而固定碳、挥分、碳含量以及氢含量高的煤样，润湿性变差。随着表面活性剂含量的增加，溶液表面张力先下降后趋于平衡，其在煤表面的吸附量也是先增加后趋于平衡饱和。表面活性剂在煤表面的吸附量则是影响煤润湿性的重要因素。郭伟研究了十二烷基醇聚氧乙烯醚在低阶煤和矸石表面的吸附机制和吸附特性。随着时间的增加，表面活性剂在煤表面的吸附量也增加，呈先迅速增加后放缓至平衡的趋势。煤样吸附表面活性剂后疏水基团增多，而矸石吸附表面活性剂后疏水基团也增多，精煤产率随疏水性增强有所增加，但其灰分也随之提高。韩艳娜通过试验研究了在哈利蒙特管中加入4种无机盐和3类表面活性剂作用后，对低阶煤浮选的影响。单独使用无机盐或无机盐与表面活性剂协同都会使气泡直径随电解质浓度增加而呈先变小后增大的趋势。氯化钠和司班-80，氯化钙、氯化镁和十二胺协同会使溶液的表面张力明显降低。无机电解质会促表面活性剂在煤表面的吸附，从而提高煤的疏水性能。朱振娜研究了无机盐与表面活性剂对低阶煤泥表面的改性作用。结果表明，无机盐会影响表面活性剂在气-液界面的吸附行为，溶液中也会因此出现一个表面张力的转折点。表面活性剂使得气泡呈现球形状态，无机盐的加入使得气泡的形变和运动末速减小。同时，无机盐和表面活性剂的作用会使得低阶煤泥表面更加光滑，形成罩盖的微细颗粒减少。其中 SDS 对泡沫稳定性的影响最大，但 SD 与无机盐易发生络合，从而影响 SDS 与煤泥的相互作用。三价铝离子与 PEG 的协同作用最佳。沈亮配制了十二胺盐酸盐/脂肪酸复配选捕收剂，进行煤泥反浮选，降低了常有捕收剂用量。复配捕收剂具有更低的临界胶束浓度和表面张力。同时在真空条件下进行了分子动力学模拟，捕收剂十二胺盐其带正电的头基通过静电作用吸附在高岭石 001 面，水环境下的模拟表明，复配捕收剂可以降低高岭石 001 面附近水分子浓度，改善其疏水性。Liu 等采用十二烷和正戊酸混合作为低阶煤的浮选捕收剂。正戊酸的极性基团与煤表面的含氧官能团通过氢键相互作用，十二烷主要覆盖在煤表面的疏水中心，混合捕收剂使得煤样的自由能最小化，十二烷降低其表面自由能非极性部分，正戊酸降低其极性部分。Xia 研究了蜡烛灰和十二烷混合作为新型捕收剂用于焦煤和低阶煤浮选。蜡烛灰中有大量的碳，能吸附和吸引煤颗粒，从而缩短煤颗粒和气泡的附着时间。刘莉君等通过烃类油、脂肪酸和表面活性剂复配出新型煤泥浮选捕收剂，其中含有苯环结构，与煤平面结构单元相似，分子间范德华作用力接近。韩加展采用 FO 表面活性剂对低阶煤泥进行改性，使得煤表面的含氧基团减少，表面疏水性增强，同时，气泡与煤表面的弹跳次数和碰撞时间均减小，而气泡与煤表面的接触面积也随之增加。任聪使用量子力学计算结果表明，油酸甲酯的前线轨道的能隙值较低，其与煤分子之间的吸附能也更高。油酸甲酯与煤油、AEO-3 复配得到的三元混合捕收剂对煤泥具有较好的捕收效果。晋伟发现植物油极性部分以氢键作用方式与低阶煤表面的极性位点产生定向吸附，使得煤粒表面的疏水性增强，接触角增大，诱导时间降低。植物油与柴油复配时，柴油作用于低阶煤非极性位点，增大了疏水面积。胥萌采用等离子体将极性官能团引入非极性捕收剂中，从而将非极性药剂转化为杂性捕收剂。等离子体制备的十二烷捕收剂覆盖低阶煤的亲水位点，增加了其疏水位点数量，扩大了脉石矿物与煤表面的疏水性差异。复配起泡剂也是混合药剂研究的对象，邱宁将醚醇、酯类和醇类起泡剂复配作为煤的起泡剂。复配起泡剂的起泡能力强，气泡稳定性高，其非极性基中的长碳链烃基和极性官能团数量增多，药剂疏水性增强。李国胜等研究了氯化钠浓度对煤泥浮选的影响，发现氯化钠的加入不仅能使煤粒表面的负电位值减小，还增加矿浆黏度和气泡稳定性的作用。冉进财等在粉煤灰矿浆体系中添加无机盐阳离子改变其液相性质，无机盐阳离子的添加增强了浮选过程泡沫的稳定性，阳离子价态越高，稳定性效果越明显。Zhen 等对低阶煤分别使用十二烷基三甲基氯化铵和氯化钠进行预处理，表面活性剂通过化学吸附具有改善低阶煤表面亲疏水性能的作用，钠离子能够增加气泡的稳定性和减小气泡尺寸。Zhang 等用 MD 分子模拟乙氧基化程度对十二烷聚氧乙烯醚在褐煤表面的吸附行为。结果表明其吸附属于物理吸附，范德华力占主导作用，表面活性剂在水/表面活性剂/褐煤体系中吸附之后，它们之间的相互作用减弱，褐煤的疏水性随之增强。同时，采用分子动力学模拟探讨了十二烷与四乙二醇单十二烷基醚作为混合捕收剂在低阶煤表面作用的微观强化机理，在十二烷中添加四乙二醇单十二烷基醚增强了混合捕收剂在低阶煤表面的静电吸附和氢键作用，混合捕收剂在低阶煤表面的相互作用强度和铺展得到了加强。Xia 等综述了分子模拟技术在低阶煤浮选体系中的煤-水、煤-药剂、煤-气泡以及煤-黏土相互作用的应用计算。低阶煤表面的含氧亲水官能团易吸附水分子，形成稳定的水化膜。氢键、范德华力和空间位阻解释了水与低阶煤的相互作用。含氧位点可以被极性捕收剂的头部所覆盖，非极性分子可以沿着极性分子的方向吸附在含氧位点上。Yang 等从吸附行为和相互作用力 2 个方面研究了捕收剂与煤的动力学和力效应。吸附动力学结果表明，柴油在煤表面的吸附过程符合一级动力学模型；MD 模拟计算结果表明，捕收剂柴油只吸附在煤表面疏水区，不吸附含氧官能团。Xia 等使用分子模拟计算对低阶煤表面药剂的吸附原理作了深入研究。当煤表面被水分子包围时，含油捕收剂分子在油/水界面倾向于自聚成球，很难吸附在煤表面，但当极性试剂添加到油性捕收剂中，非极性捕收剂分子在极性试剂分子的引导下吸附在含氧位点上，显著提高了含氧基团的覆盖率。阳离子表面活性剂十二烷基三甲基溴化铵(DTAB)端基优先吸附在煤表面的含氧位点上，使得低阶煤的碳点和 DTAB 的疏水链暴露在外有利于非极性捕收剂的铺展与吸附。同时 DTAB 的吸附减小了水化膜的厚度，其氮原子朝向煤表面，使得烷基链朝向水相，抑制了水分子的吸附。程万里等基于 EDLVO 理论计算了浮选药剂对煤粒之间的相互作用，0＃柴油和仲辛醇有良好的协同作用，煤粒之间以疏水作用为主，相比于单一药剂，总的作用势能“能垒”会随之降低。卢廷亮采用量子化学计算 Materials Studio 软件建立了不同结构的烃油类捕收剂模型并计算了其与煤分子之间相互作用的吸附能。烃油类捕收剂在煤表面的吸附过程属于物理吸附，吸附能的大小依次为：芳烃＞烯烃＞烷烃。王捷研究了褐煤表面对于非离子型表面活性剂的吸附机制。非离子型表面活性剂的极性端基对含氧官能团的吸附具有选择性，增加非极性端链长度以及不饱和双键会增强表面活性剂与煤分子表面的作用能，从而降低煤与水的作用能。安茂燕研究了以正十二烷和丁酸、己酸、辛酸、油酸和亚油酸为主的烃类油和脂肪酸在溶液中的分散特性和与煤之间的相互作用。正十二烷和脂肪酸、烃类油在煤表面多层吸附，而丁酸、己酸、辛酸为单层吸附，脂肪酸与煤表面极性位点作用，水分子则会被封在孔隙中；脂肪酸、正十二烷分别与煤表面的亲、疏水位点作用。Zhang 等采用分子动力学模拟研究了不同煤化程度的煤表面润湿性。结果表明，水的接触角随煤化程度的增加而减小，水分子在煤表面的扩散与水-煤之间形成的氢键有关，烟煤与水之间氢键数目最少，低阶煤与水之间氢键数目最多。赵建峰对季铵盐型表面活性剂在石英表面的吸附进行了模拟，结果表明当表面活性剂碳链长度增加，药剂在石英表面的吸附强度也随之增加；水杨羟肟酸和苯甲羟肟酸对石英吸附不易产生吸附行为。陆英采用分子动力学模拟分别对低阶煤和氧化煤的煤-水界面结构进行了模拟计算，随着煤表面—OH 官能团的增加，水分子在煤表面的前滞接触角和后滞接触角均减小，水化膜厚度随之增加，水分子与煤表面形成的氢键数目增加。由晓芳采用分子模拟技术构建了壬基酚聚氧乙烯醚吸附长焰煤聚集状态的模型，结果表明药剂极性基团与煤表面极性基团发生了定向吸附，非极性碳链则缠绕在一起从而指向水相。

2. 有机酸

在浮选过程中引入极性官能团—COOH，可以降低常规烃油类捕收剂的消耗，提高浮选效率。Xue 等将环烷酸与煤油按质量比为 4∶6 进行复配，并将复配药剂用于气化细渣浮选，当复配捕收剂用量为 10 kg/t 时，尾矿灰分和可燃回收率最大，造成此结果的原因是残碳和复配药剂的润湿热值较小，使残碳更容易与复配药剂吸附，同时，复配药剂的粒径和 Zeta 电位小于煤油，导致捕收剂油滴与固体颗粒碰撞的概率增加，显著增加了复配药剂在残碳上的吸附概率。Shi 等将煤油与油酸进行混合，当复配药剂质量比为 7∶3 且复配捕收剂(PS-1)用量为 10 kg/t 时，复配捕收剂可将气化细渣精矿的可燃体回收率提高至 68.0%，比传统捕收剂煤油(KO)高 11.1%，通过对其机理进行模拟分析，发现复配捕收剂中的油酸和烷烃可以覆盖气化细渣中残碳的大部分表面，这种协同效应增强了气化细渣中有机碳的疏水性。程延化发现将煤油与月桂酸复配作为捕收剂，不仅可以提高气化细渣精矿产率与可燃体回收率，而且可以降低其尾矿烧失量，其原因是月桂酸中的亲水官能团—COOH 使界面张力降低，使复配药剂与矿粒作用时需要克服的能垒降低，药剂易于黏附在残碳表面。烃类油与羧酸类有机物的复配比较常见，可以有效地适应低阶煤表面状况，强化浮选效果。Liao 等人将十二烷(D)与油酸(OA)以 4∶1 的质量比混合，发现十二烷与油酸的混合捕收剂在用量为3 kg/t的条件下，精煤灰分降至最低点 10.55%，可燃体回收率分别比单独使用的 OA 和 D 高 25.77%和 48.86%。OA 和 D 在低阶煤浮选中表现出协同作用，经过复配药剂处理后煤表面水化膜变薄，显著减小了油滴粒径，增加了油滴与煤颗粒附着的概率，从而提高了浮选性能。Xia 等人以十二烷与十二烷酸的复配捕收剂浮选神东低阶煤，当十二酸的质量比为 40%时，可燃体回收率达到最大值为 70%，其中十二烷与十二烷酸具有协同效应，十二烷在十二烷酸的引导作用下可以有效覆盖低阶煤表面极性位点，从而提高煤表面疏水性。Liu 等人利用十二烷-正戊酸复配捕收剂对低阶煤进行浮选试验，当药剂用量都为 5 kg/t 时，精煤产率达到 98.41%，而十二烷作捕收剂时的精煤产率仅为 64.65%。且通过进一步研究发现：当使用适当比例的复配捕收剂时，正戊酸分子可以使十二烷分子形成的油分子层变厚，从而增加低阶煤分子表面的疏水性。同样，Zhu 等人研究了柴油与正辛酸协同作用下对阶煤回收效果的影响，当复配药剂用量为4 kg/t 时，精煤产率为 65%，灰分约为 9%，比柴油作捕收剂时的精煤产率高约 55%，主要作用机理为柴油的非极性端可以与煤表面的疏水位点相结合，正辛酸含有羧基的极性端通过氢键覆盖在煤表面的含氧官能团上。同时正辛酸也可以作为乳化剂，有利于改善非极性柴油的分散效果，提高碰撞黏附效率，更好地提高煤的疏水性。Xing 等人采用柴油-脂肪酸(CC)的混合极性捕收剂浮选氧化煤，可燃体回收率提高了 31.73%，且泡沫层较为稳定，而单纯加强起泡性能时浮选效果并不明显，羧酸类捕收剂在覆盖煤表面亲水位点的同时还具有部分起泡性能，由此提高了浮选回收效率。

烃类油与其他类型的有机物复配时对低阶煤的回收效果也比较明显。Xia 等人以十二烷和 4-十二烷基酚(DDP)的复配药剂作捕收剂时，精煤产率比单独使用十二烷或 DDP 的条件下提高了近 35%。Zhang 等人选择利用十二烷和四甘醇单十二烷基醚(C_{12}

EO_4)的复配捕收剂浮选低阶煤，研究发现在十二烷-水体系中加入 $C_{12}EO_4$，促使十二烷液滴分散性、稳定性更好，并随着 $C_{12}EO_4$ 在混合捕收剂中的体积比增大，精煤产率、可燃体回收率和浮选效率指数均增大。任聪等人按照一定比例将酯或脂肪醇聚氧乙烯醚类与煤油配制了 4 种复配药剂用于浮选葫芦素不黏煤，发现复配药剂分散粒径整体小于煤油，显著增强了煤油的捕收性能，在精煤产率相当时，复配药剂的使用至少节约了 50%的煤油用量。此外，纳米疏水粒子与烃类油的复配也明显提高了煤泥表面疏水性，Xia 等人利用 SEM/EDS 观察到烟灰(炭黑)中含有大量的碳纳米疏水粒子，可以吸附在煤表面使其变粗糙，缩短捕收剂吸附时间，与十二烷作捕收剂相比，采用炭黑和十二烷混合的捕收剂精煤产率升高，同时有效降低了精煤灰分。

3. 高内相乳液

当分散相体积分数 $\phi>0.74$ 时，此时的乳液为高内相乳液，乳液中含有的分散水滴可以填充矿物聚集所形成的空隙空间，从而降低填充该空间所需的捕收剂用量。Van Netten 采用 Span 80、NaCl 水溶液和柴油制成了分散相体积分数为 0.94 的 HIP 乳液并用于选择性团聚细煤，研究结果表明所需的有机液体量减少了 7.5 倍；采用煤油、Span 80、NaCl 溶液制备了内水相为 95 vol% HIP(W/O)乳液，该乳液在高灰煤泥分选中可节约 90%的煤油用量。赵学敏等用煤油、仲辛醇、水和表面活性剂成功制备出一种油包水型微乳液，在精煤灰分、可燃体回收率及浮选完善度相近时，微乳用量比煤油降低 50%左右。陆英采用煤油、Span 80、NaCl 制备了 HIP(W/O)乳液(内水相为 85 vol%)，并将其用于氧化煤浮选，发现该乳液能显著降低煤油用量。唐云敏采用煤油、Span 80、无机盐溶液制备得到一种油包水型高内相乳液，并将其用于细粒煤泥浮选，与煤油相比，乳液中的水代替了大部分煤油，且乳液表面具有与油类似的性质，当可燃体回收率相近时，HIP 乳液可节约 90%的有机药剂用量。刘晓东采用脂肪胺聚氧乙烯醚($AC_{12}O_2$)、3 wt% NaCl 水溶液和煤油制备了 HIP 乳液并将其用于气化细渣浮选试验，结果表明，HIP 乳液可显著提高气化细渣的尾矿灰分、精矿产率和可燃体回收率，在可燃体回收率相近时，HIP 乳液可节油约 13.4%，究其原因，高内相乳液可增强对气化细渣残碳颗粒的絮团能力，使更多的有机碳颗粒形成絮团而被浮出。

油类捕收剂不能溶于水，为了让捕收剂更好地在水中分散，乳化剂的加入变得非常必要。乳化剂一端含有极性基团，面向水相；另一端含有非极性烃基团，面向油相，极性基团与非极性基团的定向排列，在水滴或油滴表面形成了稳定的保护膜，阻止了液滴之间的互相兼并。此外，加入乳化剂后，油和水的表面张力降低，更易形成乳状液。乳化捕收剂液滴小、扩散速度快，可加快与细小煤粒的碰撞与吸附。Sivrikaya 等对乳化柴油的研究表明，使用乳化柴油不仅可以节省药剂用量，同时浮选效果也得以提升。我国在 20 世纪 50 年代就开始了乳化试验研究，将捕收剂乳化后用于浮选，效果较非乳化时效果优异。朱书全等开发了一种新型乳化剂，在强力搅拌下使油和乳化剂充分混合，再加入水进行混合，然后用超声波再次进行分散处理，最终得到 O/W 型乳化油，该油较为稳定，能在一个季度内不分层，使用方便。对潞安的煤样进行试验后发现，不仅保证了浮精灰分合格，而且还能在提高精煤产率的同时节省大量油类捕收剂，经济效益显著。黄波和解维伟等使用乳化捕收剂对山东陶庄和蒋庄选煤厂及钱家营选煤厂和张家口某选煤厂的浮选入料煤进行了研究试验，发现乳化后的柴油稳定性好，浮选时油耗少，速率快，效率高，矿化泡沫的黏性较低，对浮选过程强化有显著效果。周弘文在煤油中加入一定的表面活性剂，将煤油乳化，发现乳化后的捕收剂在矿浆中的分散性变好，同时捕收剂消耗降低。浮选试验结果表明，乳化捕收剂不仅能节省一半以上的药剂用量，而且能提升精煤产率。郭金玉等使用 tritonX－100、Span 80 这 2 种表面活性剂作为乳化剂，对神东低变质程度的长焰煤进行研究，通过试验得到了捕收剂的最佳配比，相同条件下该捕收剂同煤油进行对比，发现精煤产率提升的同时精煤灰分也降低了，且达到相同的浮选指标时药剂消耗少，浮选效果良好。李志红等研制了一种微乳煤泥捕收剂。该捕收剂是微乳状，清澈透明，粒径极小，仅有几十纳米，性质稳定，且同时具有捕收性和起泡性，使用时无须再添加起泡剂。经过测试发现，使用该微乳捕收剂在获得相当的精煤产率和可燃体回收率的情况下，对比使用煤油作捕收剂，节油率可达 50%左右，经济效益明显。药剂乳化是指在表面活性剂参与下，将互不相溶的 2 种液体相互分散成一种能够在一定时间内稳定存在的、性质均一乳液的方法。乳液按照分散相是水还是油类，可分为水包油(O/W)型乳液和油包水(W/O)型乳液。水包油(O/W)型乳液是指油以小液滴的形式分散于连续的水相中。赵鸣采用非极性乳化剂对煤油进行乳化处理后，得到一种水包油型(O/W)乳化捕收剂。试验表明，配制的乳化药剂可以明显降低药剂用量，节油率高达 38%。研究发现煤油经乳化后，黏度下降，药剂的分散度增强，减轻了高灰细泥在煤粒表面的笼罩，因此改善了粗颗粒煤浮选的活性。李琳用表面活性剂 LYS 成功制备得到水包油(O/W)型微乳(LY)。试验表明，与柴油相比，当浮选完善度相近时，LY 的用量低；当可燃体回收率相近时，LY 的节油率达到 73%左右(不考虑表面活性剂)。油包水(W/O)型乳液则是水以分散的小液滴存在连续的油相当中。赵学敏用煤油、仲辛醇、水和表面活性剂成功制备出一种油包水型微乳液。试验表明在精煤灰分、可燃体回收率及浮选完善度相近时，微乳用量比煤油低 50%左右。Van Netten 制备了 HIP(W/O)乳液，探索了其在高灰煤泥分选中的应用。试验表明配制的 HIP(W/O)乳液(内水相为 95 vol%)可节约 90%的煤油用量。研究发现配制的 HIP(W/O)乳液其表面的油膜具有和油相类似的疏水性，可与煤油一样，形成具有一定强度的油-煤团聚体；且因所配制的 HIP(W/O)乳液内水相替代了油相的体积，因此起到了节省药剂的效果。其原因是乳液中的水代替了大部分煤油，且乳液表面具有与油类似的性质。此外，研究发现 HIP(W/O)在矿浆中以 $W_1/O/W_2$ 双乳液的形式存在；与煤油相比，HIP(W/O)乳液可以更好地吸附铺展在氧化煤表面。

乳化作用可以有效改善烃类油在水中的分散，超声处理是发生乳化作用的常用方法之一，康文泽等人利用超声乳化煤油，相同药剂用量时，乳化煤油的浮选速度快于煤油，且一定程度降低了精煤灰分，提高了精煤产率。黄波、李琳等人也对微乳型捕收剂制备方法以及超声处理条件进行了优化，促使乳液更好地分散为细小油滴，提高了分选效率。Gan 等人以超声乳化前后柴油、煤油为捕收剂应用于内蒙古霍林河煤田褐煤，发现乳化后捕收剂缩短了诱导时间，并且在浮选性能相同的条件下，可节省70%的煤油用量和86%的柴油用量。表面活性剂类药剂的加入可以有效促进浮选药剂的乳化作用，Rui等人采用十二烷基三甲基溴化铵(DTAB)与柴油在超声处理的条件下混合制备了乳化型捕收剂。当DTAB与柴油质量比为1∶2时，精煤产率达到最高，且远高于单种药剂使用时的精煤产率。DTAB的加入可以在捕收剂中起到分散剂的作用，同时增强烃油类捕收剂同低阶煤表面的吸附作用。Chen等人在柴油中加入2-乙基乙烷醇作为乳化剂进行浮选试验，可燃体回收率和浮选效率指数分别从43.42%和29.52%提高到89.27%和59.91%。另外，在大柳塔选煤厂低阶煤浮选试验中，证实2-乙基己醇比二十二烷基二甲基溴化铵(DDAB)更适合用于低阶煤浮选，当2-乙基己醇与柴油的质量比为4%时，可燃体回收率可提高22.23%。马克玉等人发现SPAN80也可对煤油产生乳化作用，同时，在煤油与乳化后药剂体系中再加入表面活性剂也可以增强药剂整体稳定性。Cebeci在使用煤油、煤油＋乳化剂、煤油＋乳化剂＋非离子表面活性剂浮选某褐煤后，发现加入非离子表面活性剂后的组合捕收剂对某褐煤的回收效果最好最稳定。

4. 再用油

经过烹饪或燃烧使用之后产生的油类，例如废食用油和废机油等，含有大量的酸类化合物或大量碳氢化合物、酯和杂原子，通过物理化学处理，将其用于气化细渣浮选，可以达到节约能源，废油回收再利用的目标。Li等将原始废食用油在90 ℃的温度下通过沉降、过滤和脱水处理，并将处理后的废食用油作为捕收剂，在废食用油为6～7 kg/t、起泡剂为3 kg/t时，气化细渣中未燃碳的回收率约为90%，而尾矿烧失量小于5%，分析其原因，是废食用油中含有大量的酸类化合物，其中羧酸类占比67.47%，油酸占比38.48%，且碳链长度为C_{16}-C_{21}，适用于气化细渣的浮选，通过利用接触角对气化细渣的疏水性强弱进行评价，发现随着废食用油用量从0 kg/t增加到7 kg/t，气化细渣的接触角从46.19°增加到122.96°，表明废食用油处理后气化细渣的疏水性显著增加。

Gui等将废机油作为气化细渣浮选捕收剂，发现适量的废机油可以增强气化细渣颗粒的疏水性和气化细渣颗粒与气泡的附着性。当废机油加入量从1 kg/t增加到3 kg/t时，残碳回收率从79.28%增加到89.60%，其原因是废机油中含有大量碳氢化合物、酯和杂原子，非极性碳氢化合物可以吸附在气化细渣的非极性区域，极性酯可以形成氢键吸附在气化细渣表面的极性区域，使气化细渣疏水性增强，当废机油为3 kg/t，搅拌时间为60 s时，气泡表面几乎被气化细渣颗粒覆盖。

通过利用上述不同的捕收剂对气化细渣浮选进行强化，提高了捕收剂在气化细渣残碳表面的吸附与铺展，改善了气化细渣的疏水性，有效地提高了浮选的选择性。在非极性烃类油中添加表面活性剂或有机酸类是提高气化细渣浮选效果的一种可行的方法，但表面活性剂和长链有机酸通常价格较高。同时，表面活性剂加入量较大时会使尾矿的回收率升高，造成浮选的精矿灰分升高，降低浮选选择性。因此，像废机油与废食用油等富含酸、酯等极性官能团的废油，经合理回收利用后，不仅会降低工业浮选成本，而且对环境和社会经济发展都有积极意义。高内相乳液含有较少的表面活性剂与大量的无机盐溶液，且浮选效率高，在气化细渣浮选方面具有良好的应用前景。

2.4.2　调整剂改性

调整剂可调整捕收剂与矿物之间的作用效果，改善浮选效率，通常的调整剂有无机电解质、分散剂等。无机电解质可改变气化细渣的表面电性，改善药剂在气化细渣表面的吸附与铺展。吴阳选择 $CaCl_2$ 作为 pH 调整剂，利用 Zeta 电位仪测气化细渣矿浆的电位，试验结果表明，由于矿浆电动电位过大使浮选过程的药剂消耗量大且浮选效果较差，当 $CaCl_2$ 用量为 3.5 g 时，矿浆 pH 值为 6.84，Zeta 电位接近零电点，此时矿浆电动电位最低，有利于药剂作用于残碳表面。Zhang 等通过研究不同无机盐离子溶液环境下的气泡行为，发现 Al^{3+} 的气泡尺寸相对较小，泡沫稳定性最强，浮选试验表明，在 $AlCl_3$ 溶液中，颗粒达到零点电位所需的盐离子浓度远小于 $MgCl_2$ 和 NaCl，盐离子降低了气泡的表面张力，削弱了气泡衰变过程。张智吉等通过加入分散剂六偏磷酸钠并高速搅拌调浆，使颗粒充分分散，提高了颗粒与浮选药剂之间的吸附作用，提高了浮选效果。添加调整剂会改善捕收剂的作用，提高选择性，使浮选效率升高，但在浮选过程中需要的无机盐溶液较多，分散剂与絮凝剂的加入会使浮选过滤时间延长。随着矿物储量的减少以及精矿质量要求的日益增高，应增强对浮选过程中各类调整剂的重视，指导工业生产实践。

抑制剂在煤泥浮选中破坏或者削弱矿物对捕收剂的吸附，增强矿物表面亲水性，使脉石矿物不易浮，减少精煤的灰分，提高精煤指标。有的研究者以无烟煤为研究对象，考察了水玻璃、六偏磷酸钠、变性淀粉和羧甲基纤维素对煤泥中黏土类矿物的抑制作用。用接触角分析和红外光谱检测分析发现，煤样与各抑制剂作用后，亲水性都得到增强；在浮选试验中，各抑制剂作用后的精煤产率和灰分都有一定降低，其中当选用变性淀粉作煤样的抑制剂时，精煤灰分降低效果较好。在浮选过程中添加水玻璃、六偏磷酸钠可以对矿泥起到一定的分散作用和抑制效果，减弱矿泥对浮选过程的干扰。抑制剂能从溶液中消除活化离子，同时也能消除矿物表面的活化薄膜，在矿物表面形成亲水的薄膜，提高矿物表面的水化性，削弱对捕收剂的吸附活性。

广义的调整剂是指浮选过程中使用的除捕收剂和起泡剂之外的所有药剂，是一种辅助型药剂。它们改变着加入的浮选剂的离子、分子和胶体形态之间的比例；矿粒和气泡表面的物质组成；双电层结构；表面电荷大小和符号；固相和气相长距离吸引力和排斥力的大小；水分子的吸引力和表面润湿性；矿物悬浮液的稳定性；悬浮物的凝聚和絮凝强度；泡沫层中气泡上的水膜的泄水和破裂速度以及泡沫层的稳定性。研究表明，微细颗粒在矿浆中的赋存状态、颗粒与药剂之间相互作用会影响浮选效果，合理使用调整剂对于强化浮选效果至关重要。调整剂在选矿领域广泛应用，但在煤泥浮选中应用较少，近年随着煤炭“贫、细、杂”问题凸显，高灰难选煤泥入浮比例增加，国内外学者加大了高灰难选煤高效分选研究工作。结合微细高灰难选煤自身性质，微细粒选择性絮凝和脉石矿物高效抑制是溶液化学方面强化浮选的研究重点。

(1)絮凝剂：选择性絮凝是根据不同矿物表面性质差异，利用絮凝剂将悬浊液中的目标矿物高选择性絮凝、分离的方法。实现高选择性絮凝应具备以下几个必要条件：分选物料充分解离、浮选矿浆体系稳定、目标颗粒和非目标颗粒对絮凝剂的吸附能力具有较大差别。

蔡璋等利用絮凝剂和分散剂对微细粒煤泥进行选择性絮凝浮选，与常规浮选效果相比，在尾煤灰分相当时，精煤灰分较低，产率比常规浮选高4%～5%。樊金串等研究了聚丙烯酰胺作用下的煤泥絮凝浮选，试验结果表明：聚丙烯酰胺用量3～5 g/t时，可明显提高浮选速率和精煤产率，且具有明显的节油效果。邹文杰对煤和高岭石的选择性絮凝进行了试验研究，以煤和高岭石对药剂的吸附量和形成絮团的表观粒径为评价指标发现，不同型号的聚丙烯酰胺对煤和高岭石的吸附量是不同的，形成的絮团大小也有所差别。施秀屏对选择性絮凝过程进行了表面化学分析，对加入药剂后煤和高岭石对药剂的吸附量进行稳定性测试，以此表征絮凝剂絮凝效果，通过试验得出选择阴离子型聚丙烯酰胺作为选择性絮凝剂效果较好。杨刚等研究了聚丙烯酰胺和阳离子改性淀粉2种药剂对煤泥浮选效果的影响。结果表明，聚丙烯酰胺的加入使得精煤产率提高了3.06%，精煤灰分略有提高，阳离子改性淀粉的加入使精煤产率提高2.69%。絮凝剂对不同性质颗粒选择性吸附能力决定选择性絮凝效果，吸附能力差别越大，絮凝剂的选择性越强。矿物表面对絮凝剂的吸附活性位点、絮凝剂与矿物表面之间主导吸附力的类型和强度共同决定了高分子被吸附到矿物表面时的构象。目前研究来看煤泥浮选体系中选择性絮凝条件苛刻、絮凝过程选择性不强、缺少高选择性絮凝药剂，选择性絮凝深层次理论研究缺乏，未能根本性解决微细高灰难选煤分选困难问题。

(2)抑制剂：能够破坏或削弱矿物对捕收剂的吸附，增强矿物表面亲水性的药剂称为抑制剂。它通过以下3种方式抑制矿物，其一，从溶液中消除活化离子作用。如某些矿物在活化离子的作用下可以实现浮选，若将这些活化离子消除就可使矿物达到抑制效果；其二，消除矿物表面的活化薄膜；其三，在矿物表面形成亲水薄膜，提高矿物表面水化特性，削弱其对捕收剂的吸附活性。从上述研究角度出发，国内外学者对抑制剂在煤泥浮选方面应用做了大量工作，抑制剂大致分为高分子有机抑制剂和无机抑制剂2大类。

涂照妹等通过试验研究了多种抑制剂对煤泥浮选作用的影响。试验结果表明，变性淀粉、CMC、水玻璃以及六偏磷酸钠均可以增加黏土类矿物的亲水性。几种药剂当中，变性淀粉作用效果最佳，当其用量为1000 g/t时，产率为64.74%，灰分为8.7%，与不添加药剂相比，精煤灰分降低了1.64%，显著改善了浮选效果。徐初阳等使用变性淀粉、CMC、水玻璃作抑制剂，探究其对煤泥浮选的作用。结果表明：变性淀粉用量为1000 g/t时，产生了较好的抑制效果，CMC在用量为30 g/t时产生较好的抑制效果，水玻璃抑制效果不如变性淀粉和CMC。Liu等人研究发现木质素磺酸盐可增强细泥与煤之间的静电斥力，使细泥分散，有效减弱细泥对煤泥浮选的影响。饶增科等研究了几种浮选药剂对煤泥浮选的作用，通过实验研究发现，淀粉具有很好的抑制作用，在煤泥的浮选过程中能够降低精煤灰分，适当用量可改善和净化煤质。王尧针对东曲矿选煤厂精煤灰分超标、产品质量不稳定等问题，探究了淀粉、腐殖酸、单宁酸3种抑制剂在浮选中的应用，发现抑制剂使用会使浮选精煤灰分有所降低，同时浮选精煤产率也有一定程度地减少，其中腐殖酸和单宁酸效果较好。周济将糊精应用于低阶煤反浮选脱硫工艺过程，试验结果显示，使用糊精可以得到合格的精煤，实现反浮选脱硫的目的。Nataliya等提出可以考虑在煤和黏土颗粒中间引入一种中间介质降低两者之间的范德华引力，从而减弱黏土对煤的黏附。徐景田等针对易氧化难浮煤泥采用常规浮选药剂时浮选精煤产率低、灰分高等问题，研究了$Na_2O \cdot nSiO_2$、CaO、$(NaPO_3)_6$ 3种抑制剂的强化浮选效果，发现当$(NaPO_3)_6$用量为1500 g/t时，浮选完善指标较高，为48.36%，浮选效果明显改善。徐胜等研究了水玻璃、淀粉、六偏磷酸钠3种调整剂对细粒级含量高的高灰难选煤泥的浮选作用。试验结果表明，3种药剂均可改善浮选效果，在相同条件下，六偏磷酸钠的各项浮选指标优于淀粉和水玻璃，在最佳用量时，精煤产率可以达到57.69%，精煤灰分降至12.04%。调整剂的加入，增加了精煤与尾煤之间的电位差绝对值，改善了浮选效果。任俊等对比了不同种颗粒在有无抑制剂作用下的分散行为。研究表明，六偏磷酸钠、硅酸钠、CMC和DC对二氧化硅、滑石、重质碳酸钙和石墨都会起到不同程度的分散作用。硅酸钠和六偏磷酸钠可增加颗粒表面电位绝对值，出现位阻效应，同时使其强烈亲水，CMC和DC通过吸附层增大颗粒表面水化作用和位阻效应。赵文婷等研究了不同无机磷酸盐对大远矿-0.5 mm煤泥浮选的影响，发现多聚磷酸钠和六偏磷酸钠作为浮选抑制剂，可有效减少细泥对精煤罩盖，提高分选效率，但添加时需对用量进行优化。刘丽萍研究了几种抑制剂对尾煤脱灰分选的影响，发现碳酸钠用量为1190 g/t时，达到最好的浮选效果，精煤灰分降低至12.40%，脱灰率可以达到30%。Laskowski、Wang等研究了电解质对煤泥浮选的作用，认为电解质提高了气泡的稳定性，抑制了气泡之间的合并，保证了气泡数量，增加了气泡与煤粒的碰撞概率，有利于促进气泡矿化，对煤泥浮选效果有明显改善。Wang等研究了普通水和海水对煤浮选作用的影响，发现由于海水中电解质的存在，海水对煤泥浮选影响较大，并且其对细粒煤的作用相对于粗粒煤更为显著。从国内外研究现状来看，煤泥浮选抑制剂主要包括有机和无机抑制剂两大类，有机抑制剂大多为高分子化合物，包括多糖类(如淀粉、糊精、纤维素等)、单宁类、木质素类和腐殖酸类等，无机抑制剂包括硅酸盐类、磷酸盐类、电解质类等。不同研究表明现有煤泥浮选抑制剂普适性较差，强化浮选效果不尽相同，且大多停留在实验室研究阶段，同时，对不同抑制剂强化高灰难选煤浮选选择性机理研究片面、浅显，亟需进一步研究。以-0.045 mm粒级占比73.84%的高灰难选煤为研究对象，根据药剂抑制效果、药剂使用方便度、药剂溶解性、原料来源等因素综合考虑，选取了两大类6种典型的抑制剂：有机类抑制剂(可溶性淀粉、腐殖酸、糊精)，无机类抑制剂(多聚磷酸钠、六偏磷酸钠、液体水玻璃)，并进行研究，系统性揭示了不同抑制剂强化高灰难选煤浮选选择性机制。

2.4.3 浮选参数设计

气化细渣浮选发生在湍流环境中，因此，调控湍流强度是强化气化细渣浮选分离的有效途径。湍流条件下的颗粒和气泡运动是很复杂的，湍流不仅导致了气泡和粒子相对移动，也使它们周围的流体发生了相对运动。Xue 等采用 HHS 分离技术，通过机械搅拌作用，可使疏水颗粒表面的水被油相取代形成絮状物富集在疏水液相中，亲水颗粒分散在水相中。闫小康等利用梯级涡流矿化浮选装置对煤气化细渣碳-灰分离过程进行调控，试验结果表明利用梯级涡流浮选装置进行煤气化渣碳-灰浮选分离时，可燃体回收率为 89.99%，尾矿烧失量低至 4.66%，优于相同条件下的均衡涡流浮选装置和机械搅拌式浮选机的浮选效果。Hoang 等通过试验证实了浮选机转子高转速产生的强湍流能量耗散有益于细颗粒的浮选。对于超细颗粒，可以通过增加颗粒和气泡悬浮液中的剪切速率来增强湍流程度，提高气化细渣浮选速率。Schubert 等发现功率输入对细颗粒浮选回收率有一定程度的影响，随着叶轮速度的增加，回收率增加；对于粗颗粒的浮选，应将功率输入降至最低，因为细颗粒的浮选需要较大的颗粒气泡碰撞频率。除湍流调控外，矿浆浓度也是影响浮选效果的一个关键因素，矿浆浓度较高时，固体或细颗粒之间的吸引力会增加矿浆黏度，导致湍流能量耗散率降低，这会对颗粒-气泡碰撞产生负面影响。同时，空气流量也会影响浮选泡沫特性，从而改变浮选效果。

浮选机的数值模拟对于设计研发浮选设备工作具有一定的借鉴价值，有助于评价不同结构的气液分散效果、气泡尺寸分布、气体流速以及气泡矿粒接触的宏观与微观条件。通常数值模拟研究多相流的方法有欧拉-拉格朗日(Eulerian - Lagrangian)方法、欧拉-欧拉方法(Eulerian - Eulerian)和直接模拟(Direct Numercial Simulation，DNS)方法。其中 DNS 模拟方法中颗粒的受力不是通过模型的计算，而是通过积分流体作用在颗粒表面的黏性力与压力获得，并不适用于旋转流体机械，因此在浮选机的流场模拟中不予以考虑；欧拉-拉格朗日方法虽然能追踪各颗粒的状态与位置，但受限于计算机自身算力，不适用于颗粒数较多的流体环境；浮选机模拟中多使用双欧拉方法将颗粒流简化为流体。卢世杰指出粗颗粒矿物浮选过程中只有强搅拌作用才能使粗颗粒充分离底悬浮，而粗颗粒在强搅拌作用下又易从矿化气泡表面脱落，部分粗颗粒在未离开运输区时就已经脱落，致使粗颗粒回收率较低。陈东等则在实验室条件下测定新型叶轮定子系统在不同转速条件下浮选槽内的颗粒悬浮参数，确定适用于粗颗粒矿物选别的离底悬浮临界转速，同时对新型叶轮定子系统和普通 KYF 叶轮定子系统在浮选槽内的矿物颗粒悬浮参数进行对比，得出提高粗重颗粒的离底悬浮高度，可以提高粗颗粒矿物回收效果。Hadane 等使用 CFD 数值模拟，将浮选单元按搅拌器近似处理，研究了纯液相浮选槽流动和固液两相流动，对于耗散功率、泵送流量以及混合时间进行分析。张晋霞等对浮选槽内部流进行了气液两相流数值模拟，考察了不同湍流模型、曳力模型、转速条件和气液表面张力条件下浮选槽内的气体分布特征，在此基础上对气泡弥散程度进行了分析。王学涛等则考察了 Mixture 模型下气液两相流中浮选槽内气相的体积分布、气相速度、湍动能与涡流黏度分布，为协同调控浮选机内流场特性和浮选技术指标提供参考依据。

通过浮选预处理可以使气化细渣表面的残碳与灰物质初步分离或使气化细渣表面的官能团数量改变，但预处理会消耗大量的能量，经济成本较高，有一定的局限性。气化细渣比表面积较大，使用油泡浮选时药剂会消耗更多。载体浮选时细粒级随着载体浮出，降低了捕收剂的用量，有效改善了气化细渣的浮选效果，但现阶段对于载体的回收利用方式较少。随着浮选流程复杂程度的增加，精矿产品质量逐渐提高；但随着浮选流程的复杂化，显著影响了其他各项经济指标，不仅造成了电量和水量的过度消耗，同时，多步浮选使总浮选时间增加，不利于工业生产效率的提高。由于浮选过程受多因素影响，湍流调控过程复杂，对于流体的相对运动难以及时调节。

2.5　筛分分离法

不同粒度级气化细渣残碳含量不同，可采用物理方法对气化细渣进行分级分选，以实现气化细渣低成本资源化利用。高少鹏等将灰分较高且产率较大的－0.125 mm 粒级气化灰渣通过高效分级筛分级后，精矿灰分能降至30％左右，降灰效果明显，精矿产率在40％左右。张弦等设计公开了一种气化渣筛分混合制备装置，该装置可通过筛网初步筛选以提高筛选的精确性，利用控制阀控制筛选后渣料的流出或流入提高了设备的工作效率。李会泉等将气化渣进行筛分，可以得到碳含量≤3 wt％且目数≤20 目的低碳渣，该低碳渣经研磨、模压成型和晶化等过程处理后，可制备得到微晶玻璃。筛分分离操作简单，成本较低，一般适用于较粗物料的分选，对于细粒级物料分选精度较低。

综上可知，气化渣碳-灰分离是实现其资源化利用的关键条件，气化渣的分离研究目前已成为热点问题。重力分选因其处理量大，成本低，适合气化渣低值固废的大宗处理，成为众多分离方法中的首选工艺，但重力分选精度低，对细粒级识别效果较差；浮选则针对细粒级分选精度高，但气化渣特殊的表面及形貌结构造成常规浮选药剂用量大，处理成本较高，应继续进行新型高效药剂的开发和浮选新方法的探索；磁力分选针对含铁氧化物较高的气化渣具有一定的分离效果。因此，后期应着重进行高效分离设备的研发和重-浮或重-磁-浮的联合分选工艺的开发，充分发挥各种分选方法的优点，形成高效低耗的分选路线。

2.6　其他方法

根据煤气化细渣的其他特性，如电物理性质和带电差异、磁性差异等，有学者进行了煤气化细渣的电选法和磁选法碳-灰分离研究，均取得了一定的效果，但存在分离效率较低、对物料性质要求高（如电选对水分极为敏感）、难以大规模推广等缺点，后续还需更深入地研究。此外，针对煤气化细渣的火法脱碳、酸浸脱灰等方面亦有相关报道，但因能耗较高、环境污染严重、经济性较差等原因限制了其大规模利用。

第3章　碳-灰分离难点分析

煤气化细渣的碳-灰分离主要存在以下难点：

(1)煤气化细渣的细粒含量高，0～45 μm粒级含量大都接近或超过50%，大量细颗粒的存在会恶化矿浆性质，增加矿浆混杂程度，使得浮选药剂量增加的同时还显著增加了细灰夹带。同时，一般认为，常规浮选对0～45 μm粒级颗粒已基本不具备较好的浮选效果。因此，细颗粒的大量存在使得常规浮选对煤气化细渣的碳-灰分离效果较差。此外，细颗粒的大量存在还会严重影响颗粒密度分层，从而严重影响重选分离精度，而细粒量太多也会因显著影响颗粒的"分层、透筛"过程而恶化常规筛分过程。

(2)煤气化细渣中残碳多以不规则的絮状存在，且表面粗糙、孔隙发达、氧化严重，这种特殊的存在形式使得残碳颗粒具有较大的比表面积，会黏附大量的细粒灰渣，而各种碳-灰分离方式对这种紧密黏附物均无较有效的清除作用，使得分离产品混杂严重，分离效果较差。特别地，对于泡沫浮选，较大的比表面积和孔体积还会使得浮选药剂耗量大大增加。

(3)残余煤焦在气化炉中与液态灰渣在混燃区高度混杂、紧密嵌布、致密熔融，生成了大量的残碳灰渣致密连生体，即使在大量的浮选药剂作用下从矿浆中上浮成为精矿，其紧密连生的灰渣也会显著增加精矿灰分；尾矿中依然存在这种连生体，紧密连生的残碳又会显著降低尾矿灰分。这种连生体不仅会影响泡沫浮选的选别效果，也会严重影响重选、筛选等碳-灰分离效果。

参考文献

[1] 池国镇，郭庆华，龚岩，等．水煤浆气化炉内飞灰的形成机理[J]．化工学报，2012(02)：584－592.

[2] 刘莉君，刘炯天．难浮煤泥选择性聚团工艺试验研究[J]．中国矿业，2010，19(10)：74－76.

[3] 付晓恒，李萍，刘虎，等．煤的超细粉碎与超净煤的分选[J]．煤炭学报，2005，30(02)：219－223.

[4] 李志强，景晓霞，刘晓，等．褐煤的热处理及其提质煤在CO_2气氛中的热解气化行为[J]．煤炭学报，2015，40(02)：463－469.

[5] 苏现波，夏大平，赵伟仲，等．煤层气生物工程研究进展[J]．煤炭科学技术，2020，48(06)：1－30.

[6] 聂志强，杨秀清，韩作颖．不同煤阶生物成因煤层气微生物群落的功能及多样性研究进展[J]. 微生物学通报，2019，46(05)：1127－1135.
[7] 张金龙，郭红光，韩青，等．生物成因煤层气产生原理及其影响因素的研究进展[J]. 矿产综合利用，2018(06)：1－6.
[8] 成雅彤，宁舒苗，郭红光，等．H_2O_2 预处理联合生物厌氧降解对烟煤孔隙的影响[J]. 煤矿安全，2021，52(01)：8－12.
[9] 任振玚，井云环，樊盼盼，等．气化渣水介重选及其分离炭制备脱硫脱硝活性焦试验研究[J]. 煤炭学报，2021，46(04)：1164－1172.
[10] 韩加展．低阶煤的表面改性及其与气泡的碰撞黏附行为研究[D]. 徐州：中国矿业大学，2018.
[11] 李国胜，邓丽君，曹亦俊，等．氯化钠对煤泥浮选的影响及作用机理[J]. 中国矿业大学学报，2016，45(05)：1038－1042.
[12] 卢廷亮．烃油类捕收剂性能的量子化学计算与试验研究[D]. 太原：太原理工大学，2015.
[13] 王捷．基于分子模拟的褐煤与捕收剂相互作用机理研究[D]. 徐州：中国矿业大学，2018.
[14] 赵建峰．表面活性剂及金属离子对微细石英颗粒聚团沉降特性的影响研究[D]. 淮南：安徽理工大学，2018.
[15] 由晓芳．壬基酚聚氧乙烯醚对长焰煤润湿性的调控及分子模拟研究[D]. 青岛：山东科技大学，2018.
[16] 张智吉，魏上津，郝路路，等．气化灰渣浮选回收炭粉的实验研究[J]. 煤炭加工与综合利用，2021(10)：62－65.
[17] 谢广元．选矿学[M]. 徐州：中国矿业大学出版社，2016.
[18] 焦跃旭，姚新，陈鹏，等．新型高效辉钼矿抑制剂及其作用机理研究[J]. 矿冶工程，2020，40(06)：30－33.
[19] 钟春晖，冯博，张文谱，等．抑制剂海藻酸钠浮选分离磷灰石和方解石的作用及机理[J]. 中国有色金属学报，2021，31(02)：490－498.
[20] 王尧．抑制剂在东曲矿选煤厂煤泥浮选中的应用研究[J]. 江西煤炭科技，2022(01)：242－244.
[21] 徐景田，段明海，池云生．抑制剂对难浮煤泥浮选效果的影响[J]. 应用能源技术，2021(01)：25－28.
[22] 王卫东，张楠，靳立章．超声波同步处理强化煤泥浮选的试验研究[J]. 矿业科学学报，2019，4 (04)：357－364.
[23] 郑长龙，茹毅．超声预处理对低阶煤浮选的影响[J]. 煤炭工程，2017，49(05)：125－127.
[24] 郑海涛，王毓华，赵悦豪，等．NaOH 和机械搅拌对锂辉石表面及浮选行为的影响[J]. 有色金属工程，2019，9(06)：61－68.

[25] 李海兰，王凡，王录峰．超声波辅助粉煤灰浮选脱碳[J]. 洁净煤技术，2018，24(04)：46－49.

[26] 左伟，刘鲁运，刘洪强．赵楼选煤厂煤泥浮选工艺设计[J]. 山东煤炭科技，2017(05)：130－131.

[27] 姜亚伟．高灰煤泥浮选回收工艺探索[J]. 现代矿业，2019，35(07)：191－192.

[28] 薛中华，董连平，刘安，等．气化细渣疏水-亲水双液分离可行性与机理分析[J]. 煤炭学报，2022，47(06)：2472－2482.

[29] 闫小康，苏子旭，王利军，等．基于湍流涡调控的煤气化渣炭-灰浮选分离过程强化[J]. 煤炭学报，2022，47(03)：1318－1328.

第三篇

硅、铝、铁提取技术

第 1 章　活化技术

粉煤灰是中国排放量较大的固体废弃物，2017 年产生量约为 6.86 亿 t，而内蒙古等地每 1 t 粉煤灰中 Al_2O_3 含量可达 0.5 t，也称高铝粉煤灰。如果这些高铝粉煤灰得不到利用，只能长期堆存，既占用大面积土地，又污染周边环境，也意味着灰中氧化铝资源的损失。因此，开发一种以粉煤灰为原料生产氧化铝的经济利用技术，既可大量消纳粉煤灰以缓解环境问题，又可使粉煤灰中的氧化铝资源得到有效利用。

氧化铝是一种重要的化工产品，常作为催化剂和吸附剂，也是金属铝的重要来源。我国铝土矿资源匮乏，对外依存度高。煤矸石一直被认为是提取铝、硅的潜在来源，因此研究和完善煤矸石提取氧化铝的技术工艺，能有效提高煤矸石的利用效率。目前从煤矸石中提取氧化铝的难点主要在于煤矸石矿相结构稳定、氧化铝回收率低、尾渣利用难度大。近 20 年来，研究人员通过改进工艺、优化方法和改良技术，在煤矸石提铝方面取得了很大的进展。工艺方法研究主要集中于酸法和碱法。

粉煤灰中 Al_2O_3 的含量仅次于 SiO_2，因此，从粉煤灰提取铝资源成为国内外学者研究的重点。目前，从粉煤灰中提取氧化铝的工艺主要有碱法、酸法、酸碱联合法。陈延信等采用碱石灰烧结法从粉煤灰中提取氧化铝，最佳工艺条件：$m(Na_2O):m(Al_2O_3)=1.10$、$m(CaO):m(SiO_2)=1.00$、烧结温度为 1150 ℃、烧结时间为60 min，在此条件下粉煤灰熟料中 Al_2O_3 的溶出率可达 96%左右，完全能满足工业生产的要求。王锰以高铝粉煤灰为研究对象，采用单一酸法提取氧化铝，确定最佳条件：质量分数为 32%的盐酸、酸灰比(mL/g)为 2.5、温度为 170 ℃、时间为 180 min，此时氧化铝的浸出率达到最高，为 76.04%；采用混合酸浸出氧化铝，在同等条件下，$HCl-H_2SO_4$ 体系中氧化铝的浸出率为 83.07%，$HCl-H_3PO_4$ 体系中氧化铝浸出率为 74.78%，说明混合酸 $HCl-H_2SO_4$ 体系浸出铝的效果最好。

煤矸石的化学组成主要为 SiO_2 和 Al_2O_3，SiO_2 含量在 30%～60%之间，Al_2O_3 含量在 20%～40%之间，Fe_2O_3 和 CaO 的含量之和普遍低于 10%。但是，以高岭土为主要组分的煤矸石，Al_2O_3 含量可以达到 40%。高铝煤矸石(Al_2O_3 含量>30%)主要集中于我国西北地区的矿区。煤矸石中的矿物种类有：①铝土矿，主要组成为一水铝石和三水铝石，煤矸石中 Al_2O_3 含量>40%；②硅酸盐类矿物，主要组成为石英、正长石和普通辉石，其中石英含量最高；③黏土矿物，主要组成为蒙脱石、高岭石和水白云母，占比最大的 SiO_2 和 Al_2O_3 在煤矸石中的含量分别为 40%～70%和 15%～30%；④碳酸盐类矿物，主要组成为方解石、白云石与菱铁矿。煤矸石中含有大量的 SiO_2 和 Al_2O_3，因此，在实现煤矸石的综合利用时，铝硅资源的回收利用是不可忽视的一部分。我国大部分煤矸石中高岭土含量丰富，活性易于激发，可从中提取氧化铝，以降低我国铝土矿资源的对外依存度，实现煤矸石的高值化利用。

目前，高铝粉煤灰和煤矸石提取氧化铝技术有酸法、碱法、酸碱联合法，其中达到工业化规模的方法有石灰石烧结-拜耳法、预脱硅-碱石灰烧结法和“一步酸溶法”工艺。提取过程中，因粉煤灰中氧化铝的存在形式大都为莫来石、刚玉等晶态物质，直接进行氧化铝提取很困难，需进行活化，使粉煤灰中的氧化铝转变为易溶出的铝硅酸盐矿物类，因此活化是粉煤灰提取氧化铝的关键环节。

活化剂添加对后续工艺影响较大，不同的氧化铝提取工艺选用的活化技术不同。如石灰石烧结-拜耳法采用石灰石作为粉煤灰活化剂，预脱硅-碱石灰烧结法采用碳酸钠和石灰石混合物作为活化剂，与石灰石烧结法相比，预脱硅-碱石灰烧结法既可降低焙烧温度，从而降低能耗，又可减少排放的渣量。同时，粉煤灰物相组成也决定了活化工序的设置与否，如“一步酸溶法”原料若为循环流化床粉煤灰(简称 CFB 灰)，因其中氧化铝的存在形式为非晶态物相，活性好，可采用溶剂直接浸出，无须活化；若原料为煤粉炉粉煤灰(简称 PC 灰)，因灰中氧化铝存在于莫来石($Al_6Si_2O_{13}$)、刚玉(Al_2O_3)等化学性质稳定的物相中，很难用溶剂直接浸出，需进行活化，可采用物理方式提升 PC 灰的活性，或通过化学方式转变 PC 灰中氧化铝的物相，进而实现其中铝的提取。

从粉煤灰中提取氧化铝的主要技术包括酸法和碱法两大类，如盐酸法、硫酸法、硫酸铵焙烧法、石灰石烧结法及碱石灰烧结法等。其中，碱法提取氧化铝工艺流程长、能耗高，会产生大量的废渣，造成二次污染，且工程一次性投资大；而酸法提取氧化铝工艺则具有较大的灵活性，流程较短、能耗低，废渣产量小且不会产生大量的硅钙渣，不会造成新的污染，潜力巨大。

1.1 热活化

在水泥行业中，经常使用烧黏土作为活性混合材，这是由于黏土矿物是层状结构的铝硅酸盐矿物，在煅烧条件下，其稳定的硅氧四面体和铝氧八面体结构的连接和配位会发生较大的改变，四面体与八面体共顶连接发生分离，成为无定型的铝氧八面体结构，这种结构中存在断键及活化点，形成偏高岭土。偏高岭土中的原子排列不规则，呈现热力学介稳状态，具有较高的火山灰活性，能与水泥水化产物 $Ca(OH)_2$ 反应生成水化铝酸钙、水化硅酸钙等胶凝物质，因而具有较高的水化活性。

热活化一般是通过煅烧使煤矸石中的高岭石转变为高活性产物，又称作煅烧活化。常温下，煤矸石特别稳定，很难与其他物质发生反应。诸多学者根据该特点提出通过机械活化、煅烧活化等多种手段可以改变煤矸石的活化能，提高物质活性。用于工业生产。最常用的活化手段是煅烧。煅烧是一种通过加温提高物质活化能的方法，主要机理是利用高温增加煤矸石各微观粒子的动能。使二氧化硅和氧化铝分子中的结合水因为剧烈的热运动而逸出，同时钙、镁、铁等阳离子以极大的概率补充到空隙位置，致使硅氧四面体和铝氧三角体之间的桥键断裂，不能充分地聚合成长链，从而形成大量的自由端的断裂点，破坏了物质分子因有序排列而生成热力学稳定的致密的玻璃相结构，使得烧成后的煤矸石中含有大量的活性氧化硅和氧化铝，达到活化的目的。研究热活化机理首先要对高岭石受热相转变有深入地了解，但目前这方面的研究分歧较大。煤矸石的活化效果取决于煅烧后高岭石热分解产物的活性高低，受到2种因素的影响，一是工艺参数，如煅烧温度、煅烧时间、加热速率、煅烧气氛等；二是矿物特性，如组成、形态、粒度、含碳量、结晶有序度等。国内外近年来对煤矸石和高岭石的热活化的影响因素有一定的研究，但整体而言不够系统和深入。

高岭石(Al_6O_2SiO：$2H_2O$)是由一层硅氧(Si－O)四面体层和一层铝氧[A1－(O，OH)]八面体层组成的1∶1型层状结构的硅酸盐矿物，理想结构为三斜晶系，$a_0=0.514$ nm，$b_0=0.893$ nm，$c_0=0.737$ nm，$a=91.8$，$\beta=104.5$，$y=90.0$，$Z=1$。结构属TO型，层间没有阳离子或水分子存在，结构层之间由氢键(O－OH＝0.289 nm)连接。各结构层中的铝氧八面体和硅氧四面体以桥氧相连。铝氧八面体中的铝原子与4个羟基和2个桥氧相连，其中1个羟基位于结构层内部，称作内羟基；另3个羟基位于结构层边缘，与相邻层的硅氧四面体以氢键相连，这3个羟基称作内表面羟基。

对于高岭石结构的受热分解的研究已有1个多世纪的历史，但某些问题从开始就一直存在争议，至今尚无定论。研究中的分歧和争论主要为：一是在从偏高岭石到莫来石的转变中，是否存在Al_2O_3和SiO_2的分凝以及分凝量的多少；二是第一放热峰后生成的是硅铝尖晶石还是$\gamma-Al_2O_3$。近年来随着分析手段的进一步发展，高岭石相转变的研究再次成为材料学和矿物学研究的热点。Chakraborty在总结前人研究成果的基础上，通过差热分析(DTA)得出，硅铝尖晶石的生成是偏高岭石分解阶段第一放热峰产生的原因。Torres－Sanchez等人通过X射线光电显微镜(XPS)和等电点(IEP)分析认为，在900～980 ℃有$\gamma-Al_2O_3$的生成。Balek等人通过射气热分析(ETA)，支持存在Al_2O_3和SiO_2分凝的观点，并认为有准莫来石的生成。Helena等人通过对水铝矿/高岭土的相转变的电子显微镜分析，认为高岭石的热分解主要经历以下过程：高岭石→偏高岭石(500～900 ℃)和非晶质硅石→偏高岭石→硅铝尖晶石(900～1100 ℃)和非晶质硅石-硅铝尖晶石→莫来石(1000～1100 ℃)和非晶质硅石。

国内近年来对我国高岭土和煤系高岭岩中高岭石的相转变也开展了一系列的研究，取得了一定的成果，但同样有很大的分歧。姚林波等运用MAS－NMR结合IR及XRD等手段，研究了苏州高岭土在560～1600 ℃的热分解产物。主要获得以下结论：①高岭石向莫来石的转变过程中存在结构上的连续性，可分为脱羟阶段(400～600 ℃)，偏高岭石阶段(600～800 ℃)，相分离阶段(800～1100 ℃)，以及莫来石阶段(1100～1600 ℃)；②转变过程存在SiO_2的分凝，但没有出现Al_2O_3的大量分凝；③偏高岭石向莫来石转变过程的中间产物为准莫来石和尖晶石；④准莫来石的形成是造成1000 ℃放热峰的主要原因。

郑水林等以山西煤系硬质高岭岩为原料，研究了煅烧温度对煤系高岭土物理化学性能的影响。结果表明：煅烧高岭石的活性在650～980 ℃范围内显著提高，但在1050 ℃后下降。950 ℃以下，煅烧高岭土的物相以偏高岭石相为主；950～1050 ℃，煅烧高岭土的物相已转变为硅铝尖晶石和部分莫来石。煅烧温度达到1150 ℃时，煅烧高岭土已转变为莫来石相。

郭九皋等利用NMR结合XRD和IR等方法对我国8个不同成因和特征的高岭土进行研究，结果表明，第一放热峰后产生的尖晶石相是$\gamma-Al_2O_3$，而不是铝硅尖晶石。高岭石向莫来石反应序列中有2次莫来石化阶段：第一次在850～950 ℃，少量初始莫来石直接由偏高岭石形成，伴随大量SiO_2分凝；第二次在1200～1300 ℃，由分凝的SiO_2和$\gamma-Al_2O_3$反应形成大量的二次莫来石。

魏存弟等通过对吉林通化煤系高岭石在200～1300 ℃热处理产物的MAS-NMR谱和XRD、IR、DTA等的研究，主要获得如下结论：①高岭石的相转变过程分为4个阶段：脱羟基阶段（约550 ℃），偏高岭石阶段（550～850 ℃），SiO_2分凝（850～1100 ℃）及Al_2O_3，分凝（950～1100 ℃）阶段，莫来石和方英石形成阶段（1100 ℃以上）；②偏高岭石到莫来石的相转变过程中存在SiO_2和Al_2O_3的分凝，分凝温度分别是850 ℃和950 ℃。

高岭石热转化的机理虽尚无定论，但无论是生成硅铝尖晶石还是$\gamma-Al_2O_3$，或者其他产物，前人的实验结果均表明，最佳的活化温度处于偏高岭石重结晶的前一阶段，煤矸石的最佳热活化效果即取决于这一阶段高活性中间产物的生成，而这一阶段是否有分凝反应的产生仍存在争议，另外分凝反应对产物活性的影响尚不清楚。因此，继续深入研究高岭石的热分解过程及影响因素对于弄清煤矸石的热活化机理是很有必要的。

很多学者对煤矸石或高岭石的最佳热活化温度进行了研究。罗永康等对内蒙古煤系高岭土进行煅烧研究，发现在700～900 ℃煅烧可以保持活性较高的偏高岭土结构，其中750 ℃左右煅烧后进行酸处理，可以获得较高的氧化铝浸出率。董刚等认为在600～800 ℃煅烧的煤矸石的矿物结构处于疏松多孔状态，内部断键多，比表面积大，分解的SiO_2与Al_2O_3具有较大的可溶性，火山灰活性大。王凯等通过对河南平顶山煤矸石煅烧研究得出，采用煅烧温度为800 ℃、保温时间为1 h的煅烧制度对煤矸石的活性激发效果最优。Villa等对造纸污泥进行煅烧后认为高岭石700 ℃下保温2 h可以达到最佳的火山灰活性。李东旭对煤矸石进行了热活化和碱溶液溶出研究，也认为达到最佳活性的工艺制度为700 ℃下保温2 h。魏存弟等对煅烧煤矸石进行了Al溶出实验，Al溶出浓度在500 ℃前基本相近，均较小；500～800 ℃时有较大增加；800～900 ℃时快速升高并达到最高值；超过900 ℃后急剧降低，950 ℃时仅为900 ℃的1/6左右，而后随着温度的升高逐渐降低。

郑水林等研究了恒温煅烧时间对煤系煅烧高岭土物化性能的影响，结果表明，活性氧化铝在一定范围内随恒温煅烧时间的延长而提高，至最大值后开始下降。

Oastelein等研究了升温速率（3～20 ℃/min）对高岭石热行为的影响，较快的升温速率增加了与高岭石脱羟基有关的相变热，并生成更加不规则的偏高岭石。

Temuujin等研究了水蒸气气氛对高岭石热相变的作用，通过XRD、FTIR、MAS-

NMR分析得出，相对于干空气气氛，水蒸气气氛能够增强高岭石的脱羟基反应，并将偏高岭石的分解温度从1000 ℃降到700～800 ℃。Nahd等研究了水蒸气压力对高岭石脱羟基过程的影响，随着压力的增加，反应速率会降低，并推测在10 hPa下属于扩散控制，而在5 hPa下脱水过程占支配地位。

郑水林等研究了入烧原料细度对煤系煅烧高岭土物化性能的影响，结果表明，原料粒度越小，煅烧越充分，脱除羟基、碳质及其他有机质比较干净完全，颗粒表面形成的空隙越多，颗粒的比表面积越大，活性越好。

Kakali等研究了高岭石原矿的矿物学对煅烧高岭石的火山灰活性的影响，发现在650 ℃下煅烧得到的偏高岭石，其火山灰活性主要受原矿的结晶度影响，结晶好的高岭石得到的偏高岭石具有较低的火山灰活性。He等通过研究认为R2指数(Random Defect Density，随机缺陷密度)与HI指数相比更能表现结构缺陷对高岭石的热稳定性与热变产物的微观结构的影响。随机缺陷密度低的高岭石具有较高的热稳定性，在高温下直接生成莫来石，而随机缺陷密度高的高岭石要先生成立方相后再转变为莫来石。随机缺陷密度低的高岭石脱羟基生成的偏高岭石具有较多的五配位Al。

通过国内外学者的研究成果发现，煅烧高岭石的活性与其原矿的微观结构是有密切联系的，但其机理尚待研究，而现有的研究结论也有互相矛盾的地方，如He等人所述，结晶好的高岭石具有较高的热稳定性，而生成的偏高岭石有较多的五配位Al，按魏存第等人的观点，五配位Al是衡量偏高岭石活性的标尺，因此应具有较高的活性，这又与Kakali等人的“结晶好的高岭石得到的偏高岭石具有较低的火山灰活性”的观点相左，而Villa等人通过对不同温度下造纸污泥的矿物学和形态学变化研究则认为结晶度高的高岭土煅烧后会生成更多的活性偏高岭石。苏达根等通过实验研究也得出了和Villa类似的结论，即结晶完好的高岭石所制得的变高岭石比b轴无序的高岭石所制得的变高岭石具有较高的火山灰活性。

很多学者研究了高岭土中杂质对高岭石热分解的影响。Lecomte等研究了白云母对高岭石热分解的影响，发现从900 ℃开始，白云母与高岭石的相互作用开始产生，在偏高岭石中发现了钾离子，而且会导致高岭石的莫来石重结晶反应温度降低。Qiu等研究表明，含有石英的高岭石在1200 ℃以下时不会有任何反应发生。Sei等研究了铁的氧化物对高岭石晶相、形态和表面性质的影响，认为含铁杂质对高岭石的结构和热稳定性有很大影响，随着铁的氧化物含量的增加，高岭土脱羟基温度会降低。Castelein等研究了不同形态的铁(黏土矿物结构中的铁、赤铁矿、针铁矿)在高岭石热分解中的变化，发现到700 ℃时可以观察到二价铁转变为八面体三价铁，而赤铁矿含量也大幅度增加，温度高于700 ℃时赤铁矿含量降低而八面体三价铁成为主要形态。铁的形态变化温度与高岭石的热分解是紧密相关的。而升温速率的增加会降低赤铁矿的含量，增加八面体铁的含量。Soro等研究则表明，结构铁的含量在脱羟基反应时由于高岭石的结构坍塌伴随的二价铁的氧化而增加，而偏高岭石分解时结构铁又聚集到氧化铝的Fe^{3+}簇和纳米氧化铁中而减少，在莫来石化反应时由于大量铁进入莫来石结构中而再次增加。

虽然国内外对煤矸石或高岭石热活化的研究文献很多，但以着眼于水泥或陶瓷方面的应用的报道居多，因此对活性的考察也集中在活化后的火山灰活性、力学性能、胶凝性能等方面，而对酸碱浸出的研究相对较少。由于影响热活化的因素较多，不同研究者对同一问题得到的结果会有所差别甚至截然相反，对煤矸石热活化最佳工艺的确定还有待于对各个影响因素的系统研究和活化机理研究的进一步深入。

未燃煤矸石中主要有硬质黏土类矿物和水云母类矿物，这些矿物成分非常稳定，但在煅烧过程中矿物会发生变化。

杨志强通过实验研究确定了温度对煤矸石活性激发的有效性及合适的煅烧温度范围，并从理论上分析了活性产生的原因，一定的煅烧温度使煤矸石中的完整晶体遭到破坏，化学键被打开，晶体发生畸变，晶型发生变化，产生大量的晶体缺陷，而生成的部分熔融体因快速冷却，来不及缓慢析晶以玻璃形态存在，呈现出极大的活性。

从微观结构上分析得知，煅烧矸石玻璃体的结构主要是由硅氧四面体和铝氧三角体组成的无规则网络结构，且在矸石的熔融阶段内部处于高温下的微粒产生剧烈的热运动，硅氧四面体和铝氧三角体不可能充分地聚合成长链而只能形成短链，使熔体中的短硅氧链和铝氧链具有较多的断裂点，相当于具有较多的自由端，致使煅烧矸石的活性提高。研究表明，煅烧煤矸石产生活性有 2 个温度区域，一个称为低温活性区，一个称为高温活性区，而在这 2 个区域之间，存在一个活性降低区。黏土岩类煤矸石主要由黏土矿物组成。加热到一定温度（一般 700～900 ℃）时，原来的结晶相分解破坏，变成无定型的非结晶体，使煤矸石具有活性。砂质泥岩类煤矸石其主要黏土矿物是高岭石，但加热相变有别于纯净的高岭石。

1.2 物理活化技术

粉煤灰、矿渣、钢渣、磷渣、有色金属冶炼渣等以颗粒状的玻璃体、结晶体及少量未燃炭粒组成，其表面在水淬过程中会形成一层惰性薄膜，因而在常温下性质稳定，活性较低。物理活化就是利用外力的作用，破坏颗粒表面的惰性玻璃态薄膜，使其形成表面缺陷，从而加快可溶性 SiO_2、Al_2O_3 的溶出，并有利于外部离子的侵入，以加快化学反应速度。机械粉磨是物理活化最常用的手段。

1.2.1 机械力活化

机械力化学是一门新兴的边缘学科，涉及固体力学、表面化学、应用化学、矿物加工、粉体科学等学科。和热化学、电化学、光化学等一样，机械力化学也是化学领域的一个分支，它是研究在给固体物质施加机械能量时固体形态、晶体结构等发生的变化，并诱导物理化学反应的一门学问。目前对煤矸石机械力活化的研究报道较少，而对高岭石机械力化学活化的研究则很多，但主要集中在表面改性等方面。

国际机械力化学协会前主席 Boldyrev 在 2000 年发表了综述性文章，对机械力化学的历史、现状与展望进行了详尽的叙述与讨论。人类对机械力化学的应用可以追溯到史前的钻木取火，而对其实验研究的鼻祖普遍认为是 19 世纪末的 Carey Lea，他在研磨卤化银和卤化汞时观察到有分解反应发生，而卤化汞和卤化银在加热时分别会发生升华和熔化而不是分解，说明局部升温不是促使分解反应发生的原因。而实际上早在公元前 4 世纪就已经有用研磨朱砂(HgS)制备水银(Hg)的记载了。从 19 世纪末到 20 世纪初，Ostwald 根据化学学科中化学能量来源的不同对化学学科进行了分类，首次提出了机械力诱发化学反应的机械化学的分支，并对机械能和化学能之间的联系进行了理论分析，当时只是从化学分类的角度提出这一概念，面对机械力化学的基本原理并不清楚。20 世纪 50 年代，Peters 和 Cremer 对机械力化学反应进行了系统的研究，在 1962 年第一届欧洲粉体会议上，Peters 指出所有的固态反应都能够在研磨过程中发生，明确指出机械力化学反应是机械力诱发的化学反应，强调了机械力的作用，从此，机械力化学的定义才明确下来，物质受机械力的作用而发生化学变化或者物理化学变化的现象。

人们通过实验发现，机械力诱发的化学反应并不一定遵循传统的热力学理论，一些热力学上不可能发生的反应利用机械力都有可能发生，即机械力化学反应与吉布斯自由能的正负没有关系，这一有趣现象使得机械力化学越来越受到研究者的关注。20 世纪 80 年代以来，机械力化学的应用得到了飞速发展，已扩展至冶金、合金、化工等众多领域。但不可忽视的问题是，机械力化学的理论研究水平仍处在起步阶段，目前关于机械力化学发表的论文很多，但大都局限在文章作者研究的体系，多是实验现象的发现及归纳，缺乏理论上的研究。正如 Boldyrev 在 2003 年第四次机械力化学及合金大会上所呼吁的，收集实验现象的时代已经过去了，现在应该是探索机理的时候，即从大量的实验现象和数据中分析、寻找机械力化学的作用机制，建立模型，从仅观察机械力化学效应转移到预测、设计机械力化学反应上来。Boldyrev 作为探索机械力化学机理的倡导者，早在 2000 年就发表了 2 篇文章，系统地阐述了基于非线性弹性理论对各种不同研磨设备的机械力化学效应的模拟与计算，并与实验现象进行了对比。近年来，又陆续出现了若干篇从数学和物理的角度探讨机械力化学机理的研究论文。目前主要的机械力化学理论有热点理论、等离子体理论以及纳米效应等。

国内的机械力化学研究始于 20 世纪 80 年代，对高岭石的机械力化学效应较为系统的研究最早见于 1991 年华南理工大学邱晓辉等人的报道。他们采用粒度分析、SEM、XRD、IR、DTA－TG、反气相色谱(IGC)和 BET 多层吸附等测试方法对干粉磨高岭土进行了分析测定。其原料为广东茂名的 B 级高岭土。设备为实验室振动磨机，橡胶衬里，以钢球作研磨体。在这种实验条件下，经过 48 h 的粉磨，观测到了较为明显的高岭石晶体结构无序化和脱羟基过程。他们通过分析指出，高岭石的干粉磨过程中存在严重的团聚作用，其原因是新生成的高岭石晶片的边面带有过剩电荷，高岭石晶片通过边面静电作用而形成团聚。根据 XRD 和 IR 分析，他们认为粉磨过程中 Si—O 键断裂，四面体有序结构被破坏，四面体和八面体分离。

1992 年，华东化工学院的何岩芳等人也对高岭石细粉碎过程中的机械化学效应进行了研究。其原料为结晶完好的苏州高岭土，研究手段与邱晓辉等人类似，但粉磨方法有显著区别，主要是采用了湿磨手段和助磨剂。液相介质为无水乙醇和丙酮，填充率为 0.8，0.1 wt%的化学纯三乙醇胺作助磨剂。实验设备为 ZM-33 振动磨，0.5 L 刚玉罐配 10 mm 的刚玉球。结果表明高岭石粒度随着湿磨时间不断减小，但没有出现团聚现象，加入助磨剂能显著提高粉碎效果。高岭石湿磨过程中晶体结构发生了一定的破坏，四面体和八面体联系受到削弱。虽然文中没有指出，但根据其高岭石球磨后的热重-差热曲线可以看出，即使湿磨 192 h，其脱痉基特征峰仍很明显，说明湿磨过程中的脱羟基反应与干磨相比要弱化很多。

南京理工大学的郝青丽等人对干湿法机械研磨高岭石的结构变化进行了对比研究。其测试手段为 FTIR 和 XRD。实验采用 250 mL 的玛瑙罐，湿法研磨采用无水乙醇作为弥散剂，将两罐对称放置连续研磨，正反向调换周期 5 min，转速为 250 r/min。作者根据 IR 和 XRD 分析结果得出，干法研磨 12 h 高岭石的结构开始改变，经 42 h 层状结构完全破坏；但在湿法条件下即使研磨 54 h，高岭石的结构也没有明显变化。作者采用自由基理论解释了这种现象，在湿法条件下，高岭石的结构羟基可能脱下产生自由基 Al·或 Al—O·、·OH、H·，同时在乙醇(ROH)环境中 Al·或 Al—O·自由基又能够与 ROH 结合，使高岭石的结构羟基复存，同时生成新的自由基 RO·或 R·R—R 及 R—O—R 在加热条件下可以挥发掉，因此对样品的 IR 及 XRD 图谱不产生影响。

煤炭科学院的方全国进行了煤系高岭石的破键实验。采用电子能谱仪测出研磨前后氧元素的电子结合能值产生了大于 0.4 eV 的变化，并由此得出氧元素电子发生了化学位移，发生了机械破键的结论。中南大学的刘常青采用热力学计算的手段研究了机械功对高岭石反应活性的影响。先从 XRD 入手，得出研磨后生成的是无定型物质(研磨设备及条件不明)。然后根据 298 K 的反应吉布斯自由能的正负，认为研磨后生成的应该是无定型的氧化铝和二氧化硅，而不是偏高岭石。随后又根据无定型氧化铝与二氧化硅与碱液反应的吉布斯自由能的大小指出这是研磨后反应活性高的原因。

中国矿业大学的丁述理等人研究了机械研磨对煤系高岭石晶体结构的破坏作用以及热行为的影响。实验所用高岭石来自山西平鲁矿区，高岭石含量接近 100%。研磨机为实验室用水冷高锰钢行星磨。与至少需几十小时才能观察到明显的脱羟基现象不同，研磨时间大于 1 h 后，IR 已观测不到羟基的振动吸收带，脱羟基作用已基本完成，同时，几乎所有的振动吸收带都已消失。由此得出，球磨过程中 Al—OH 键断裂，四面体和八面体畸变和坍塌。

同济大学的许洪亮等人利用气流磨研究了超细粉碎对高岭石结果的破坏作用。作者先后采用颚式破碎机粗碎、超细气流磨超细粉碎，制得粒径为 43 μm、10 μm 的煤系高岭土，然后通过 XRD 的 HI 指数的变化提出超细粉碎使高岭石逐渐变为无序。北京科技大学的林海等人利用搅拌磨研究了煤系高岭石湿法超细化过程的机械力化学效应。实验在 GSDM-400 型盘式搅拌磨中进行。根据 XRD 的衍射峰强度和半高宽的变化指出超细化过程中高岭石发生了晶格畸变和非晶化。

南京工业大学的罗驹华研究了高岭土和氢氧化铝共同粉磨时的机械力化学效应。实验采用 ND2 型行星高能球磨机。将烘干后的高岭土与氢氧化铝，以莫来石的组成

($3Al_2O_3 \cdot 2SiO_2$)按化学式计量装入球磨罐内，以三乙醇胺为助磨剂，粉磨一段时间后取样。为了防止粉磨产生热量，使磨内温度升高，每粉磨1 h停机用水冷却，使罐内温度低于60 ℃。实验观察到了很明显的二次团聚，XRD和IR分析得出5 h后即全部变为无定型形态。其结果与邱晓辉等人相比时间要短很多。罗驹华等人在此基础上又发表了一篇机械力化学法制备单相莫来石的机理研究的文章，采用上文中的混合球磨产物进行了煅烧，在较低温度下(1000 ℃)得到了莫来石。

国外对于高岭石机械力活化的研究可以追溯到20世纪30年代，人们很早就注意到了机械作用对黏土矿物结构和性能的影响，只是当时还没有明确机械力化学的概念。

早期对高岭石机械力活化研究有代表性的文章是1959年东京大学的Takahashi发表的。关于研磨条件，仅提到是直径15.2 cm、高度8.4 cm的mechanical mortar，研磨时间从48 h到312 h。采取的分析手段主要为XRD、TG－DTA以及SEM。得出的结论主要有2点，一是研磨过程中发生了明显的团聚现象，二是高岭石结构的无序化以及新的物质的产生。认为研磨过程中首先产生了一种沸石结构的物质，然后随着研磨的继续最终生成无定型的物质。很多国内近年来发表的文章里提到的现象其实在本文中就有提及，例如高岭石研磨后差热曲线上吸热谷和放热峰的前移，莫来石化温度的降低，以及研磨作用与高岭石原矿的结晶度有关等。该文为后来的高岭石机械力活化研究奠定了基础。

1986年，Aglietti等人利用振动磨研究了高岭石粉磨的机械力化学效应。粉磨时间从30 s到750 s，实验所用高岭土粒度极小，为1 μm，粉磨过程中发现平均粒度不断增加，750 s时达到45 μm。作者通过研究105 ℃和1000 ℃的烧失重发现，随着粉磨时间的延长，高岭石吸附水不断增加，而结构水几乎没有变化。由此得出，粉磨后的高岭石表面活性增强，而粉磨过程中并没有发生脱羟基反应。DTA分析表明，粉磨使吸热谷强度减小，温度降低。从作者提供的图上几乎看不到750 s粉磨后的吸热谷，这与高岭石脱羟基后的DTA曲线很相似，但前面作者又指出粉磨后其羟基并没有脱除，这点值得注意。作者随后用硫酸在150 ℃和10 kg/cm压力条件下对粉磨样进行了酸浸，结果表明其浸出率随粉磨时间不断增大，750 s的浸出率接近100%。这说明高岭石粉磨后反应活性增高。作者接着用XRD与IR分析了粉磨样，得出了随粉磨时间延长，高岭石结构逐渐无序化的结论，并提出其无序化是沿*c*轴方向进行的，而短时间的粉磨样的结构与天然的球黏土很相似。其XRD和IR的分析过程与前面文章基本类似，但同样存在的问题是，其750 s粉磨样的XRD和IR图都与脱羟基产物极其相似，基本上已看不到高岭石的峰。这是此文中值得探讨的问题，即750 s后羟基是否已经脱除。

Frost等人利用IR对高岭石机械力活化进行了细致的研究。通过IR分析，作者提出，经过2～10 h的粉磨，高岭石中的羟基逐渐脱除，取而代之的是高岭石表面的吸附水和配位水。这个研究成果很好地解答了Aglieti的文章中存在的疑惑，即750 s的粉磨样的羟基应该已经脱除，形成了高岭石表面配位水和吸附水，而配位水在105 ℃下并没有完全脱除，作者将105～1000 ℃中脱除的水分计算为羟基，于是产生了文中不能自圆其说的地方。这些推断可以在作者的另一篇关于高岭石球磨后热处理的文章中得到佐证。作者通过研究发现，球磨时间的延长降低了高岭石的脱羟基温度，同时增加了表面吸附水和配位水，同时这些新生水的脱除温度随着球磨时间的延长而增加。作者指出这种质子迁移是由热点效应引起的。接着作者在此研究基础上发表了一篇晶格缺陷不同的高岭石的表面改性的文章，提出机械力活化对结晶缺陷低的高岭石作用更为显著。在文中作者进一步阐述了他们所提出的配位水和吸附水产生机理，即质子跳跃理论。此外，作者还提出，石英杂质在球磨过程中起着研磨介质的作用。在作者的另一篇文章中单独阐述了石英在高岭石粉磨过程中的作用。作者分别掺入4%、25%、50%和75%的石英进行球磨。球磨条件与前几篇文章相同。结果表明，经过4h的球磨，掺入75%石英的高岭石结构已经完全破坏，而掺入4%和25%石英的高岭石仅仅产生了缺陷密度的增加。

与石英不同，氢氧化铝在与高岭石的混合球磨中发生了化学反应，Temuujin等人通过实验对此进行了研究。实验采用行星球磨机，试样分别为高岭石和三水铝石以及一水铝石的混合物。对球磨样进行了XRD、DSC和MAS-NMR分析，结果表明球磨过程中，高岭石与水铝石发生了反应，证据为MAS-NMR中发现了两者之间产生了Al—O—Si键。研究还表明，羟基的存在促进了两者之间的反应，证据为三水铝石效果好于一水铝石，高岭石效果好于偏高岭石。

Sanchez-Soto等人利用DTA、BET和XRD研究了缺陷不同的2种高岭石在球磨过程中的变化。研究表明，2种高岭石经过球磨都发生了强烈的结构变化，120 min后结晶好的高岭石结构已完全坍塌。随着球磨的进行，颗粒粒度减小，比表面积增大，达到极限值后则开始发生机械力化学活化。通过DTA分析，作者发现，球磨降低了脱羟基反应的温度，而对重结晶过程则几乎没有影响，这与其他硅酸盐矿物的球磨效应不同。同时，该放热峰的大小也不受高岭石的缺陷高低的影响。Vizcayno等人也研究了不同结晶度的高岭石粉磨过程中发生的物理化学变化。球磨在行星球磨机中进行，球磨样随后进行粒度和TG-DTA分析。作者提出了一些与前面文章类似的观点，如球磨过程中的团聚现象，并指出团聚是由于新生成的水分子之间的键结合而成；并根据新生水脱除的温度，判断其是配位水或层间水。作者认为在球磨初期，机械力化学作用对结晶差的高岭石效果明显，而结晶好的高岭石需要更长球磨时间才能看出效果。作者还提出，在结晶好的大颗粒中，存在着内-内羟基的对称脱除反应。Mako等人对结构缺陷不同的高岭石进行了球磨实验，并用硫酸进行了浸取。作者认为，酸浸过程中不仅球磨生成的无定型物参与了反应，无序化的高岭石也参与了反应。对于部分无定型化的高岭石酸浸后生成的二氧化硅最具疏松多孔性。作者还发现，缺陷高的高岭石的部分无定型化后其酸溶性要高于缺陷低的高岭石在同样条件下的产物。

Miyazaki等研究了双筒旋转碾磨机和滚筒球磨机对高岭石无定型化作用的比较。研究通过颗粒离散元法模拟了球在磨机中的运动，发现双筒旋转碾磨机的效率要远高于滚筒球磨机，其球间碰撞能量是后者的5倍，达到80%的无定型率的所需时间大大短于后者。

Mendelovic研究了热处理和机械力处理对高岭石结构的作用的区别。主要的分析手段是红外测试。作者指出热处理过程中高岭石在450～550 ℃之间就发生了预脱羟基。对于机械力活化，颗粒是先经由破碎作用由大变小，当粒度小到一定值时开始经塑性形变产生结构缺陷及相变。文中作者引入了质子离域和质子迁移来说明热处理过程中高岭石的作用机理，引入质子移变来说明机械力作用下高岭石的转变。值得一提的是，作者认为，机械力活化要比热活化更为节能，因为球磨只需活化部分原子就可以激发其活性，而热活化则是对所有原子都进行了活化。另一篇文章中，Mendelovici等人具体阐述了如何用红外光谱来研究研磨过程中高岭石的脱水作用。作者指出，1640 cm位置的吸收带的变化可以用来检测研磨过程中水分的生成。研究发现，随着研磨时间的增加，1640 cm处的面积与105 ℃下的热失重呈线性关系。大约1/3的水分在105 ℃下会脱除，其余的水分则大部分保留到280 ℃，直到600 ℃，1640 cm峰消失，证明已经完全脱羟基。

综上所述，国内外近年来对高岭石的机械力化学效应研究取得了一定的成果，但与热活化相比，对高岭石机械力活化产物的结构与活性的关系研究不够深入，近年的研究主要关注机械力化学效应对高岭石表面性质的影响，特别以利用红外光谱研究高岭石表面羟基的文献为主，而对高岭石铝氧及硅氧多面体在机械力化学效应下的转变讨论较少，对机械力活化产物的活性特别是与酸反应活性研究不多，而对煤矸石机械力化学活化的系统研究目前仍是空白。

1.2.2 粉磨活化法

粉磨活化法又称机械研磨法，是一种采用粉磨设备磨细粉煤灰的物理活化方法，研磨使粉煤灰比表面积增大，同时使灰中玻璃体的外壳产生裂缝或划痕，从而提高PC灰中Al_2O_3的溶出率以达到活化目的。

徐涛等研究通过粉磨盐酸酸浸联合氯化氢通气结晶法从煤粉炉粉煤灰中提取氧化铝。通过机械粉磨强化粉煤灰中Al_2O_3的反应活性，利用强酸(盐酸)中氢离子的作用来破坏硅铝玻璃中Si—O—Al键和莫来石结构，并将粉煤灰中的Al_2O_3以Al^{3+}形式浸入溶液中。采用通入氯化氢气体的方法，将酸浸液中的Al^{3+}转化为$AlCl_3 \cdot 6H_2O$结晶析出，而其他浸出的杂质金属离子(Fe^{3+}、Ca^{2+}、Mg^{2+}等)则残留于溶液中，经过滤分离—洗涤实现除杂—结晶一步完成。将聚丙烯分散剂水溶液添加到粒径小于45 μm的粉煤灰中得到粉煤灰浆料，聚丙烯分散剂与粉煤灰的质量比为2∶1000，粉煤灰浆料的质量分数为70%～80%。将所得浆料通过隔膜泵送入超细粉磨设备进行粉磨，粉磨介质采用95氧化钇稳定氧化锆珠，装填量为粉磨缸体容积的60%，在超细粉磨过程中滴加聚丙烯分散剂，添加量为粉煤灰质量的1%。超细加工后的浆料经孔径为75 μm旋振筛，筛出超细粉磨时可能破碎的粉磨介质，用激光粒度检测仪检测浆料的粒径分布，分别制备出粒径为2 μm、5 μm、8 μm的活化样品并置于烘箱中干燥备用。

结果表明：粉煤灰溶出条件一致，即，$w(HCl)=25\%$、$T=140$ ℃，$V(HCl):m$(灰)$=4:1$(mL/g)，未研磨时，Al_2O_3溶出率为37.94%，当PC灰的中位粒径(D50)分别为8 μm、5 μm、2 μm后，Al_2O_3溶出率分别提高至45.61%、48.02%和61.95%。吴艳等研究表明，在同样的溶出条件下(H_2SO_4浓度为12 mol/L、$T=220$ ℃，

溶出时间相同)，未经研磨时，PC灰中Al溶出率为27.8%，研磨60 min后Al溶出率提升至45.7%，研磨480 min后Al溶出率高达74.5%，说明研磨可激发粉煤灰的活性。

综上所述，粉磨法可提高粉煤灰的活性，有助于氧化铝的溶出，无须添加其他助剂，操作简单，粉磨设备选择范围宽广。但在工程转化时，存在活化时间长、能耗高、溶出率较低导致粉煤灰处理量大等缺点。

1.3 化学活化法

物理活化改善了颗粒形貌，极大地提高了颗粒的“形态效应”，使颗粒表面粗糙和缺陷增多，为进一步的化学活化提供了有利条件。化学活化主要是通过添加各种碱性激发剂，使聚合度高的硅酸盐网络解聚，进一步生成CSH、CAH、AFt、AFm等物质。目前，化学活化的途径主要有：熟料激发、碱(石灰、氢氧化钠、水玻璃等)激发、硫酸盐(硫酸钙、硫酸钠等)激发等几种。

1.3.1 酸法提取工艺活化法

1. 酸活化法

一般用硫酸活化法，是指采用98%(质量分数)H_2SO_4作为活化剂，与PC灰混合后焙烧，使灰中$Al_6Si_2O_{13}$与H_2SO_4反应生成$Al_2(SO_4)_3$，达到PC灰中Al_2O_3溶出的目的。硫酸法活化过程中主要化学反应为：

$$Al_2O_3+3H_2SO_4 \longrightarrow Al_2(SO_4)_3+3H_2O$$

$$Fe_2O_3+3H_2SO_4 \longrightarrow Fe_2(SO_4)_3+3H_2O$$

$$CaO+H_2SO_4 \longrightarrow CaSO_4+H_2O$$

$$MgO+H_2SO_4 \longrightarrow MgSO_4+H_2O$$

程姗采用98%(质量分数)H_2SO_4为活化剂，考察了H_2SO_4焙烧-水浸法从PC灰中提取氧化铝的工艺条件，在$m(H_2SO_4):m(\text{PC灰})=1.2$、焙烧温度为300 ℃、焙烧时间为110 min、溶出温度为90 ℃、溶出时间为1.0 h、溶剂为水的最佳工艺条件下，Al_2O_3溶出率为86.0%。郭昭华等发明的一种利用两段式酸反应法提取氧化铝的方法，采用硫酸为活化剂，经过低温焙烧、中温分解得到焙烧活化物料，再采用“一步酸溶法”提取其中的Al_2O_3。实施例中粉煤灰与98%浓硫酸按质量体积比(g/mL)为1∶1活化，260 ℃下保温5 h，高温850 ℃下分解3 h，冷却取出。焙烧产生的SO_2、SO_3烟气用水吸收后制备硫酸；焙烧活化分解后的产物加入质量分数为25%的盐酸38 mL，140 ℃下反应2 h，经固液分离、除杂、结晶、焙烧等工序后，得到Al_2O_3产品，整个工艺流程Al_2O_3回收率为89%。

司鹏研究煤矸石酸法提铝的活化技术，认为用高岭岩基煤矸石制备铝系化工产品是煤矸石资源化利用的高附加值手段。要有效利用煤矸石中的铝资源，必须激发其活性，但煤矸石活化的机理及其影响因素目前尚不清楚。针对煤矸石活化研究目前所存在的问题，系统研究了煤矸石的热活化和机械力活化过程，分析了活化机理及影响因素，考察了碳质对煤矸石热活化和机械力活化的特殊影响，指出了制约煤矸石活化技术工业放大的关键因素，并提出了可行性解决方案。针对煤矸石热活化技术，研究了煤矸石热活化过程中矿物结构的转变与煅烧产物活性的内在联系，讨论了碳质、粒度和煅烧气氛对煤矸石热活化的影响。煤矸石煅烧后的活性主要来源于煤矸石中高岭石热分解形成的偏高岭石，偏高岭石进一步分解后活性降低。煅烧过程中高岭石经历了脱羟基、分凝和重结晶 3 个阶段。煤矸石所含碳质中的挥发分和固定碳的燃烧可加速高岭石的脱羟基分解过程，从而降低由偏高岭石向晶态物质转变的活化能，促进偏高岭石的分解。煤矸石中高岭石的脱羟基过程随着反应的进行从化学反应控制转变为扩散控制。煤矸石颗粒中碳质的燃烧可在颗粒径向产生温度梯度，导致高岭石的热分解程度沿径向产生差异，颗粒粒径越大差异越明显，颗粒平均活性越低。快速煅烧条件下，粗颗粒煤矸石中高岭石脱羟基生成的水分可在颗粒内部产生一定的水蒸气压力，进而改变高岭石的热分解过程，促进偏高岭石的重结晶，并可使莫来石的生成温度较软质高岭土降低近 400 ℃。氮气或二氧化碳气氛下煅烧，可以消除碳质燃烧对细颗粒煤矸石中高岭石相转变的影响，同时二氧化碳气氛还可以在一定程度上抑制偏高岭石的分解。针对煤矸石机械力活化技术，研究了机械力活化过程中煤矸石的粒度、矿物结构以及反应产物活性的内在联系，讨论了碳质对高岭石活化的影响。煤矸石在机械力活化过程中，由于机械力化学效应，高岭石结构中的铝氧多面体不断畸变、有序化程度逐渐降低，结构中同时出现 AI^{IV}、AI^{V}和 AI^{VI}三种铝的配位形式。机械力活化使高岭石中部分结构羟基从铝氧八面体中脱除形成水分子，生成的 H_2O 可部分以配位水或氢键结合水的形式附着在高岭石活性表面上，配位水与 AI 配位形成[$A1O_5(H_2O)$]，使 AIVI 的含量和活性都高于偏高岭石。煤矸石的机械力活化效果取决于球磨时间、球磨介质和球磨方法(干法/湿法)。煤矸石颗粒在机械力活化过程中经历了大颗粒的破碎，小颗粒的团聚以及团聚颗粒的再次破碎过程。机械力活化过程中细颗粒的团聚与高岭石结构由于机械力化学效应产生的变化密切相关。由于碳质的助磨作用，干法球磨过程中机械力化学效应对煤矸石的活化作用弱于高岭土，而在湿法球磨过程中则相反。机械力活化过程中煤矸石中的高岭石和白云母等含铝矿物的活性都被充分激发，与热活化相比适应性更高。

综合硫酸活化法的文献来看，硫酸活化法具有活化温度低、氧化铝溶出率高等优点。工程转化过程中，可将生成的低温焙烧熟料(硫酸铝等成分)在高温条件下再次分解，回收二氧化硫、三氧化硫制备硫酸，实现资源循环使用并降低成本，有望成为实现工业化的一种极具竞争力的技术。但工业化生产时，焙烧时间长、能耗高、硫酸与粉煤灰混合物料进料及炉子的选型是影响转化的关键，需重点攻关。

2. 氯化钙活化法

焙烧温度达到 800～1000 ℃时，高于氯化钙的熔点(782 ℃)，氯化钙($CaCl_2$)以液相存在，与 $Al_6Si_2O_{13}$ 反应生成钙黄长石（$Ca_2Al_2SiO_7$）、七铝酸十二钙（$Ca_{12}Al_{14}O_{33}$）等矿物，生成物采用酸浸实现硅铝分离，达到活化粉煤灰、实现铝回收的目的。$CaCl_2$ 活化过程中涉及的主要化学反应为：

$$6CaCl_2 + Al_6Si_2O_{13} + SiO_2 + 6H_2O \longrightarrow 3Ca_2Al_2SiO_7 + 12HCl\uparrow$$

$$3CaCl_2 + Fe_2O_3 + 3SiO_2 + 3H_2O \longrightarrow Ca_3Fe_2(SiO_4)_3 + 6HCl\uparrow$$

$$CaCl_2 + SiO_2 + H_2O \longrightarrow CaSiO_3 + 2HCl\uparrow$$

$$36CaCl_2 + 7Al_6SiO_2O_{13} + 36H_2O \longrightarrow 3Ca_{12}Al_{14}O_{33} + 14SiO_2 + 72HCl\uparrow$$

梁振凯等采用研究粉煤灰中的氧化铝主要存在于莫来石中。莫来石难溶于酸碱，因此提取氧化铝需要破坏莫来石。$CaCl_2$ 与莫来石反应生成钙黄长石、七铝酸十二钙等易被酸分解的物相，酸浸过程中硅铝分离，实现铝的回收。焙烧温度 800～1000 ℃高于 $CaCl_2$ 熔点（782 ℃），液固反应比较充分，有利于莫来石的分解和提高氧化铝的回收率。以 $CaCl_2$ 为活化剂，与粉煤灰混合后焙烧反应，按 $m(CaCl_2):m(\text{粉煤灰})=0.8:1$、焙烧温度为 900 ℃、焙烧时间为 30 min、焙烧熟料水洗后加入 H_2SO_4 溶液（1～4 mol/L），调配比例为 $m(\text{灰}):x(H_2SO_4)=1:30(g/mmol)$，常温溶出，溶出时间为 30 min，此时得到 Al_2O_3 溶出率＞95％。从实验结果来看，$CaCl_2$ 可有效将 PC 灰中的莫来石相转化为钙黄长石，且获得较高的 Al 溶出率，后续溶出反应条件比较温和。但在活化过程中，活化剂氯化钙回用率低，熟料虽进行水洗，但水洗效果不彻底会导致焙烧残留的钙离子进入后续溶液中，将会影响 Al_2O_3 产品纯度。在工业化过程中，将焙烧熟料中的钙离子脱除、生成 $CaCl_2$ 回用是需重点研究的环节。

3. 铵盐法

采用硫酸铵 $(NH_4)_2SO_4$ 或者硫酸氢铵（NH_4HSO_4）作为活化剂，与 PC 灰中的 $Al_6Si_2O_{13}$ 反应生成易溶的硫酸铝[$Al_2(SO_4)_3$]和硫酸铝铵[$NH_4Al(SO_4)_2$]，实现 PC 灰中 Al_2O_3 的回收。铵盐活化过程的主要化学反应为：

$$Al_2O_3 + 3(NH_4)_2SO_4 \longrightarrow Al_2(SO_4)_3 + 6NH_3\uparrow + 3H_2O$$

$$Al_2O_3 + 4(NH4)2SO_4 \longrightarrow 2NH_4Al(SO_4)_2 + 6NH_3\uparrow + 3H_2O$$

$$Al_2O_3 + 3NH_4HSO_4 \longrightarrow Al_2(SO_4)_3 + 3NH_3\uparrow + 3H_2O$$

$$Al_2O_3 + 4NH_4HSO_4 \longrightarrow 2NH_4Al(SO_4)_2 + 2NH_3\uparrow + 3H_2O$$

张云峰等采用硫酸铵焙烧活化盐酸浸取法从煤粉炉粉煤灰中提取氧化铝工艺的原理是：首先，硫酸铵在一定温度下与粉煤灰中的莫来石和玻璃体发生反应，生成硫酸铝铵，然后硫酸铝铵溶于盐酸中，反应过程主要发生的化学反应为：

$$4(NH_4)_2SO_4(s) + 3Al_2O_3 \cdot 2SiO_2(s) = 2NH_4Al(SO_4)_2(s) + 6NH_3(g) + 3H_2O(g) + 2SiO_2(s) \quad (1)$$

$$2NH_4Al(SO_4)_2(s) = 2Al^{3+}(aq) + 2NH^{4+}(aq) + 4SO_4^{2-}(aq)$$

称量定量的粉煤灰，与 $(NH_4)_2SO_4$ 按一定配比混合研磨均匀后，置于刚玉坩埚中，混合料在一定的温度恒温焙烧后立即取出，自然冷却，将熟料转移至反应釜中，在一定温度下用盐酸溶液浸出，反应过程在旋转烘箱中进行。反应结束后，进行固液分离、洗涤，定容至 250 mL 容量瓶中待测，用元素分析仪测试溶出液中的 Al_2O_3 含量，计算溶出率。实验室分析测试中心采用扫描电镜，D8 型 X 射线衍射仪，ICP－8000，X 射线荧光分析仪对原料和实验产物进行分析。扫描电镜测试条件：Inlens 探测器，EHT≤20 kV，采用 30 μm 标准光阑，扫描方式：连续扫描。X 射线衍射仪测试条件：电压 40 kV；电流 200 mA；扫描角度：0°～80°。ICP－8000 电感耦合等离子体发射光谱仪测试条件：功率 1300；雾化气流量 2.0；轴向观测。AxiosmAX 型 X 射线衍射仪测试条件：电压 50 kV，电流 40 mA，真空度 0.99 MPa，闪烁探测器。

对硫酸铵活化粉煤灰过程中的不同配比、焙烧温度及焙烧时间做了研究，在硫酸铵与 PC 灰质量比为 5∶1、焙烧温度为 400 ℃，当物料焙烧温度为 350～550 ℃时，Al_2O_3 溶出率随温度的升高先增大后减小，当温度达到 400 ℃时，氧化铝的溶出率最高，可以达到 73.9%，同时在焙烧温度为 450 ℃时，氧化铝的溶出率与 400 ℃时的溶出率差别不大，说明当温度在 400～450 ℃范围之间时，粉煤灰的活化效果比较好。当温度在此温度范围内时，硫酸根离子和铵离子更容易与粉煤灰中的莫来石和玻璃体中的氧化铝反应，生成硫酸铝铵，因此，此温度段氧化铝的溶出率较高。其次，温度低于 400 ℃没有达到反应温度，而温度高于 450 ℃，硫酸铵的分解速度加快，与莫来石和玻璃体中氧化铝反应的硫酸根和铵离子减少，生成的硫酸铝铵减少，因此氧化铝的溶出铝降低。

当物料焙烧时间为 1～7 h，Al_2O_3 溶出率随温度的升高先增大后减小，当焙烧时间达到5 h，氧化铝的溶出率最高，可以达到 87.8%。在焙烧时间在 3～6 h 之间，氧化铝的溶出、焙烧熟料溶出率都高于 73.9%，活化效果较好，但是结合实际生产经验，焙烧时间的延长耗能非常大，因此需要合理选择焙烧时间，考虑综合能耗以及氧化铝溶出率，3 h 是较好的焙烧活化时间。当焙烧时间为 5 h，氧化铝的溶出率最高，是因为硫酸根离子和铵离子与煤粉炉粉煤灰中的莫来石和玻璃体中的氧化铝反应充分，生成更多的硫酸铝铵，因此，此温度氧化铝的溶出率较高。

硫酸铵与粉煤灰的质量配比从 1∶1 升高到 5∶1，氧化铝的溶出率随配比的升高而增大，当配比达到 5∶1 时，氧化铝的溶出率相对稳定，在 85%左右，即使再增大配比，氧化铝的溶出率变化不大。其次，当硫酸铵与粉煤灰的质量配比达到 5∶1 时，焙烧样品的 XRD 图谱中主晶相为硫酸铝铵，说明粉灰中莫来石和硅铝酸盐玻璃相反应较完全，Al_2O_3 组分绝大部分转化至硫酸铝铵中。当硫酸铵与粉煤灰的质量配比达到6∶1 时，氧化铝的溶出率并没有增加，说明粉煤灰中惰性物质已被活化完全，增加助剂用量不会提高氧化铝的溶出率。加助剂后焙烧过程的物相变化：在粉煤灰样品的 XRD 谱线上出现了莫来石、玻璃体、石英相的特征峰。其中莫来石的衍射峰最强，石英的衍射峰相对较弱，2 种矿物相的峰型尖锐，说明结晶程度较高。此外，在 $2\theta=15°～30°$附近有弥散而平缓的丘状峰，此峰为铝硅酸盐玻璃相的衍射峰。由此可见，样品粉煤灰原样的主要矿物组成为莫来石、非晶态铝硅酸盐玻璃相和石英。同时，当采用硫酸铵与粉煤灰质量配比 5∶1 活化时，焙烧产物的主要物相为硫酸铝铵、反应不完全的硫酸铵和未反应的莫来石相。随着助剂配比的不断增大，焙烧产物酸浸残渣中的莫来石和玻璃相不断减少，当硫酸铵与粉煤灰质量配比为 5∶1 时，莫来石的最强特征衍射峰（$\theta=26°$）强度达到最小，即使再增大硫酸铵与粉煤灰质量配比，莫来石的特征衍射峰强度基本不会变化，表明硫酸铵与粉煤灰质量配比为 5∶1 时，达到最大活化效果，再增加助剂用量没有活化效果。在增大助剂用量过程中，莫来石的特征衍射峰强度继续减弱，但是莫来石的衍射峰并未全部消失，说明还有部分莫来石没有反应。在 $2\theta=22°$左右有明显的玻璃相的衍射峰，可以解释为非晶态 SiO_2，有部分莫来石等硅铝质晶体矿物交叉构成的基本框架被非晶态 SiO_2 为主要成分的玻璃相填充或覆盖，这种包覆降低了莫来石相与硫酸铵助剂接触的机会，从而使得部分莫来石相未反应。焙烧过程微观形貌的变化煤粉炉粉煤灰主要由不同粒径的球状体、类椭球状体以及不规则颗粒组成。球形微粒的直径主要分布在 1～10 μm 之间，多数小于 10 μm。当粉煤灰硫酸铵与粉煤灰质量配比为 5∶1 时，有部分莫来石附着在玻璃体表面，该部分莫来石首先与助剂发生反应，生成 $NH_4Al(SO_4)_2$，玻璃体表面出现针状莫来石被腐蚀后留下的空位，然后混合焙烧助剂电离出的 SO_4^{2-} 和 NH_4^+ 继续与粉煤灰的颗粒表面的玻璃体中氧化铝反应，反应后玻璃体表面出现塌陷，内部包裹的氧化铝与 SO_4^{2-} 和 NH_4^+ 可以继续反应。当反应结束后，焙烧产物经过酸浸，$NH_4Al(SO_4)_2$ 溶解，滤渣主要为非晶态的 SiO_2 残骸和少量未完全反应的莫来石，溶剂为 28%(质量分数)盐酸、V(HCl)∶m(焙烧熟料)＝2∶1(mL/g)、溶出温度为 160 ℃、溶出时间为 3 h，Al_2O_3 溶出率为 85.4%。

采用的煤粉炉粉煤灰的矿物组成铝硅比约为 1.2，氧化铝活性很差，氧化铝存在于莫来石和玻璃体中，因此须采用助剂活化技术破坏莫来石和玻璃体的结构，才能达到提取煤粉炉粉煤灰中氧化铝的目的。葛欣等采用硫酸氢铵作为活化剂，研究了焙烧过程的反应动力学，探索了影响 PC 灰中 Al_2O_3 反应速率的因素。结果表明，在活化剂与粉煤灰质量比为 8.5∶1、焙烧温度为 420 ℃、焙烧时间为 1 h、焙烧熟料溶出溶剂为水、V(水)∶m(焙烧熟料)＝8∶1(mL/g)、溶出温度为 90 ℃、溶出时间为 50 min、搅拌速率为 500 r/min 的条件下，Al_2O_3 提取率＞84.5%。铵盐焙烧活化法活化温度低，条件温和，但铵盐用量大，硫酸铝及硫酸铝铵中的硫酸根进入后续环节时，如不增加除杂工艺，会影响氧化铝产品质量。工程转化时铵盐消耗量大、焙烧时间长、能耗高，工艺流程经济性不具有优势。

4. 氟化盐法

采用 NaF 或者 KF 等氟化盐为活化剂，与 PC 灰中的 $Al_6Si_2O_{13}$生成易溶于酸的霞石、六氟铝酸钾等。氟化盐活化法涉及的主要化学方程式为：

$$(2x+z)Al_2O(3x+2z)SiO_2+6xKF\cdot 2H_2O \longrightarrow 3xKAlSiO_4+xKAlF_6+zAl_2O_3\cdot SiO_2+6xH_2O$$

佟志芳等对以 KF 为助剂焙烧活化粉煤灰的条件进行研究，并对 KF 活化粉煤灰及其在焙烧产物酸浸过程中的活化机理进行探讨。采用正交实验法，考察粉煤灰与 KF 的质量比、焙烧时间、焙烧温度对焙烧产物中铝、铁的酸浸性能的影响。结果表明：粉煤灰与 KF 的质量比、焙烧温度对铝、铁浸出率影响显著，而焙烧时间则影响不大。最佳焙烧活化条件为：焙烧时间 1 h、粉煤灰与 KF 的质量比 20∶4、焙烧温度 800 ℃，此时焙烧产物中铝、铁浸出率达 96.92%。表明以 KF 为助剂对粉煤灰进行焙烧可以达到很好的活化效果。

张小东等以氟化物助溶法活化机理为：KF 的作用可分为 2 个部分：一是由于 F^- 与 O^{2-} 的离子半径相近，在焙烧过程中 F^- 可以进入铝硅酸盐晶格中及由 Si—O—Al 形成的网络中，使原来的桥氧变为非桥氧，切断了 Si—O—Al 之间的连接，形成断网，促使晶格“松动”和活化，有利于内部扩散，降低反应的活化能，从而在酸浸过程中增加了盐酸与粉煤灰中氧化铝的反应能力。二是在酸浸过程中，焙烧过程添加的 KF 在酸性条件下，F^- 与铝硅酸盐中的硅反应产生氟硅化合物，进一步破坏 Si—O—Al 之间的连接，使物料中 Al 得以更好地浸出，反应过程如下：

$$KF + HCl \longrightarrow HF + KCl$$

$$4HF + SiO_2 \longrightarrow SiF_4 + H_2O$$

$$SiF_4 + 2HF \longrightarrow H_2SiF_3$$

$$Al_2O_3 + 6HCl \longrightarrow 2HCl_3 + 3H_2O$$

研究表明：经活化后，粉煤灰中氧化铝的存在形式已由原来的莫来石、刚玉相变为霞石、六氟铝酸钾相、类高岭石相。酸浸渣主要以非晶态 SiO_2、氟硅酸钾、氯化钾及少量氧化铝晶体存在。因此，氟化钾助溶法工艺从粉煤灰中提取氧化铝可能的机理为：活化阶段，粉煤灰中的氧化铝的相态由莫来石、玻璃相转变为能与酸反应的霞石、六氟铝酸钾、类高岭石及玻璃相，其实质是发生了化学反应，是质的变化，而不是简单的“松动”。活化阶段化学反应方程式为：

$$(2x+z)Al_2O_3 + (3x+2z)SiO_2 + 6xKF \cdot 2H_2O \longrightarrow 3xKAlSiO_4 + xK_3AlF_6 + zAl_2O_3 \cdot 2SiO_2 + 6xH_2O$$

溶出阶段，烧结样中霞石、六氟铝酸钾、类高岭石及玻璃相与盐酸反应生成氯化铝溶液及硅不溶物，其反应化学方程式为：

$$KAlSiO_4 + 4HCl \longrightarrow AlCl_3 + KCl + H_4SiO_4$$

$$K_3AlF_6 + 3HCl \longrightarrow AlCl_3 + 3KF + 3HF$$

$$Al_2O_3 \cdot 2SiO_2 + 6HCl \longrightarrow 2AlCl_3 + 2H_4SiO_4$$

$$Al_2O_3 + 6HCl \longrightarrow 2AlCl_3 + 3H_2O$$

$$H_4SiO_4 + 2KF + 4HF \longrightarrow K_2SiF_6 + 4H_2O$$

氟化钾助溶法从煤粉炉粉煤灰中提取氧化铝工艺技术，可以很好地活化煤粉炉粉煤灰中氧化铝的惰性，这种活化机理不是简单的“松动”而是发生了质的变化，发生化学反应生成能与盐酸反应的霞石、六氟氯酸钾、类高岭石；活化后经盐酸溶出可实现煤粉炉粉煤灰中氧化铝的提取率达到 97%；从结果及溶出机理看，氟在活化、溶出过程中很少有氟的逸出，氟的最终去向主要以氟硅酸钾的形式存在于酸溶渣里；当然是否有微量的氟进入环境，是否达到环保要求和如何从氟硅酸钾中回收利用氟化钾还需进一步研究。

采用二水氟化钾活化 PC 灰，当灰与 $KF \cdot 2H_2O$ 的质量比为 20∶19、900 ℃下焙烧 1 h、焙烧熟料经研磨后与盐酸(6 mol/L)调配固液比为 1∶4、溶出温度为 60 ℃、溶出时间为 30 min 时，Al_2O_3 溶出率为 97.25%，未经活化的 PC 灰相同溶出条件下，Al_2O_3 溶出率仅为 2.35%。粉煤灰是我国产生量最大的工业固废之一，大量的排放和堆存带来了严重的环境问题。目前，粉煤灰的利用途径主要有建材、建工等，且利用方式单一，综合利用率低，因此提高粉煤灰的资源化利用具有重要意义。粉煤灰中含有丰富的铝资源，提取其中的氧化铝是粉煤灰高值化利用的重要途径之一。然而粉煤灰中的大部分铝存在于结构稳定的莫来石中，反应活性很差，难以直接提取。因此，必须对粉煤灰进行活化处理，提高其活性。吴笑笑主要研究了不同含钠助剂对粉煤灰酸浸提铝的活化作用，以及 Fe、Ca 杂质存在对 Na_2CO_3 熔融粉煤灰的影响，并通过 TG-DTG、XRD 等方法揭示其作用机理。主要研究内容与结论如下：①不同含钠助剂 $Na_2B_4O_7 \cdot 10H_2O$、Na_2CO_3、$NaNO_3$、NaOH、NaF、$Na_2SiO_3 \cdot 9H_2O$、$Na_3PO_4 \cdot 12H_2O$、Na_2SO_4、NaCl 对粉煤灰的活化效果。结果表明，$Na_2B_4O_7 \cdot 10H_2O$、Na_2CO_3、$NaNO_3$、NaOH、NaF、$Na_2SiO_3 \cdot 9H_2O$ 对粉煤灰活化效果显著，当煅烧温度为 800～900 ℃时，氧化铝溶出率可达到 80%左右；其中，NaOH、NaF、Na_2SiO_3 助剂在低温下(约 400 ℃)即可表现出良好的活化效果，氧化铝溶出率分别达到 49.5%、46.9%和 25.3%。而 $Na_3PO_4 \cdot 12H_2O$、NaCl、Na_2SO_4 对粉煤灰活化效果有限，氧化铝提取率在 900 ℃时分别仅达到 43.3%、32.1%和 13.1%。②Fe_2O_3、CaO 等杂质存在对 Na_2CO_3 煅烧活化粉煤灰提取氧化铝的影响，并探讨了其影响机制。结果表明：向粉煤灰中加入 Fe_2O_3，会形成少量 $Na_2Fe_2O_4$ 等一些含铁的物质，导致粉煤灰中氧化铝溶出率缓慢下降，但变化波动较小，基本上维持在 82%以上；向粉煤灰中加入 CaO，随着添加量发生变化，会生成少量含钙的物质($Na_4CaSi_3O_9$、$Ca_3Al_2O_6$ 等)，而这些含钙物质会对氧化铝提取产生一定的影响，但总体而言变化幅度小，基本保持在 84%以上。主要采用氟化钠活化 PC 灰，在粉煤灰与 NaF 质量比为 1∶0.75、焙烧温度为 900 ℃、焙烧时间为 120 min、焙烧熟料与盐酸(质量分数为 20%)固液比为 1∶5、溶出温度为 106 ℃(煮沸)、溶出时间为 120 min 的条件下搅拌反应，得到 Al_2O_3 溶出率为 92.9%。氟化物活化法可获得较高的 Al_2O_3 溶出率，但 NaF、KF 活化过程中，不仅需考虑氟化物对操作工人的健康影响，还需考虑多余的氟离子进入系统，与盐酸、硫酸等无机酸生成氢氟酸，腐蚀系统中的硅酸盐复合材料，影响系统稳定性。

吴笑笑也研究了碳酸钠和氢氧化钠助剂对粉煤灰活化酸浸提铝的效果：添加 Na_2CO_3 助剂，煅烧温度为 600 ℃时莫来石开始分解，温度高于 800 ℃时形成霞石，活化效果显著；加入 NaOH 助剂，莫来石在 400 ℃开始分解，此时的氧化铝提取率高于加入 Na_2CO_3 助剂的提取率，因而低温(<600 ℃)时 NaOH 对粉煤灰活化效果显著，在>600 ℃时，NaOH 助剂的活化效果减弱，形成的低聚合物相如硅酸铝钠(NaAlSiO)和霞石峰强度均弱于 Na_2CO_3 助剂；同时添加 Na_2CO_3 和 NaOH，莫来石在 400 ℃时开始分解，在 700 ℃时形成霞石，达到 95%的氧化铝溶出率。

酸法提铝的过程中，与钙助剂烧结活化相比，钠助剂不仅活化效果显著，提铝效率高，而且反应过程中生成的活性二氧化硅，通过控制酸浸过程，可以直接制成白炭黑或活性硅胶等，实现铝、硅的同步高值利用。纯碱活化效果显著，但同时存在碳酸钠耗量大的问题，每处理 1 t 粉煤灰就要消耗大约等量的 Na_2CO_3，处理成本提高，限制了该技术的工业化应用，寻找其他可替代性的含钠助剂可作为解决该问题的途径之一。不同含钠的物质，如 NaCl、$Na_2B_4O_7 \cdot 10H_2O$ 有良好的化学活性，可以在熔融态下促进铝硅酸盐矿物或粉煤灰形成 $NaAlSiO_4$(霞石相)，因而常被用作铝硅酸盐矿物或粉煤灰的助熔剂，提高粉煤灰的活性。姚志通研究了 Na_2CO_3 和 NaCl 对活化粉煤灰的影响，结果表明，NaCl 的助熔效果显著，而且 NaCl 作助剂也可以提供碱性的钠离子，对粉煤灰具有一定的活化效果，但活化效果弱于 Na_2CO_3 的效果。李洁等向粉煤灰中添加助剂硼砂，通过理论计算得出，莫来石非常容易结合带正电的离子，添加硼砂后，分解出的氧化钠可以提供钠离子作电子受体，极易进入莫来石晶格，使得其稳定的结构被破坏，逐渐转变为霞石，因此粉煤灰的反应活性提高，同时熔融温度也可降低。Guo 等以 $NaHSO_4$ 为热活化剂，发现 $NaHSO_4$ 可以促进粉煤灰聚合物相的分解，显著提高氧化铝的提取率，其原理是粉煤灰中的铝在 $NaHSO_4$ 的作用下转移进入可溶解的 $Na_3Al(SO_4)_3$ 中，当 $NaHSO_4/Al_2O_3$ 的摩尔比为 6，500 ℃下焙烧 2 h 后，铝的溶出率可达到 90%。综上而言，目前的文献报道多侧重于对单一钠助剂活化粉煤灰的研究，而对不同钠助剂之间缺乏系统性的对比研究。

1.3.2　碱法提取工艺活化法

采用碳酸钠、石灰石等碳酸盐为活化剂，破坏莫来石或玻璃体中的铝硅氧键，生成易溶于酸的霞石($NaAlSiO_4$)或者七铝酸十二钙($Ca_{12}Al_{14}O_{33}$)，实现回收 Al_2O_3 的目的，碳酸盐活化法涉及的主要化学反应为：

$$3Na_2CO_3 + Al_6Si_2O_{13} + 4SiO_2 \longrightarrow 6NaAlSiO_4 + 3CO_2 \uparrow$$

$$64CaCO_3 + 7Al_6Si_2O_{13} \longrightarrow 14Ca_2SiO_4 + 3Ca_{12}Al_{14}O_{33} + 64CO_2 \uparrow$$

赵喆等采用石灰石($CaCO_3$)作为活化剂，与 PC 灰焙烧反应，活化条件为：生料配方 C/A(石灰石与粉煤灰质量比，下同)＝1.8、焙烧温度为 1380 ℃、出炉温度为 800 ℃、焙烧时间为 1 h，再用 Na_2CO_3 溶液溶出，Na_2CO_3 用量为理论值的 1 倍，液固比为 3∶1、溶出温度为 60 ℃、磁力搅拌转速为 500 r/min，此时得到 Al_2O_3 提取率为 79%。大唐国际再生资源开发有限公司(简称“大唐国际”)采用“预脱硅-碱石灰烧结法”工艺处理高铝粉煤灰，即 Na_2CO_3、CaO 与预脱硅后的熟料进行反应。该示范项目于 2010 年 8 月全流程贯通，年产氧化铝 20 万 t，是中国首个粉煤灰生产氧化铝工业化示范项目，后因氧化铝生产成本高等因素氧化铝系统停运。

1.4　联合活化法

1.4.1　物理-化学联合活化法

物理-化学联合活化法主要为微波辅助活化法，是指在微波辐照作用下，粉煤灰与助剂的颗粒间隙存在电场能汇聚现象，导致固体颗粒局部区域迅速升温，造成非均匀加热，形成“热点”及“非等温加热”，将固相反应转变为局部液相反应，进而加速微波活化粉煤灰进程。

Zhang 等研究发现，虽然粉煤灰的熔融温度为 1400 ℃，但在微波辐照条件下，700 ℃的监测温度下即有大量液相产生。谢晓影等研究发现，粉煤灰中加入碳酸钠和碳酸钙，使整个体系电场汇聚效能明显增强，与粉煤灰相比，碳酸钠可以使升温速率提升 8 倍，碳酸钙提升近 2 倍，生成的液相加速了莫来石分解反应。微波辅助活化法可有效提升反应速率，加速莫来石分解，获得较高的氧化铝溶出率，但在工程转化过程中，存在微波活化设备难以大型化、除杂难等缺点。

1.4.2 热活化和化学活化的复合活化

由于煤矸石中 CaO 含量很低，为使其自身具有胶凝性能，在热活化即高温煅烧过程中补充 CaO 也是提高煤矸石活性的一种行之有效的方法。从理论上分析，它的作用之一是提高煤矸石自身的胶凝性能，使其容易受 $Ca(OH)_2$ 等碱溶液的侵蚀，铝硅酸盐骨架被破坏，硅酸根和铝酸根离子溶出，并和 $Ca(OH)_2$ 反应生成水化硅酸钙和水化铝酸钙凝胶，提高了系统的胶凝性能，所以 CaO 含量适当高些利于煤矸石活性的提高。此外，经过热活化和复合活化的煤矸石具有一定的水硬活性，但这种活性是潜在的。徐彬在实验研究中认为，作为混合材的煤矸石，其中的活性氧化硅和活性氧化铝在碱的作用下可以发生如下反应：

$$2SiO_2 + 3Ca(OH)_2 + 3Ca(OH)_2(aq) \longrightarrow 3CaO \cdot 2SiO_2 \cdot nH_2O$$

$$Al_2O_3 + 3Ca(OH)_2 + 3CaSO_4 + 29H_2O \longrightarrow 3CaO \cdot Al_2O_3 \cdot 3CaSO_4 \cdot 32H_2O$$

$$Al_2O_3 + 3Ca(OH)_2 + CaSO_4 + 9H_2O \longrightarrow 3CaO \cdot Al_2O_3 \cdot CaSO_4 \cdot 12H_2O$$

由于水化生成了 C-S-H 凝胶和钙矾石，煅烧煤矸石表现出一定的水硬活性。

1.4.3 机械力化学原理进行机械活化

机械力化学是指通过压缩、剪切、研磨、延伸、弯曲、冲击等手段，对固体、液体、气体物质施加机械能而诱发这些物质的物理化学性质变化，使固体和与其相接触的气体、液体、固体发生化学变化的一系列现象。固体物质受到机械力作用，在被粉碎、颗粒尺寸减小的同时还将发生其他的效应，如引起晶体物质的晶格畸变，结晶程度的降低甚至变为无定型物质。这些结果将导致固体物质性质的变化，如化学活性提高，降低它和其他物质的反应条件，甚至诱发新的化学反应，使普通条件下不能发生的反应也会发生；或者固体在机械力的作用下，直接就能产生某些化学反应，如结晶水的脱去、与邻近的其他物质形成固熔体或者新化合物的晶核等。物质在受到机械力化学作用时，常受到激活作用。若体系的化学组成不发生变化时称机械激活；若化学组成或结构发生变化，就称机械化学激活。机械力对固体物质的作用可归纳为以下几类：

(1)物理效应：颗粒和晶体细化；产生裂纹；表观和真密度变化，比表面积增大。

(2)结晶状态：产生晶格缺陷；晶格发生畸变；结晶程度降低，甚至无定型化。

(3)化学变化：含结晶水或者羟基物的脱水；降低体系活化能，形成新化合物的晶核或细晶；形成合金或固熔体；化学键的断裂，体系发生化学变化。

在实际应用中机械力化学方法的最大优点：经普通粉磨设备处理过的材料，不仅颗粒度减小，比表面积增大，而且由于反应活性大大提高，可使以后热处理过程的烧成温度大幅度地降低；而且由于机械处理的同时还有混合的作用，使多组分的原料在颗粒细化时得到了均匀化，特别是微均匀化的程度提高，从而使制备出的产品性能更好。

机械力化学在实践中得到广泛应用，尤其是粉碎机械力化学的发展更为空前，且由此产生的机械力化学效应能对物质的潜在活性起到激发作用。戴银所发现水泥经振动磨处理，颗粒尺寸减小，活性增加，水化速度加快，强度增加。Jaesuk Ryou 采用高能摩擦磨处理水泥废料一水泥窑灰和粉煤灰，机械研磨使颗粒表面出现错位、点缺陷和结构缺陷，颗粒表面自由能增加，提高了材料活性，改善了它们作为辅助性胶凝材料时的水化反应性。

第2章 Al_2O_3 的提取

Al_2O_3 是重要的原材料。纳米级 Al_2O_3 更是具备了普通 Al_2O_3 不具备的很多特性，主要应用于集成电路基板和YGA激光器的主配件；对橡胶增韧、陶瓷补强性能比常规 Al_2O_3 微粉更为优异，尤其是提高陶瓷的光洁度、致密度、断裂韧性、冷热疲劳尤其显著；还可以用作制造分析试剂、人造宝石、催化载体和催化剂。

Al_2O_3 主要来自铝土矿，但是鉴于我国等部分国家和地区铝土资源短缺，从低品位矿、尾矿甚至废弃矿产中提取 Al_2O_3，已经成为解决铝土资源不足的重要手段。煤矸石作为一种含铝、铁、硅的废弃资源，从其中提取 Al_2O_3、Fe_2O_3 等有用组分，不仅可以进行煤矸石高效利用，还可以解决 Al_2O_3 等资源的供应不足。

现今国内外从煤矸石中提取 Al_2O_3 的工艺有多种，但较常用的主要有2种，即碱熔法和酸浸取法。

2.1 碱熔法提铝

碱法提铝主要是通过粉煤灰与活化剂高温焙烧或者以加压、强碱高温浸出等方式，使粉煤灰中的氧化铝从粉煤灰中浸出。主要提铝工艺有：

2.1.1 石灰石烧结法

我国的石灰石烧结法从粉煤灰中提铝的工艺于2014年年底在蒙西地区开始投产，该工艺对高铝粉煤灰中氧化铝的提取效果良好。将粉煤灰与石灰石按计算好的比例均匀混合，置于高温炉中高温煅烧，使粉煤灰中的含铝化合物与石灰石反应。石灰石烧结法作为碱熔法提取煤矸石中 Al_2O_3 的常用方法，其工艺流程主要包括4个环节：烧结、碱熔、脱硅除杂、碳化。主要不足在于：第一，石灰石烧结过程中通常在1200 ℃以上进行，能耗相对较高；第二，提取氧化铝需要大量的碳酸钠等，回收率仅55%左右，使得工艺的原料消耗和生产成本大大增加；第三，残渣形成量较大。为了降低渣量，工艺过程不得不经常考虑联产水泥，但是在许多地区，由于水泥产能过剩，影响了工艺的应用。石灰石烧结法的特点是烧结温度高(1300 ℃以上)，能耗大。粉煤灰在高温下发生膨胀，温度降低以后，自分化效果良好。碳酸钠溶液浸出前无须研磨，节约了工序，有助于提升生产效率。

石灰石烧结法的主要工艺流程为：原料配比和烧结自粉化、碱浸过程、溶液的除硅过程、溶液的碳分过程、煅烧。

(1)原料配比及烧结自粉化：对于含铝矿物进行烧结的目的是使煤矸石中的 Al_2O_3 成为易溶于碱溶液的化合物，从而使铝与硅、铁等其他杂质分离，烧结过程发生如下反应：

$Al_2O_3 \cdot CaCO_3 \longrightarrow CaO + CO_2$

$3[Al_2O_3 \cdot 2SiO_2] \longrightarrow 3Al_2O_3 \cdot 2SiO_2 + 4SiO_2$

$SiO_2 + 2CaO \longrightarrow (2CaO \cdot SiO_2)$

$3Al_2O_3 \cdot 2SiO_2 + 7CaO \longrightarrow 3(CaO \cdot Al_2O_3) + 2[2CaO \cdot SiO_2]$

$7[3Al_2O_3 \cdot 2\ SiO_2] + 64CaO \longrightarrow 14[2CaO \cdot SiO_2] + 3[12CaO \cdot 7\ Al_2O_3]$

(2)碱熔过程：碱熔的主要目的是通过用纯碱溶液处理烧结原料，使其中的铝化合物以铝酸钠形式进入溶液而与其他组分分离，浸出过程发生如下反应：

$[12CaO \cdot 7\ Al_2O_3] + 12Na_2CO_3 + 33H_2O \longrightarrow 14NaAl(OH)_4 + 12CaCO_3 \downarrow + 10NaOH$

$[2CaO \cdot SiO_2] + 2\ Na_2CO_3 + aq \longrightarrow Na_2SiO_3 + 2CaCO_3 \downarrow + 2NaOH + aq$

$[2CaO \cdot SiO_2] + 2NaOH + aq \longrightarrow 2Ca(OH)_2 + Na_2SiO_3 + aq3Ca(OH)_2 + 2NaAl(OH)_4 + aq \longrightarrow 3CaO \cdot AlO_3 \cdot 6H_2O + 2NaOH + aq$

$Na_2SiO_3 + NaAl(OH)_4 + aq \longrightarrow Na_2O \cdot AlO_3 \cdot SiO_2 \cdot NaAl(OH)H_2O + NaOH + aq$

第一个反应是生产过程中的主反应，剩下的几个反应为副反应，副反应的发生则会导致 Al_2O_3 和碱的损失。

(3)溶液的除硅过程：碱浸取液中除了含有铝、钠等元素外，还含有硅、铁等组分，除硅过程发生如下主要反应：

$3Ca(OH)_2 + 2NaAl(OH)_4 \longrightarrow 3CaO \cdot Al_2O_3 \cdot 6H_2O + 2NaOH$

$3CaO \cdot Al_2O_3 \cdot 6H_2O + x\ Na_2SiO_3 \longrightarrow 3CaO \cdot Al_2O_3 \cdot xSiO_2 \cdot (6-2x)H_2O + 2xNaOH + aq$

(4)溶液的碳分过程：碳分过程发生的主要反应如下：

$2NaAl(OH)_4 + CO_2 \longrightarrow 2Al(OH)_3 \downarrow + Na_2CO_3 + H_2O$

但当溶液含硅量较高时，还会伴有如下反应发生：

$2Na_2SiO_3 + NaAl(OH)_4 + aq \longrightarrow Na_2O \cdot AlO_3 \cdot 2SiO_2 \cdot nNaAl(OH)_{4x}H_2O + 4NaOH + aq$

(5)煅烧：煅烧过程中发生的主要反应如下：

$2Al(OH)_3 \longrightarrow Al_2O_3 + 3H_2O$

2.1.2 碱石灰烧结法

碱石灰烧结是将合适配比的粉煤灰、碳酸钠和石灰在高温炉煅烧，使粉煤灰中的氧化铝与碳酸钠反应生成偏铝酸钠，然后通过溶液脱硅、除杂、煅烧等工艺得到氧化铝。碱石灰烧结法的主要反应为：

$Na_2CO_3 \xlongequal{} Na_2O + CO_2$

$Na_2O + 4SiO_2 \xlongequal{} Na_2Si(Si_3O_4)$

$Na_2O + Al_2O_3 \xlongequal{} 2NaAlO_2$

碱石灰烧结工艺相比于石灰石烧结法来说烧结温度较低(1220 ℃)，但是如此的高温依然需要巨大的能耗且自粉化效果没有石灰石烧结法好，烧结后需要经过破碎方可浸出氧化铝。焙烧的目的是使莫来石被破坏形成新的易于与无机酸发生化学反应的物质，高温下莫来石中的 Al_2O_3 和 SiO_2 分别与 Na_2CO_3 和 CaO 反应生成 $NaAlO_2$ 和 Ca_2SiO_4，焙烧熟料溶出时 Ca_2SiO_4 活性较低，实现铝硅分离。此方法的问题在于能耗较高且废渣的处理在实际应用过程中问题较多，因此实际应用有一定困难。

2.1.3 碳酸钠焙烧法

碳酸钠焙烧法是将粉煤灰与碳酸钠按一定比例在高温炉焙烧后，通过适量酸与粉煤灰反应，混合物形成硅胶，经过处理便可得到高比表面积的白炭黑。滤液中加入氨水至无沉淀生成为止，然后用氢氧化钠溶液与滤液中的铁反应生成沉淀除铁。偏铝酸钠与酸反应生成 $Al(OH)_3$ 沉淀，将沉淀烘干焙烧即可得纳米级氧化铝。根据焙烧产物 XRD 分析，推导出碳酸钠与粉煤灰混合料的焙烧过程机理如下式：

$Al_6SiO_{13} + 3Na_2CO_3 + 4SiO_2 \longrightarrow 6NaAlSiO_4 + 3CO_2$

$Na_2CO_3 + SiO_2 \longrightarrow Na_2SiO_3 + CO_2$

$Al_6Si_2O_{13} + 2Na_2CO_3 \longrightarrow 2Na_2SiO_3 + 3Al_2O_3 + CO_2$

从上式可以看到产物中有大量硅酸盐，与酸反应会生成硅胶，会导致接下来的固液分离产生一定困难，同时大量的硅胶生成必定会消耗大量的酸，在实际生产过程中是一个很大的问题。此外焙烧的温度达 900 ℃，对生产条件和能耗也是一个考验。

2.2 酸浸法

酸浸法从粉煤灰溶解氧化铝是重要的研究方向。如硫酸和盐酸作为浸出剂对粉煤灰进行不同条件下的酸溶。下面简单介绍几种不同酸溶法提铝的浸出方法。

2.2.1 盐酸浸出法

盐酸浸出法主要应用于循环流化床锅炉粉煤灰浸出氧化铝的过程。由于粉煤在循环流化床燃烧温度一般只有 850 ℃左右，温度较低，煤粉中的无机矿相少量达到熔融温度，因此形成的粉煤灰玻璃体少，灰中氧化铝活性较高。因此用盐酸直接浸出粉煤灰中的氧化铝。在一定温度下煤矸石中的含铝矿物与盐酸发生反应生成氯化铝，而煤矸石中的氧化硅不与盐酸反应，实现了铝、硅分离。得到的酸浸液经除杂工序去除溶液中的氯化铁、氯化镁等杂质，获得氯化铝精制液，精制液经浓缩低温煅烧、碱溶和酸化得到氢氧化铝晶体，晶体煅烧最终获得氧化铝产品，产生的烟气经酸回收工序制备盐酸。盐酸法具有酸可循环利用、流程短、渣量小和产品多元化等优点，但存在对设备腐蚀性要求高、氧化铝提取率普遍不高、酸耗量大、原料成本高且易挥发、工艺过程会产生有毒气体氯气、酸浸时间长等缺点。主要反应机理如下式：

$$Al_2O_3 + 6HCl \longrightarrow 2AlCl_3 + 3H_2O$$

$$4AlCl_3 + 3O_2 \longrightarrow 2Al_2O_3 + 6Cl_2$$

$$Al_2O_3 + 2NaOH \longrightarrow 2NaAlO_2 + H_2O$$

$$2NaAlO_2 + CO_2 + 3H_2O \longrightarrow 2Al(OH)_3 + Na_2CO_3$$

$$6Al(OH)_3 \longrightarrow 3Al_2O_3 + 9H_2O$$

魏存弟等用盐酸浸出煤矸石制备氧化铝。由于煤矸石中的 SiO_2 不与盐酸反应，因此能实现硅铝分离得到仅含铁、镁等杂质的氯化铝溶液，溶液浓缩结晶后经低温煅烧工序制得粗品氧化铝，再经拜耳法工艺制得含量可达 99.2%的冶金级氧化铝。研究表明，使用助剂预处理煤矸石能有效提高煤矸石中含铝矿物与盐酸的反应活性。其中使用碳酸钠作为热活化助剂能有效提高煤矸石的反应活性，使煤矸石中的氧化铝溶出率达到 90%以上，但碳酸钠消耗过大导致其一直未能实现工业化。Guo 研究了预脱硅-碳酸钠活化-盐酸酸浸工艺，在温度 100 ℃，时间 1.5 h，氢氧化钠浓度 20%、液固比 1∶1 的最佳预脱硅条件下制得预脱硅煤矸石，再与原料煤矸石调配成铝与硅摩尔值相等的混料，添加碳酸钠助剂活化后并直接用盐酸酸浸。结果表明，当钠与铝的摩尔比为 1～1.5 时，氧化铝提取率能达到 87.3%。与碳酸钠直接活化煤矸石相比，该工艺可降低 43.8%～65.6%的碳酸钠消耗量。郭玉梅等研究了添加赤泥对煤矸石活化酸浸提取氧化铝及对碳酸钠消耗量的影响。结果表明，在铝与硅摩尔值相等的条件下，当钠与硅摩尔比为 1.2，活化温度为 850 ℃时，氧化铝的浸出率能达到 91.7%。与碳酸钠直接活化煤矸石相比，该工艺可降低 77.9%的碳酸钠消耗量。Yan 研究了将煤矸石通过熔融盐热反应转化为高纯度羟基钠石后，再经盐酸酸浸提铝工艺，在盐酸浓度 1.5 mol/L，液固质量比 20，时间 120 min，温度 85 ℃的最佳工艺条件下，氧化铝的提取率能达到 90%以上。

盐酸法中最具代表性的是神华集团自主研发的“一步酸溶法”提取高铝煤矸石中氧化铝的技术。自 2004 年起，该公司经过 7 年多的技术研发，形成了盐酸法提取氧化铝同时副产硅、镓、铁、锂的工艺技术路线。主要工艺为：高铝矸石发电制得粉煤灰，经磁选工序除去粉煤灰中的部分铁得到精矿，再与盐酸在低温下反应溶出，得到的粗液再经树脂除杂得到精制液，精制液浓缩煅烧得氧化铝产品。该公司在 2011 年 8 月完成了利用粉煤灰酸法生产 4000 t/a 氧化铝中试工厂建设，于年底通过国家技术鉴定。截至 2012 年 12 月 18 日，该中试线已连续运行 43 d，日产氧化铝达 11.6 t，标志着该工艺具备工业化的条件。

2.2.2 氟氨助溶法

该方法提氧化铝的主要思路是利用酸性氟化铵破坏粉煤灰中活性较低的 SiO_2—

Al_2O_3 键，即使莫来石在酸性条件下分解而达到氧化铝溶出的目的。溶出的氧化铝再与 NaOH 反应生成 $NaAlO_2$，然后经过一系列除杂程序后碳分、热分解即可得到 Al_2O_3。该方法的主要化学反应如下式：

$$SiO_2+6NH_4F \xrightarrow{\Delta} (NH_4)_2SiF_6+4NH_3\uparrow+2H_2O$$

$$(NH_4)_2SiF_6+4NH_3+(n+2)H_2O \longrightarrow NH_4F+SiO_2\cdot nH_2O$$

$$Al_2O_3+2NaOH \longrightarrow 2NaAlO_2+H_2O$$

$$2NaAlO_2+CO_2+3H_2O \longrightarrow 2Al(OH)_3\downarrow+NaCO_3$$

$$2Al(OH)_3 \xrightarrow{\Delta} Al_2O_3+3H_2O$$

从工艺条件上看，氟氨助溶法对温度、压力等方面要求不高，能耗相对较低。但是该生产过程所产生的废水、废气等需要大量的成本处理。在实际应用上，设备腐蚀等问题依然亟待解决。

2.2.3 硫酸加压浸出法

煤粉炉燃烧温度一般在 1300 ℃以上，煤粉中的矿相大量结晶形成玻璃体。灰氧化铝在降温过程中与二氧化硅等结合主要存在于玻璃体中，活性低。此类粉煤灰不能用盐酸直接浸出。硫酸加压酸浸法是首先将粉煤灰研磨活化到一定粒度，使颗粒的活性增加。然后按一定比例与硫酸混合加入高压釜中加压加热反应，待反应结束后向高压釜中加入一定量水，加热至沸腾后迅速过滤将矿浆实现渣铝分离，氧化铝进入溶液。接下来经过除杂、结晶、煅烧等一系列工序获得氧化铝。此方法氧化铝浸出率高，但问题在于反应过程的条件要求高，反应在高温高压下进行。硫酸在这种条件下腐蚀加剧，造成的困难首先就是生产过程的设备要求高，还有一个就是高压生产过程会增加操作人员的安全风险。另外反应酸耗量大，直接造成成本的上升。

2.2.4 浓硫酸浸出法

浓硫酸是一种具有强氧化性、强腐蚀性的矿物酸。利用浓硫酸的强腐蚀性，破坏粉煤灰中的玻璃体后使酸灰反应。加热浸出后的矿浆进行过滤使固液分离。硫酸铝结晶留在固体中，将固体加水煮溶，硫酸铝进入溶液。浓硫酸浸出法对粉煤灰中氧化铝浸出率很高，但是正是因为其强腐蚀性，对生产设备的要求也极高，这就为这个工艺投入生产带来了一些障碍。

将煤矸石与硫酸按一定比例混合配料后，在一定温度下煤矸石中的含铝矿物与硫酸反应生成硫酸铝，而煤矸石中的氧化硅不与硫酸反应，实现了铝硅分离。得到的酸浸液经除杂工序除去硫酸铁和硫酸镁等杂质，获得硫酸铝精制液，再经低温浓缩结晶得到硫酸铝晶体，煅烧最终制得氧化铝产品，产生含硫尾气可回收制备硫酸。硫酸法除了具有盐酸法的优点外，还具备硫酸是工业副产品、易制得、成本相对较低等优点。但依旧存在设备耐腐蚀性要求高、酸耗量大、酸浸时间长等缺点。主要反应机理如下式：

$$Al_2O_3 + 3H_2SO_4 \longrightarrow Al_2(SO_4)_3 + 3H_2O$$

$$Al_2(SO_4)_3 \longrightarrow Al_2O_3 + 3SO_3$$

谷立轩以山西柳林煤矸石为原料，经活化、粉磨后在一定温度下与硫酸直接反应提取氧化铝。通过试验确定了反应的主要控制因素为反应温度和反应时间。结果表明，在活化温度 750 ℃，酸浸温度 100 ℃，酸浸时间 4 h，酸矸比 1.1∶1，固液比 1∶3 的最佳工艺条件下，氧化铝的提取率能达到 85.2%。刘成龙以 98 酸作为酸浸介质直接浸取贵州盘州煤矸石中的氧化铝。通过试验研究了反应浸出动力学和最优工艺参数。结果表明，反应过程为减缩核模型的粒径不变缩核模型，反应主要受界面化学反应控制，在酸矸质量比 1.4∶1，反应时间 4 h，反应温度 170 ℃的最佳工艺条件下，氧化铝的提取率高达 98.47%。与传统加热方式相比，微波加热具有无污染、加热快、加热均匀和易控制等优点，能够从矿物内部加热来提高煤矸石中氧化铝的浸出速率。刘成龙在微波辅助加热下，以酸直接浸取煤矸石中的氧化铝。结果表明，在酸矸比 1.4∶1、功率 850 W、加热时间 65 min 的最佳工艺条件下，氧化铝的提取率能达到 93.82%。

硫酸法中最具代表性的是贵州紫森源集团投资有限公司与昆明理工大学合作研发的两步硫酸法工艺。该工艺的主要原理是粉磨煤矸石粉经除铁后与稀硫酸按一定比例混合，先在低温下与易反应的碳酸盐和非晶相矿物进行第一步酸浸反应，矿浆经固液分离后滤液可进一步加工制得铁系和镁系产品，滤渣再与硫酸在高温下进行强化溶出，经固液分离得到浓度较高的硫酸铝溶液，经除杂、浓缩结晶和焙烧制得氧化铝产品。滤渣则作为高质白炭黑生产的原料。2011 年在六盘水市科技局的支持下，该公司开展了“煤矸石高效综合利用研究与应用示范项目”。项目分 2 期完成，2013 年 3 月开始建设一期中试装置，同年 10 月投料试车，至 2014 年 7 月完成工艺验证和设备考察，达到预期效果。2014 年 7 月开始建设二期项目，12 月正式建成并联动试车，2015 年 6 月至 9 月期间，针对部分工艺及设备进行技术改造；2016 年 5 月中旬顺利完成中试。经过该中试生产线的实际运行，该公司形成了一套完整的“煤矸石有价元素产业化开发与利用”配套技术和工艺，可为地区甚至全国煤矸石资源化利用提供产业化技术支持。

2.2.5　硫酸铵法

首先按照一定比例将煤矸石与硫酸铵混合，在高温下煅烧，硫酸铵会与煤矸石中的氧化铝发生反应生成硫酸铝铵，而不与煤矸石中的氧化硅反应，然后使用稀酸溶液溶解煅烧熟料，固液分离得到硫酸铝铵溶液，氧化硅则在酸浸渣中，先去除杂质，然后将氨水加入酸浸液中或者在酸浸液中通入氨气，过滤，煅烧滤渣即得氧化铝。该方法具有减量化、可循环使用硫酸铵等特点，但具有渣量大的缺点。Wu 等人研究了时间和烧结温度对硫酸铝铵的形成影响，得到了最佳焙烧条件为：在 400 ℃下煅烧 3 h，升温速度为 6 ℃/min，氧化铝的提取率可以达到 85%以上。晋新亮等人研究了摩尔比对硫酸铵与氧化铝配料的影响，研究表明，当硫酸铵与氧化铝配料摩尔比为 6，在 400～450 ℃下焙烧 2 h，氧化铝提取率为 78.86%。

2.2.6 微波辅助酸溶出法

微波是一种高频电磁波，波长范围为 1 mm～1 m，介于无线电波和远红外之间。当介质在微波场中时，微波会发生发射、吸收及穿透现象。当微波作用于介质中的极性分子时，因为分子中的正电荷与负电荷的中心不重合，所以分子具有偶极矩，这时在微波场中极性分子可以迅速改变排列方向，并且会有强烈的摩擦以及碰撞现象发生在分子间。微波能量在整个微观过程中，以介质发热的形式表现出来，在宏观上介质的温度表现为升高。在该反应中，首先对煤矸石加热预处理，然后将微波辅助加热在酸浸实验中引入以提高煤矸石中铝的溶出率。余复幸在煤矸石热活化后，将微波辅助加热的方法引入酸浸实验中，结果表明，酸配比 1.6、微波火力为 18%、微波加热时间 1 h、稀释倍数为 5 倍于煤矸石质量的水、水浴温度 90 ℃、全回流下溶出1 h，此条件下，氧化铝的溶出率达到 89%。赵振新等人使用酸法在微波场中提取煤矸石中的氧化铝，结果表明，煤矸石破碎至 80 目、煅烧温度 700 ℃、煅烧时间 90 min、固液比 1∶3、微波功率 500 W、用浓度 20%的盐酸 65 ℃下浸取 40 min，此条件下，Al_2O_3 的浸出率可达 86%。

2.3 两种方法的对比

综合国内外的研究，可以将碱浸法和酸浸法分析对比如下：

(1)工艺方面：碱浸法的烧结阶段一般需要高达 1200 ℃的温度，能耗相对较高；而酸浸法一般在较低的温度下进行，能耗相对较低。

(2)脱硅：因为硅在酸浸取过程中不溶解从而可以达到与铝分离的目的，因而与碱浸法相比较，酸浸法生产氧化铝的最大优点在于能够处理一些含有高硅的非铝土矿，而碱熔法在反应过程中，因为二氧化硅会与碱反应，所以既耗费大量的碱液，又会将含有硅的杂质带入浸取液，使除硅工艺复杂。此外，碱熔法在除硅过程中还会损失一些铝。

(3)除杂纯化方面：在除杂纯化过程中，主要是去除浸出液中的杂质一铁，在这方面碱熔法要优于酸浸法。一般铁离子和碱溶液会生成沉淀物，比较容易被去除，而其与酸溶液生成的物质一般为可溶物。

(4)药品和材料消耗：碱浸法提取煤矸石中的氧化铝，采用了大量的碳酸钠等碱性物质，回收率为 50%～60%，使得碱耗较大，产生大量的碱渣。

通过对酸、碱浸取法提取煤矸石中 Al_2O_3 的工艺进行对比分析，相比于碱浸法，酸法浸取煤矸石中的铝似乎表现出一定的优势，而且还有可能提取煤矸石中的铁等有价组分。

第 3 章　Fe_2O_3 的提取

Fe_2O_3 重要的原材料，除了可以作为铁矿石炼铁外，还拥有催化活性比较高、化学性质比较稳定的特点，具有良好的耐光性等性质。世界范围内，Fe_2O_3 产销量仅次于钛白粉产量。Fe_2O_3 在建筑行业中可用作水磨石、墙壁涂料着色剂、人造大理石等材料；可以用作电子电讯行业中的铁氧体元件材料；涂料工业中可用作防锈颜料及紫棕色、铁红色的着色颜料；化学工业中可用作触媒、当作生产其他含铁化工产品的原料；在生物医学工程等方面也具有极其重要和广泛的用途；除此之外也可以用来制作磁性铁粉、光学仪器、眼镜玻璃、玉石的磨光材料、五金器材抛光等。

目前，国内外制备 Fe_2O_3 的方法有很多种，总体上可以分为湿法和干法。湿法主要包括沉淀法、溶胶-凝胶法、水解法、水热法等；干法又可以分为气相法和固相法 2 种，气相法主要包括鲁式法(Ruthner)、热分解法、焙烧法等。此外，还有催化法、包核法等改进工艺。

3.1 湿　法

3.1.1　沉淀法

沉淀法是指在可溶性的铁盐溶液中加入沉淀剂，如 $C_2O_4^{2-}$，OH^- 等，在形成不溶性的氢氧化物、氧化物或盐类之后，从溶液中析出，经过过滤后，再将滤渣热分解或者脱水后即可得到所需的氧化物粉体。包括氧化沉淀法、共沉淀法、直接沉淀法和均相沉淀法等。

氧化沉淀法是在亚铁盐溶液中加入过量的碱性溶液，快速生成白色的氧化亚铁胶粒。之后加入其他氧化剂或者通入空气，Fe^{2+} 被氧化为 Fe^{3+}。其中有报道显示氧化铁黑原料可以以 $FeSO_4$ 为原料制出，得到的产品性能能达到 HG/T2250—1991 国家一级品标准的指标。

共沉淀法是最为常见的方法，其原理是 Fe^{2+}，Fe^{3+}，OH^- 反应生成 Fe_3O_4 和 H_2O。分别将含有 Fe^{2+} 和 Fe^{3+} 的盐溶液以 1∶2 或者更大的物质的量的比混合到一起，于一定温度下添加过量的(2～3 倍)氨水或 NaOH 溶液，在实验中进行高速的搅拌，待沉淀反应完成后，将沉淀产物经过过滤、洗涤、干燥、焙烧 4 个过程后，即得所需要制备的 8～10 nm 的氧化铁粉体。邹涛等人在无 N_2 保护下，采用共沉淀法制备出了粒径分布均匀、结晶完整的立方形磁性纳米氧化铁颗粒。

直接沉淀法，Khedr 采用 NH_4OH 和精制的 $FeCl_3$ 作为原料，制备得到粒度为 78 nm 左右的氧化铁粉体；专利曾提出将碱溶液和铁盐作为原料，通过调整添加的表面活性剂的成分，可以制得粒度比较均匀细小、10～30 nm 的纳米氧化铁粉体。照日格图报道了以草酸和硫酸亚铁为原料，制备得到 80 nm 左右氧化铁粉体的新闻。

均相沉淀法是在铁盐溶液中缓慢加入沉淀剂，得到粒度均匀、纯度高的超细氧化铁粉体。欧延将各尿素沉淀剂加入 $FeCl_3$ 溶液中，在不同反应条件下合成粒径在 20～30 nm的 $\alpha-Fe_2O_3$。Liao 研究了以尿素和 $FeCl_3$ 作为原料，以聚乙烯己二醇及分散剂为添加剂，采取微波辅助加热的措施，反应生成粒径在 3～5 nm 的无定型纳米氧化铁粉体。高志华以尿素和 SO_4 作为原料，制备出了粒径小于 100 nm 的纤维状，而且具有很多网点的纳米氧化铁粉体。

3.1.2 水热法

水热法一般是指在水蒸气或水溶液等流体中，在高温高压的条件下进行相关化学反应的总称。根据反应类型可将其分为水热氧化、合成、沉淀、结晶等。一般以三价铁盐为原料，添加某种稳定剂，在一定温度下反应后进行固液分离，分离的氧化铁沉淀重新分散在水中，调节 pH 值，进一步在反应釜中反应得到所需产物。

3.1.3 溶胶-凝胶法

溶胶-凝胶法一般是指在一定温度下三价铁(Fe^{3+})盐溶液溶解在醇或水溶液中，通过添加一定量的表面活性剂和适量的碱液(氨水)调节 pH 值后形成胶体，经过陈化得到凝胶，再进一步经过干燥、煅烧等工艺过程后即可得到纳米粒子。

3.1.4 水解法

水解法一般是将一定浓度的金属盐水解，通过控制温度和 pH 值，生成氧化物和氢氧化物沉淀，进一步将沉淀物经过干燥制备得到所需的纳米粒子。水解法一般可以分为强迫水解法和均匀水解法。

强迫水解法通常是指在一定浓度的 HNO_3 或 HCl 的条件下，以 $Fe(NO_3)_3 \cdot 9H_2O$、$FeCl_3$ 作为原料，于沸腾密闭静态或沸腾回流动态环境中强迫 Fe^{3+} 水解。反应包括 2 个阶段，即$[Fe(H_2O)_6]^{3+}$形成 $Fe(OH)_3$ 及 $Fe(OH)_3$形成 $\alpha-Fe_2O_3$。为保障均匀粒子成核，通常需加入一定量的结晶助剂(如 NaH_2PO_4)来降低结晶生长和水解沉淀速度。

均匀水解法是指生成的沉淀自发而且缓慢地处于平衡状态，一般通过控制水解过程 pH 值实现。其中有文献报道可以利用均匀水解法制备超细氧化铁系列粉体。研究显示铁红为 $\alpha-Fe_2O_3$ 相、铁黄为 $\beta-FeOOH$ 相，粒径均在 50～100 nm 之间，分布均匀，并且具有较好的颗粒分散性。

3.2 干 法

气相法一般是指直接利用气体或者利用各种手段将反应物质变成气体，之后在气体状态下发生反应形成产品，如以 N_2 为载体，以[$Fe(CO)_5$]为原料，利用激光分解法或火焰法高温分解法制备氧化铁。

固相法一般是以 NaOH 和铁盐作为原料，按照一定比例进行混合后研磨，在经过煅烧后得到氧化铁。邱春喜等人采用 $Fe(NO_3)_3 \cdot 9H_2O$ 和 NaOH 作为原料，在 300 ℃ 条件下发生固-固化学反应直接制得粒径约为 20 nm 的 $\gamma-Fe_2O_3$ 粒子。一般来说，固相化学反应法具有操作简单、污染少、转化率高的特点，同时经过固相法制备的产物拥有粒径小、粒度分布均匀、无团聚现象出现等优点。

第4章　SiO_2 的提取

4.1　SiO_2 提取的工艺

4.1.1　粉碎

在焙烧之前，为了保证焙烧效果以及减少焙烧时间，煤矸石需要破碎到一定的粒度。煤矸石的破碎粒度对后续研究的影响有2个方面，首先，粒度越小，物料的比表面积越大，物料和空气接触概率增加，可以更好地发挥活化作用。此外，焙烧之后的粒度也关系到酸浸、碱浸反应时的反应效果，粒度越小，固液两相接触面积越大，浸取率也相应越高。但另一方面，粒度过细，会减少空气与内部物料的接触概率，也会影响滤渣和滤液的分离效果，同时也会使破碎设备消耗的电能大大提高。综合考虑，煤矸石在破碎后会过160目的筛子，即粒度控制在160目左右为宜。

4.1.2　活化

活化的目的一方面是将晶态的 SiO_2 粉体活化成非晶态，另一方面是将大部分杂质除去。煤矸石具有稳定的结晶结构，其分子排列有序，化学成分相对稳定。通过热处理的方法，使煤矸石的内部晶核结构发生变化，由晶态向无定型形态逐渐转化，使其活性大幅改善。

通过反复试验，发现煤矸石的最佳焙烧温度应在750～1000 ℃之间，在此区间，煤矸石中的高岭石发生和分解，生成游离状的 SiO_2 和 Al_2O_3，此时活性最高。温度过低，高岭石分解、活化不完全；而温度过高，非晶状的 SiO_2 和 Al_2O_3 又会重新结合成新的结晶相，而使活性急剧下降。

活化时间对粉体 SiO_2 活性的影响相对较小。经研究发现，当焙烧时间达到2 h后，浸取率增加不再明显变化，焙烧时间越长，增加耗能，从而增加成本。因此，活化时间应控制在2～2.5 h为宜。

4.1.3　酸浸

盐酸与活化后的煤矸石质量比为6∶1，95 ℃水浴，搅拌器转速200 r/min，反应2.5 h。实验结束后，将搅拌器放慢转速，用蒸馏水冲洗后，快速取出三口瓶。进行减压过滤，然后将滤饼回收，酸浸的过程是将 Al_2O_3 与盐酸反应生成可溶于水的 $AlCl_3$，过滤出去。滤饼的主要成分为 SiO_2，还有少量的 CaO、TiO_2 和部分煤渣。酸浸时发生的主要化学反应见下式：

$$Al_2O_3 + 6HCl \longrightarrow 2AlCl_3 + 3H_2O$$

4.1.4 碱浸

碱浸的反应条件是 SiO_2 与 8 mol/L 的 NaOH 以一定的比例反应。碱浸的过程是为了将 SiO_2 与强碱反应生成可溶性的硅酸钠，减压过滤得到滤液，向滤液中加入几滴质量分数为 20％的盐酸溶液，调节滤液的 pH 值，生成白色沉淀硅酸，用热蒸馏水淋洗过滤，至 pH 值为 7。发生的主要化学反应见下式：

$$SiO_2 + 2NaOH \longrightarrow Na_2SiO_3 + H_2O$$

$$Na_2SiO_3 + 2HCl \longrightarrow H_2SiO_3 \downarrow + 2NaCl$$

$$H_2SiO_3 \longrightarrow SiO_2 + H_2O$$

用煤矸石制得硅酸钠后，在已形成的 SiO_2 晶粒的母液中，加入少量的酸溶胶，因系统处于碱性条件，酸性硅溶胶解聚的单体硅酸通过 OH^- 的催化作用，在 SiO_2 晶核或粒子表面发生反应，使 SiO_2 粒子逐渐长大。

在此反应中，碱的加入量和 pH 值的调节都要合适。酸浸反应的不彻底、酸对碱的中和或者两性物质的存在，都会使碱浸时碱的加入量有所增大。研究表明，碱浸的最佳时间为 5 h，SiO_2 和 NaOH 溶液的固液比为 1∶10 时，产品的回收率最高，综合效果最为显著。酸中和终点 pH 值过高或过低，都会使得形成的絮状物重新溶解，故 pH 值将直接影响产品的回收率。沉淀在过酸性或过碱性时都不易发生，只有在趋于中性的碱性条件下才大量存在。由此确定酸中和终点 pH 值的适宜值为 8。

4.2 操作条件对 SiO_2 提取率的影响

4.2.1 煅烧温度

为探究煅烧温度对 SiO_2 浸出率的影响，针对不同煅烧温度下的煤矸石进行 XRD 分析。

在 600 ℃时，高岭石衍射峰消失，说明煤矸石中该黏土矿物发生分解。伴随温度上升，高岭石不断生成活性 SiO_2 和 Al_2O_3；在 1000 ℃时，石英衍射峰变小。将煅烧活化后的样品进行碱浸，随着煅烧温度升高，SiO_2 浸出率呈增加趋势，其原因在于煅烧温度较低时，产生的活性 SiO_2 较少，碱浸反应不够完全；而煅烧温度过高，会导致煤矸石团聚加剧，硬度变大难于研磨，不利于硅液提取。故最佳煅烧温度为 1000 ℃。

4.2.2 氢氧化钠浓度

随着碱浓度增加，SiO_2 浸出率先增后减。拐点出现在氢氧化钠浓度 15％时。SiO_2

浸出率在氢氧化钠浓度超过15%时降低的原因是已经生成的硅酸钠与氧化铝反应生成硅铝酸钠盐，降低了提硅液中硅含量所致。故最佳的氢氧化钠浓度为15%。

4.2.3 固液比

当固液比在1∶5～1∶15 g/mL时，SiO_2浸出率逐渐升高；这是因为煤矸石与碱液接触面积逐渐变大，反应充分进行，浸出量达到饱和；当固液比在1∶20时，碱液过多又使得SiO_2浸出减缓。故最佳固液比是1∶15。

4.2.4 反应时间

反应进行120 min时，体系中的活性SiO_2基本反应完全，其余的非活性SiO_2很难参与反应。但伴随反应时间增长，到150 min时，反应生成了钠硅渣沉淀，使溶液中的SiO_2浓度降低；到180 min时，浸出率又增加，这可能是由于部分非活性SiO_2又转变为活性SiO_2。考虑实验能耗及浸出率，最佳反应时间为120 min。

4.2.5 反应温度

浸出率随着反应温度的升高而增大。因为在常温常压下，NaOH的沸点为105 ℃，此时反应速率最佳，体系传质过程最强，SiO_2在NaOH溶液中的平衡浓度得到提高。而超过105 ℃时，溶剂挥发会导致氢氧化钠浓度变化，影响浸出率。因此，最佳反应温度是105 ℃。

参考文献

[1] 张祥成，孟永彪．浅析中国粉煤灰的综合利用现状[J]. 无机盐工业，2020，52(02)：1-5.

[2] 高志娟，王相人．煤粉炉粉煤灰提取氧化铝活化技术研究进展[J]. 无机盐工业，2021，53(02)：24-27.

[3] 郑水林，李杨，许霞．温度对煤系煅烧高岭土物化性能影响的研究[J]. 硅酸盐学报，2003，31(04)：417-420.

[4] 魏存弟，马鸿文，杨殿范，等．煅烧煤系高岭石高温相变特征及火山灰活性研究[J]. 硅酸盐通报，2005，24(02)：13-16.

[5] 董刚，王培铭，冯奇．热激活煤矸石的火山灰活性试验研究[J]. 新型建筑材料，2004，10：9-11.

[6] 王凯，喻乐华，欧辉．煤矸石制新型灌浆材料时低温煅烧激发活性的试验研究[J]. 非金属矿，2003，26(06)：4-6.

[7] 郑水林，李杨，许霞．煅烧时间对煅烧高岭土物化性能影响的研究[J]. 非金属矿，2002，25(02)：11-12.

[8] 苏达根，钟明峰，张志杰．高岭石结构及其改性对变高岭石火山灰活性的影响[J]．地质科技情报，2003，22(04)：52－54.
[9] 冯彬．煤矸石活性的研究[J]．上海环境科学，2000，19(07)：349－351，353.
[10] 何岩芳，杨伦．高岭土细粉碎过程中的机械化学效应[J]．华东化工学院学报，1992，18(S1)：43－47.
[11] 郝青丽，杨绪杰，王瑛．机械研磨影响高岭石结构的光谱研究[J]．光谱学与光谱分析，2000，20(03)：302－304.
[12] 刘常青，陈杰，刘今．机械功对高岭石反应活性的影响[J]．有色金属，2002，54(3)：51－54.
[13] 丁述理，彭苏萍，刘钦甫．机械研磨对平鲁煤系高岭石热行为的影响[J]．煤田地质与勘探，2002，30(06)：15－18.
[14] 许洪亮，张锐，卢红霞，等．加工方法对煤系高岭岩中高岭石结构和性能的影响[J]．化工矿物与加工，2004，33(03)：7－10.
[15] 罗驹华．高岭土和氢氧化铝共同粉磨时的机械力化学效应[J]．材料科学与工程学报，2003，21(02)：266－269.
[16] 司鹏．煤矸石酸法提铝的活化技术研究[D]．上海：华东理工大学，2011.
[17] 徐涛，兰海平，杨超，等．粉磨酸浸-氯化氢通气结晶法提取粉煤灰中氧化铝[J]．无机盐工业，2018，50(01)：57－61.
[18] 程姗．硫酸焙烧煤粉炉粉煤灰水浸溶 Al^{3+} 规律及残渣吸附性研究[D]．长春：吉林大学，2018.
[19] 梁振凯，雷雪飞，孙应龙，等．氯化钙焙烧法提取粉煤灰中的氧化铝[J]．中国环境科学，2013，33(09)：1601－1606.
[20] 张云峰，白健，高志娟，等．硫酸铵在煤粉炉粉煤灰提取氧化铝活化工艺过程中的应用研究[J]．轻金属，2018(08)：14－18.
[21] 葛欣，隋丽丽，尚志航，等．硫酸氢铵焙烧粉煤灰混合焙烧反应动力学研究[J]．轻金属，2017(03)：14－17.
[22] 张小东，赵飞燕，郭昭华，等．氟化钾助溶法从粉煤灰中提取氧化铝工艺活化及溶出机理研究[J]．化工管理，2017(15)：78－80，82.
[23] 吴笑笑．钠助剂对粉煤灰活化提取氧铝的影响[D]．太原：山西大学，2016.
[24] 李世春，王永旺，陈东，等．高铝粉煤灰提取氧化铝技术及其工业化进展[J]．化工管理，2017(16)：18－20.
[25] 谢晓影．微波辅助活化煤粉炉粉煤灰机理研究[D]．上海：华东理工大学，2016.
[26] 杨南如．机械力化学过程及效应(I)——机械力化学效应[J]．建筑材料学报，2003，3(01)：19－26.
[27] 谢德瑜，张凤辰．煤矸石及其综合利用[J]．中国资源综合利用，2004(10)：20－23.

第四篇

多孔材料制备技术

多孔材料由于自身优良的特性，一出现就受到国际物理学、化学和材料科学界的高度重视，并迅速发展成为各学科的研究热点之一。自1756年由Cronsted首次发现沸石型硅酸盐微孔材料以来，多孔材料的应用越来越受到人们的重视。多孔材料比表面积大、孔隙率高、导热系数低及稳定性和渗透性好，广泛用于保温隔热、过滤、吸附等多个方面，在现代生活中起着突出的作用。

第 1 章　多孔材料的分类和性能

根据材质的不同，多孔材料可分为多孔陶瓷材料（氧化铝多孔陶瓷、碳化硅多孔陶瓷、氧化锆多孔陶瓷、羟基磷灰石多孔陶瓷等）、多孔金属材料（铝合金和镁合金多孔材料）和泡沫塑料（高比表面有机材料）。多孔陶瓷材料具有刚度高、化学性能稳定、耐热性能佳等特点；多孔金属材料具有孔隙率高、隔音性好、导热率高等特点，同时也是一种集功能和结构于一体的新型材料；泡沫塑料具有导热率低、隔热性好、密度小等特点，但由于泡沫塑料开发与应用的不足，其优点尚未得到充分地利用。

按照多孔材料的材质不同又可分为：①高硅质硅酸盐多孔材料。主要以硬质瓷渣、耐碱陶瓷渣及其他耐酸的合成陶瓷颗粒作为骨料，具有耐水耐酸等性能，使用温度可达 700 ℃。②硅藻土质多孔材料。以精选的硅藻土为原料，再加入一定量的黏土烧结而成，用于精滤水合酸性介质。③铝硅酸盐多孔材料。以耐火黏土熟料、烧矾土、硅线石和合成莫来石质颗粒作为骨料，具有耐酸耐弱碱性能，使用温度高达 1000 ℃。④陶瓷质多孔材料。组成接近高硅质硅酸盐材料，通过混合多种黏土熟料颗粒和黏土等，得到微孔材料。⑤纯碳质多孔材料。以低灰分的煤或石油沥青颗粒物，或者加入部分石墨，通过稀焦油黏结烧制而成，用于耐水、苛刻温度下强酸强碱介质及空气净化消毒、过滤等。⑥刚玉和金刚砂多孔材料。采用不同型号的电熔刚玉和 SiC 颗粒作为骨料，具有耐强酸、耐高温等特性，可耐 1600 ℃高温。⑦堇青石、钛酸铝等多孔材料。因其热膨胀系数较小，可广泛应用于复杂的热冲击环境。⑧其他冶金废料、各种尾矿以及普通硅酸盐玻璃构成的材料，并且视其原料化学组成的不同而制备出不同材质的多孔材料。

按照孔隙大小，多孔材料可分为 3 种：第 1 种是微孔多孔材料（孔径小于 2 nm），例如宫英以正硅酸乙酯为原料采用溶胶凝胶方法成功制备出孔径大小为 0.8～1.6 nm 的二氧化硅纳米多孔材料，其孔隙呈现为网络状分布；第 2 种是介孔或中孔材料（孔径为 2～50 nm），例如刘颖利用模板法在水溶液中添加纳米氧化硅作模板剂，制得比表面积为 515.7 m^2/g、孔径为 7.5 nm 的中孔碳；第 3 种是大孔材料（孔径大于 50 nm），例如李双利用 SiC 粉为原料，采用冷等静压法制备出 70 μm 孔径的大孔径多孔陶瓷管。按照孔的微观形貌特点，多孔材料又可分为闭孔和开孔 2 种，如朱虹等通过对闭孔多孔材料的泊松比计算，分析了闭孔多孔材料的微观形貌；而冯上升等则利用沉淀法制备出开孔泡沫金属。

按照晶体结构的有序程度，多孔材料还可分为有序和无序 2 种。有序多孔材料的晶体结构分为二维与三维 2 种晶体点阵，无序多孔材料的晶体点阵无序，如泡沫材料。

张秀丽等利用沉淀法制备出晶体点阵排列无序的泡沫金属中孔材料，其孔隙率在19.3%～62.4%之间。

按照孔的连通方式，多孔陶瓷材料可分为泡沫陶瓷、蜂窝陶瓷、球状孔洞型多孔陶瓷等。林煌等使用起泡法制备出适用于过滤器的泡沫陶瓷。李艳丽采用挤压成形方法制备出蜂窝陶瓷，并且广泛应用于汽车尾气净化器载体和臭氧抑制催化剂载体当中。

多孔材料的优异性能主要表现在：

(1)比表面积大：比表面积越大，多孔材料的吸附性就越好，这种高比表面积材料对于环境保护和储氢都有很大的帮助。此外，高比表面积多孔材料因为在反应环境中具有更大的接触面积，所以反应更加充分，因此被广泛应用在催化剂以及医药载体等领域。例如：Giunta 等利用凝胶-溶胶方法制备出了可作为催化剂的介孔二氧化硅多孔陶瓷材料，其比表面积达 1860 m^2/g。

(2)低密度：多孔材料具有较高的孔隙率，所以密度远小于相同材料的致密体。Sepulveda 等以氧化铝为原料，采用前驱体方法制备出了密度极低的高比表面积多孔氧化铝陶瓷材料(其密度仅为理论密度的 6%)，而普通的氧化铝陶瓷理论密度却在 3.6 g/cm^3 以上。通常情况下低密度高强度的材料多被运用在飞机上，以减少总体质量。

(3)热导率低：高比表面积多孔材料因为具有较大的比表面积，从而拥有较多的孔隙，其热量的传输是以气孔壁为路径，较多的孔隙数量相当于增加了热量传输的路程，从而热导率降低。实验证明，闭孔陶瓷多孔材料的绝热效果更好。例如 Zhang 等以模板法制备出了热导率低至 0.23 W/(m·K)的氧化铝多孔陶瓷材料，其热导率是普通氧化铝陶瓷热导率[29.31 W/(m·K)]的 0.78%。因此，利用高比表面积多孔材料较低的热导率的特性可以作为工业烧结陶瓷与冶金方面的保温材料。

第 2 章　多孔材料的制备

2.1　发泡法

发泡法是在原料组分中加入发泡剂，通过化学反应或高速搅拌等产生气泡，在泡沫消失前固化，再经干燥、烧结得到多孔材料。发泡法包括混合发泡法和分开发泡法，混合发泡法是在发泡前先均匀混合原料和发泡剂；分开发泡法是发泡溶液发泡后再与原料混合。

根据气泡产生的原理，主要分为物理发泡法和化学发泡法。物理发泡法一般是通过外力搅拌发泡剂使气体进入料浆形成泡沫，经浇注成型制备多孔材料的一种工艺。物理发泡剂都为表面活性剂，目前主要有松香树脂类发泡剂、合成类发泡剂、蛋白质类发泡剂和复合发泡剂。化学发泡法是指向料浆中加入化学发泡剂，经化学反应产生气体引入气泡进而制备得到多孔材料的一种方法。常用的化学发泡剂有碳酸氢钠、碳酸钙、铵盐、铝粉及过氧化氢，化学发泡剂发泡能力强，但所发气泡的稳定性不好、速率不易控制。因此化学发泡法的关键是如何控制发泡剂的发泡速率与料浆凝结速率相一致。发泡速率快，且料浆硬化速度慢，则容易形成开口大孔，造成塌模；如果料浆硬化速率大于发泡速率，则气泡量少不会达到产品所需的表观密度，因此只有两者处于动态平衡下，才能得到合格的多孔材料。周明凯等利用煤矸石采用粉料发泡法制备了闭孔泡沫陶瓷，讨论了氧化铁和发泡剂用量对泡沫陶瓷性能的影响，研究得出在加入 6 wt%氧化铁，发泡剂的量在 1.8～2.0 wt%之间时，焙烧后得到重量小，中等孔径和良好保温隔热的泡沫陶瓷。

2.2　有机泡沫浸渍法

有机泡沫浸渍法是指通过有机泡沫浸渍陶瓷浆料，在干燥后加热烧去有机泡沫，从而得到支撑多孔材料的瓷体。由于有机泡沫体具有开孔三维网状骨架结构，制好的浆料涂覆在泡沫体上，通过烧掉有机泡沫形成的孔隙是连通的网眼型。虽然通过该工艺可以制备出高强度、高气孔率的制品，但不能制造小孔径闭合气孔制品，而且制品形状受到限制，密度也不容易控制。

2.3 溶胶-凝胶法

溶胶-凝胶法在水解反应形成凝胶过程中，会形成网络结构，并且在孔隙中充满溶液，经过烧结等工艺后可以得到高比表面积和纳米级别孔隙的材料，其孔隙率极高，可达98%。马丽等以四水乙酸镁和大米粉为原料，采用最新的凝胶-模板技术制备高比表面纳米氧化镁，将大米粉和四水乙酸镁混合在水溶液中加热成镁盐前驱体，在氧气环境下于500 ℃烧结得到多孔氧化镁材料，比表面积达206 m^2/g，微观形貌为双孔结构。当前驱体所用含量增加时，氧化镁粉体的比表面积先增加后降低，其中前驱体与大米粉用量比为1.5∶1.0(质量比)时，比表面积最高(206 m^2/g)。这是由于前驱体用量较小时，在焙烧(除去模板)时氧化镁颗粒未团聚；而前驱体含量过高时，原料乙酸镁就不能被完全分散，最终晶核发生团聚现象，粉体比表面积降低。

另外，李玉培等以二氯氧化锆为原料，采用溶胶-凝胶法制备出了高比表面的氢氧化锆，并分析了陈化条件(陈化温度与陈化时间)和反应温度对氢氧化锆比表面积的影响。研究发现，随着陈化温度与陈化时间的增加，多孔氢氧化锆粉体的比表面积呈现先增加后减少的趋势。

由于在实验结束前需要把氨水溶液滴入二氯氧化锆溶液中，必然会导致在溶液中的局部区域氨水浓度过高，从而发生严重的团聚现象，这也是此时氢氧化锆粉体的比表面积较低的原因之一。适当的陈化可以缓解团聚而增加材料的比表面积。但是陈化时间过长就会使颗粒粒径长大，导致最终的氢氧化锆比表面积的降低。而当陈化温度上升时，溶胶内的分子运动加快，最后的结果等效陈化时间对粉体比表面积的影响，在陈化温度为60 ℃时，氢氧化锆比表面积达到最高值，为280 m^2/g，同样是由于温度影响晶核的生成和长大。

在溶胶-凝胶的反应过程中生成胶核(水合氧化锆溶胶颗粒)，当温度升高时，氨水与二氯氧化锆的活性均有提高，从而使晶核在单位时间和相同浓度下快速生成。同样，温度升高，加快离子向晶核表面扩散，增加了晶核的表面扩散能，导致晶核在相互碰撞时发生合并，使晶核开始长大，这将不利于产物比表面积的增大。在较低温阶段，温度的升高主要增加晶核的数量，从而增大产物比表面积；在较高温阶段，温度的升高主要促进晶核的长大，从而减小产物比表面积。氢氧化锆的比表面积主要和其颗粒直径及粒度分布有关。利用溶胶-凝胶法制备的氢氧化锆具有良好的吸附性(吸附剂的活性受比表面积影响)，可以运用于环境保护和作为催化剂载体。

2.4 粉末烧结法

粉末烧结法主要包括粉末直接烧结法、粉末坯体烧结法和添加造孔剂法。顾名思义，粉末烧结法是通过烧结将粉末沉积在一起而形成的泡沫材料，该法可以很经济地制出小孔径、分布均匀的多孔产品。粉末坯体烧结法是使用碳酸钙、过氧化氢等作为发泡剂，在加热的条件下，发泡剂释放气体使料浆充满模具，冷却后得到发泡材料。添加造孔剂法是向组分中加入易燃或易挥发性造孔剂，如炭粉、某些聚合物和有机物等，制成成品后高温烧结去除造孔剂得到孔洞，此法制得的多孔制品形状复杂、孔隙大小各异，开气孔率随造孔剂用量的增大而增大，目前此法已经广泛用于多孔陶瓷的制备。

2.5 烧失法

烧失法即使易分解或易燃烧的物质在高温下分解或燃烧形成气态物质而排出体外得到孔道结构，烧失法所用造孔剂可分为无机类和有机类。无机造孔剂一般为碳酸盐和铵类等可高温分解物和木炭、木屑等；有机造孔剂一般采用天然高分子物质或聚氨酯球等有机物质。此种方法关键在于需要控制可燃物的粒径大小和加入量，而且要尽量充分均匀地分散于料浆内，以求得到性能最佳的多孔制品。刘小波等以煤矸石为原料制备多孔材料，研究了配方对煤矸石多孔制品性能的影响，最终得出煤矸石用量为50％～60％、可燃物造孔剂用量为30％～35％、黏结剂用量为12％～20％、外加剂为0.15％～0.20％时可制得保温性能良好、耐压强度较高的煤矸石多孔材料。Gregorova等利用马铃薯淀粉和罂粟种子作造孔剂，制备出了具有梯度结构的氧化铝多孔材料，其总气孔率达37.6％、开口孔隙率占86％以上。

2.6 挤压法

挤压法是利用多孔金属模具将具有可塑性的物料压制成多孔坯体，再烧制成多孔材料的工艺方法。此方法具有制备过程简单，易于操作，孔隙率、孔结构和孔径大小可控等优点，可用于大批量的生产。但由于此方法是采用模具成孔，因此制备孔结构复杂和孔径小的多孔材料较为困难，而且由于物料的可塑性必须达到挤压成孔要求，所有可塑物料的含水量须得到严格控制。

2.7 自蔓延高温合成

自蔓延高温合成(SHS)技术机理是利用化学反应放出的热量使反应继续进行而合成高熔点化合物，利用此种方法可合成结构松散的多孔材料。绝热燃烧温度 T_{ad} 是说明自蔓延高温合成反应的最重要参数，它不仅是燃烧反应能否自发进行的依据，还能对燃烧产物状态进行预测，为反应体系的成分设计提供参考依据。该工艺合成反应过程迅速，一般在几秒或几十秒内完成，节省时间；除启动反应需要少量能源外，材料合成靠自身反应放出的热量进行，不需要外部热量的加入，因而能大量节省能源；由于在合成反应过程中，原料中的有害杂质能挥发逸出，所以产品纯度易于提高；实用性大，适于制造各类无机材料，如各类陶瓷、金属间化合物等；设备和工艺相对简单，投资小；燃烧反应过程中产生高的温度梯度和冷却速度，能够生成新的非平衡相。李靓等将 SHS 与发泡技术相结合发明出自蔓延高温合成喷射技术，利用此技术已成功制备出毫米和微米级孔结构且孔隙率达 65%的 $A1_2O_3$ - TiB_2 多孔陶瓷。张林等以镍粉和钛粉为原料，在 100～200 MPa 压力下，用质量分数为 40%的镍和 50～100 m 之间的钛粉通过自蔓延高温合成技术制备出空隙均匀且相互连通的螺旋层状结构的 NiTi 多孔形状记忆合金。

2.8 模板法

模板法是将合成原料注入模板的表面或者内部孔道，再经由液体溶解、加热分解等途径将模板卸掉，最终获得多孔结构的方法。目前模板材料一般是多孔碳、无机非金属氧化物等，按照实际操作当中所用的模板不同，可分为软模板法和硬模板法。

2.8.1 软模板法

软模板法是在溶液中添加表面活性剂作为模板的制备方法。表面活性剂具有以下优点：一是与液滴的表面紧密连接，二是保持系统的稳定，三是作为模板剂形成孔结构。反应后所产生的颗粒会被油滴或水滴所包裹，使颗粒在体系里能够均匀分布，得到多孔胶体颗粒。此方法是在 20 世纪 80 年代由美国提出，之后英国 Andrew I. Cooper 小组对软模板法进行进一步的研究，制备出了包括二氧化硅、氧化铝等在内的高比表面多孔陶瓷材料。

郜晓曦等以非离子表面三嵌段表面活性剂 P123(EO20PO70EO20)为模板剂，以氧氯化锆和硝酸铈为原料，制备出了高比表面的二氧化铈-二氧化锆材料，其比表面积达到 150.32 m^2/g。投入大量的表面活性剂以降低烧结温度，产生的杂质对环境影响较大。通过晶化温度和陈化时间对产物比表面积的影响可以看出，随着晶化温度的升高，样品的比表面积开始减少。经过分析发现，尿素(熔点 132.7 ℃)作为沉淀剂在高温下易分解，反应生成缩二脲、缩三脲等，加快沉淀的生成；另一个因素是 P123 的溶解度会随着温度的升高而降低，不利于起到活性剂的作用。同一晶化反应温度下，若适当延长陈化时间，尿素水解就更加充分，也利于表面活性剂完全发挥作用；但是陈化时间过长会使铈锆氧化物粒子再生长，使晶粒尺寸较大不利于比表面积的增加。该二氧化铈-二氧化锆材料在固体催化、光催化、择形分离、微电磁装置、光致变色、电容、信息存储等领域有着广泛的应用。

2.8.2 硬模板法

软模板法由于实验过程非常复杂，实验条件要求较为严格，并且表面活性剂不易被自然净化，同时为了避免模板剂残留在反应环境中，硬模板法被用来制备多孔陶瓷材料。硬模板法也称固态模板法，是多孔陶瓷材料制备中经常用到的一种方法，硬模板法需要在制作生坯过程中加入固态造孔剂，通过热解除去原有造孔剂，并保留孔隙，最终得到多孔陶瓷材料。工业生产中常用的造孔剂包括淀粉、石蜡、石墨等。固态模板法最大的优势是工艺简单，而且孔隙率可以达到40%～85%。在制备过程中，固态造孔剂的尺寸、加入量、形状和分布都决定多孔材料的孔径、孔隙率、孔形貌、孔分布和连通状态。

高朋召等利用柠檬酸以及金属硝酸盐为原料，脱脂棉为模板，采用硬模板法制备四氧二铁酸钴($CoFe_2O_4$)高比表面材料，分析了添加模板和热处理对四氧二铁酸钴的比表面积的影响。研究发现，未添加模板的四氧二铁酸钴颗粒出现团聚堆积现象，而加入模板后得到的纳米颗粒呈球形或椭圆形，颗粒与颗粒之间呈线形方式连接，团聚现象逐渐消失。这是因为添加模板之后，颗粒间有顺序地相互拼接不发生干扰，使团聚现象不易出现。未添加模板和添加模板的材料颗粒尺寸均随着热处理温度的升高而逐渐增加，比表面积逐渐减小。另外还发现，添加模板后的晶粒尺寸和比表面积比未添加模板的要高，主要原因是模板的连接和隔绝效应，原料被模板吸收后经过煅烧除去模板；而晶粒却按照原模板的结构而形成。这样一方面加强了晶粒与晶粒间的接触从而增大晶粒尺寸；另一方面，晶粒不再堆积长大，而使比表面积增大。该四氧二铁酸钴颗粒具有较高的电阻率、良好的催化活性、较大的磁致伸缩系数等优异性能，在高密度磁存储、光磁性、磁流体、磁电复合材料、催化剂等方面具有广阔的应用前景。

2.9 凝胶注模成型

凝胶注模成型是20世纪90年代美国橡树岭国家重点实验室的Janney和Omatete发明的，它是有机单体在引发剂、交联剂、催化剂等添加剂的作用下发生聚合反应形成网状高分子物质，使坯体具有一定强度。由于此种方法制备的坯体收缩率非常小，接近净尺寸，所以此种方法主要用于形状复杂的精密陶瓷的成型与制备。目前凝胶注模的体系已从非水基发展到水基，使用的有机单体主要有丙烯酰胺、甲基丙烯酰胺、不饱和聚酯树脂、环氧树脂等。由于使用的胶凝体系绝大部分以有机单体为主，而这类物质大多成本较高且存在一定的毒副作用，如使用最多最广泛的丙烯酰胺就具有神经毒副作用，因此在制备过程中为了避免对人体和环境产生负影响而需要对制备流程施以更加严密的设计。

2.10 水热合成法

水热合成法制备多孔材料的产物纯度高、粒度易控制，具有很好的水热稳定性、有序性、孔径分布集中等特点，但通常与其他方法相结合，例如结合模板技术、溶胶-凝胶合成法、微波技术等。如阎蓋、胡小玲等采用S已胺作为模板剂，利用水热法成功制备出纳米微孔晶体。

2.11 沉淀法

沉淀法是在三维网状结构的有机物材料上覆盖制备材料，然后利用高温除去有机物的一种制备方法。这种方法获得的多孔材料孔的连通性好，而且孔隙率高。沉淀法主要包括：电沉淀法、金属沉淀法和直接沉淀法。

高建林等以 $MgCl_2 \cdot 6H_2O$ 作为实验原料，利用直接沉淀法制备出高比表面积的氧化镁，并对沉淀剂、氯化镁溶液浓度、反应温度等对产物粉体的比表面积的影响进行了分析。发现添加碳酸钠为沉淀剂时，氧化镁粉体的比表面积最大(141.8 m^2/g)，而添加碳酸铵-氨水的粉体比表面积最小(24.0 m^2/g)；主要是因为碳酸铵与氨水混合作为沉淀剂时，发生了严重团聚现象；当氯化镁溶液浓度由少增多时，制得的氧化镁粉体的比表面积变化并不呈现线性的规律。可知，当氯化镁的浓度为 0.8～1.0 mol/L 时，氧化镁粉体的比表面积最大，当氯化镁溶液浓度过大或者过小时，生成的中间产物氢氧化镁并不易于控制，从而导致颗粒长大，使得最终产物的比表面积反而减小。另外还发现，当反应温度升高时，氧化镁粉体的比表面积下降。原因是低温下，晶核生成速度大于生长速度，所以晶核较多且晶核半径较小，比表面积较大。利用沉淀法制备的多孔氧化镁是一种细微化的无机材料，其有着不同于本身材料的特殊功能，由于多孔氧化镁是碱性氧化物且具有较强的吸附性，所以在催化领域具有广泛的用途。它既可以充当助剂来调节催化剂的酸碱性，同时可以作为碱性催化剂直接催化某些反应。

游淳毅以 $Na_2SiO_3 \cdot 9H_2O$、硫酸为原料，利用沉淀法合成二氧化硅粉体，其比表面积(841 m^2/g)比一般沉淀法得到的粉体比表面积(300～400 m^2/g)有很大提高。另外，当溶液 pH 值为 9～10 时，由于体系已经开始沉淀，导致硅酸单体团聚成胶状颗粒，而颗粒与颗粒之间又连成网状团簇，形成大孔径且比表面积较小的二氧化硅。当 pH 值为 5 时，团聚现象不明显，而硅酸单体在此条件下发生慢缩反应，形成 Si—O 键，最终得到分枝网络结构，就会得到孔径小，比表面积较大的二氧化硅。

2.12　化学腐蚀法

化学腐蚀法是利用酸、碱(或其他)溶液与材料中的活性物质发生化学反应，使材料中部分物质失去而自然形成多孔材料。乔庆东、李琪等在浓度为 0.36 mol/L 的 HCl 溶液中，利用化学腐蚀法成功合成了颗粒直径在 0.05～0.10 μm 之间的超微粒介孔分子筛，该分子筛对苯己烯氧化有很好的催化作用，能大大提高苯乙烯的转化率。谢国荣、席珍强等采用 HF/HNO_3 混合溶液，利用化学腐蚀法成功在挂片上制备了孔径分布在 30～80 nm 之间的多孔硅太阳能电池减反射膜。

2.13　造孔剂工艺

在多孔材料配料过程中加入一定量的造孔剂，由于造孔剂在多孔材料坯体中占有一定的空间，通过烧成工艺，造孔剂受热挥发从而制成多孔材料，多孔材料气孔的形状和大小取决于造孔剂颗粒的形状和大小。造孔剂按材质可分为有机型造孔剂和无机型造孔剂，无机造孔剂主要包括：煤粉、碳粉以及碳酸氢铵、氯化铵等；有机造孔剂主要包括有机酸、高分子聚合物、天然纤维等，多孔材料的成型方法与制备普通陶瓷的成型方法类似。利用造孔剂工艺可以制备出形状复杂及各种气孔结构的多孔制品，但其缺点则是气孔分布性差、气孔率低。

2.14　其他方法

此外，范晓丹、徐延献等利用电泳沉积法，制备了平均孔径为 4.6 nm 的微孔膜。穆柏春、于景媛等用自蔓延高温合成法(SHS 法)，制备了 Ti－Al 基微孔过滤材料。张旭、同卫东等用原子转移自由基聚合方法，制备了孔径为 350 nm 的聚苯乙烯大孔材料。张巧、温鹏宇等使用两种阳离子表面活性剂存在的弱碱反应体系中加入乙醇胺进行分子调变的方法，制备了具有较高稳定性和酸性的基介孔材料。多孔材料因比表面积大、重量轻、渗透性好、隔音隔热效果良好、具有独特的光电性能而广泛得到运用。近年来，随着各种新技术的发展、制备方法的完善，多孔材料的制备已经取得很大的进展，基本能实现对孔径大小、孔径分布、壁厚、孔隙度、比表面积的有效控制。但是，如何控制多孔材料的结构特征，制备更大尺寸的有序介孔材料，合成孔隙度为埃米级的微孔材料，复杂的孔道分子筛的合成，还需进行重点研究。

第 3 章　多孔材料气孔的形成过程

从过程控制角度来看，多孔材料内部的气固界面形成包括气泡成核、长大、聚并和稳定 4 个过程。

3.1　气泡形核

多孔材料气固界面形成过程中，首先在熔体内部发生气泡的形核，即在热力学不稳定驱动下，通过反应生成的气体分子通过聚集在熔体内部生成的气相过程。随着体系内反应生成的气体分子数目增多，导致体系处于过饱和状态，而熔体中大量气泡的生成使得体系达到低能量的状态，在整个气固界面生成的过程中，气泡形核至关重要。气泡形核的数量和分布影响着最终气固界面的分布和形态，尤其是最小气孔的尺寸，并最终影响到多孔材料的体积密度、孔隙率以及其他物理性质。因此，清楚地理解熔体内气泡的形核过程有助于获得上述问题的答案，并进而找到调控孔径的关键因素，实现对多孔材料气固结构的有效控制，从而获得满足不同性能和应用的多孔材料。

Gibbs 建立了经典形核理论，该理论被广泛应用于形核问题的阐述，如金属固态相变、气态中液滴的形成等。熔体发泡过程中的气泡形成问题同样可以采用经典形核理论进行描述。对于熔体内部的气泡形核过程的热力学分析，根据 Gibbs 经典形核理论从气泡形核所需的能量条件入手，当半径为 R 的气泡在熔体内均相成核时自由能变化为 $\Delta G=-4\pi R^2\sigma_{LG}-\frac{4}{3}\pi R^2 P_b$，由 $\frac{\mathrm{d}\Delta G}{\Delta R}=0$，$P_b=P_{at}+P_s+P_c+\rho_L gh+\frac{2\sigma_{LG}}{R}$ 计算得到气泡均相成核临界半径 R_{c1}，即 $R_{c1}=\frac{\frac{2}{3}\sigma_{LG}}{P_{at}+\rho_L gh}$；对于半径为 R 的球冠形气泡在固体夹杂物的表面上非均相成核，则有 $\sigma_{LG}=\sigma_{SG}+\sigma_{LG}\cos\theta$，体系自由能变化为 $\Delta G=\left[-4\pi R^2\sigma_{LG}-\frac{4}{3}\pi R_2 P_b\right]f_{(\theta)}$，其中 $f_{(\theta)}=\frac{2-3\cos\theta+\cos\theta^3}{4}$，由 $\frac{\mathrm{d}\Delta G}{\Delta R}=0$ 计算得到气泡非均相成核临界半径 R_{c2}，即 $R_{c2}=\frac{\frac{2}{3}\sigma_{LG}}{P_{at}+\rho_L gh}$。其中，固-液、固-气和液-气界面能分别为 σ_{SL}，σ_{SG} 和 σ_{LG}；界面接触角 θ；气泡内部气体压力 P_b；熔体上方气体压力 P_{at}；气泡处熔体静压力 $P_s=\rho_L gh$，其中 ρ_L 为熔体密度，$g=9.8\ \mathrm{m/s^2}$ 为重力加速度；h 为气泡在熔体中的深度。

界面上非均相成核气泡的体积为 $V_{c2}=\frac{4}{3}\pi R_{c2}^3 f_{(\theta)}$，熔体中均相成核气泡体积为 $V_{c1}=\frac{4}{3}\pi R_{c1}^3 f_{(\theta)}$，虽然 $R_{c2}=R_{c1}$，但 $V_{c2}=V_{c1}f_{(\theta)}$，对于 $90°<\theta<180°$ 有 $0.5<f_{(\theta)}<1$，即 V_{c1} 是 V_{c2} 的 1～2 倍。因此，气泡在界面上的非均相成核比在熔体中均相成核更有效。

许多研究也表明，气泡形核是以熔体中的高熔点夹杂物为核心形成的，例如 Fredriksson 等发现，在不锈钢铸件中加入大量的氧化铝粉末后就看不到长条形气孔，而在每个气孔的根部都会有一个或多个氧化物颗粒存在。Kato 在溶氢的纯铜液定向凝固所得试样中也观察到在气孔的底部存在 Al 和 Si 的氧化物。Tiwar 等利用第一起泡测氢法和立体扫描法证实，铝合金中的气孔总是与氧化铝夹杂物伴生存在，而这些氧化铝颗粒的表面总有一些半径 5～40 μm 的孔洞或裂缝。文献的研究也表明气孔率与氧化物夹杂数量有一定的对应关系，熔体经过过滤处理后制得样品的气孔率显著降低。在常用的 Al、Mg、Cu、Ni 和 Fe 等金属熔体中，Al_2O_3、SiO_2 以及 MgO 等高熔点氧化物的存在总是不可避免的，而这些氧化物一般都是不润湿或部分润湿，气泡在其表面形核阻力会降低，气泡易在氧化物夹杂表面及其缝隙中异质形核。为此，以 Al_2O_3 夹杂物为例，引入界面接触角 H，分为平面上异质形核和圆锥形凹坑内异质形核 2 种典型情况进行了系统地分析。

3.2 气泡长大与聚并

气泡成核之后，由于发应生成的气体持续增加，气体分子持续从熔体内扩散进入气泡核，使其膨胀扩大。在熔体发泡过程中，气泡的长大行为直接影响着最终的气孔大小及其分布。气泡核生成之后，若气泡继续长大则需要气泡内的压力大于气泡外的压力，即：

$$P_{内}\geqslant P_1+P_2+\frac{2\sigma}{r}$$

其中：$P_{内}$ 为气泡内的压强(kPa)；P_1 为气泡上方熔体产生的压强(kPa)；P_2 为熔体外部的大气压强(kPa)；σ 为熔体的表面张力(N/cm)；r 为气泡半径(cm)；$P_1=0.1\rho gh$，ρ 为熔体密度(kg/cm³)，h 为气泡上方熔体的高度(cm)。

随着发泡过程的进行，溶体内部开成的气泡使气-液界面增加而使体系表面体内两个气泡聚并，假设两个气泡的质量能增加，在温度不变的情况下，对于熔体的气泡质量和直径分别为 m_1、m_2 和 r_1、r_2，聚并后的气泡质量和直径分别为 m 和 r，则由质量守恒可得以下关系：

$$m=m_1+m_2=\rho\left(\frac{4\pi r_1^3}{3}+\frac{4\pi r_2^3}{3}\right)=\rho\times\frac{4\pi r^3}{3}$$

从而可得 $r^3=r_1^3+r_2^3$，又 $r_1<r$，$r_2<r$ 得：

$$r^2=\frac{r^3}{r}=\frac{(r_1^3+r_2^3)}{r}=\frac{r_1^3}{r}+\frac{r_2^3}{r}<r_1^2+r_2^2$$

由 $G=A$，即通过体积自由能的变化得到气泡合并过程中吉布斯自由能变化为：$\Delta G=4\pi\sigma(r^2-r_1^2-r_2^2)<0$，由此可知，在温度不变时，气泡的聚并是自发进行的过程，使得体系由不稳定状态趋于稳定状态。同时在气泡长大过程中，由于相邻气孔压力不同导致孔壁弯曲，气孔间液膜“薄化”导致相邻气泡合并亦会引起聚并。聚并的产生使得球状闭合气孔转变为体积不均匀的多面体气孔，导致熔体内气孔结构不均匀。

3.3 气泡稳定

由于气泡的表面存在气体浓度梯度，导致气体分子不断向气泡内扩散而致使气泡膨胀，而随着发泡反应的完成，熔体内气泡的膨胀并不会持续进行下去，在气泡的长大后期，气泡会发生合并破裂现象，就系统的稳定性而言，气泡少而大的体系更加稳定，因为小气泡内的气体浓度大于大气泡内的气体浓度，两者间的浓度梯度使得小气泡内的气体分压向大气泡内扩散，于是小气泡越来越小直至消失，而大气泡不断变大。另一方面当相邻两个气泡同时长大时，如果两者间的气泡壁太薄而难以支撑气泡长大的应力，气泡就会合并。气泡的稳定性主要取决于气泡在熔体中所处的条件，然而并没有统一的判据来确定气泡的稳定性。Leung 等利用临界形核半径研究气泡稳定问题，Leung 认为气泡长大过程中，临界形核半径是变化的，当气泡半径小于临界形核半径时，气泡趋于破裂；当气泡半径大于临界形核半径时，气泡能稳定长大。Li 等利用气泡稳定长大所需满足的热力学稳定条件来判断气泡长大过程的稳定性。

气泡的破裂合并会严重影响制品的泡孔形态，从而导致发泡产品质量下降，为防止气泡破裂合并，一方面可以提高熔体的黏度，提高熔体的表面张力，使熔体强度足够支撑气泡的膨胀；另一方面，要控制气泡的长大速度，避免气泡膨胀过快使得气泡壁破裂。在发泡产品固化过程中，体系温度下降会导致气泡长大速度下降，同时熔体强度也会升高。因此，合理地选择固化时机和固化速度可有效控制气泡的破裂合并，有助于优化制品的泡孔结构。

第4章　多孔材料的研究现状与展望

多孔材料在能源与环境等诸多领域具有广泛和重要的应用，多孔材料的研究和应用目前还存在许多问题有待解决：

(1)目前多以菱形十二面体和十四面体作为表述多孔材料微观气孔结构模型，但该模型在描述多孔材料的热导率等方面还存在不足，有待于选择适当的参数来改进模型的结构，提高模型的模拟计算精度等。

(2)制备技术对多孔材料的限制，如采用添加造孔剂工艺气孔分布均匀性较差，有机泡沫工艺无法得到小气孔尺寸的制品等。

(3)气孔率与强度之间的协调性较差，由于多孔材料内部的多孔结构，以及硅酸盐陶瓷等材质影响，造成多孔材料脆性较高而力学性能较低。

(4)缺乏完整材料的大规模生产系统。

(5)缺乏对材料的孔径大小、形状分布等精确控制的方法。

(6)缺乏连续生产工艺。

(7)材料间的连接技术不足。

(8)多孔泡沫制备中溶剂提取法的简化。

(9)合成催化剂的活性和尺寸选择性。

(10)降低生产成本等。

针对多孔材料气孔率与强度协调性较差等问题，在制备过程中通过促进某些晶体的析出和长大，如β-硅灰石等，可以显著提高多孔材料的力学性能。在利用发泡法制备闭合型多孔材料过程中，针对气孔的孔径大小及其形状分布控制等问题，多仅限于通过调节工艺参数等。因而通过分析微观层面多孔材料气孔的生成、长大以及聚并等过程来控制气孔的孔径和形状具有重要意义。

第5章　煤泥合成多孔材料

5.1　制备活性炭

煤炭作为一种主要的化石燃料，对中国和印度等发展中国家的能源结构作出了重大贡献。2020年，全球煤炭产量增加了1.5%，中国和印度尼西亚的煤炭产量增加最多，而美国和德国的煤炭产量减少最多。工业生产中使用的大部分煤炭是通过洗选原煤生产的。煤泥是生产和洗选过程中的副产品，煤泥主要由煤、煤矸石和黏土与水混合组成，是一种由煤粉含水形成的半固体物质，它是一种具有高浓度和高黏度的黏稠物质，属于典型的非牛顿流体。煤泥含有一定量的可燃性物质，为通过热解、气化和燃烧等热处理技术进行能源回收提供了前景。由于煤泥的巨大储量及其特有的细小颗粒、低热值、高灰分和高水分含量，大多数煤泥被丢弃或低价出售，造成环境污染，浪费了宝贵的资源。直接丢弃煤泥可能会造成严重的环境污染，因为煤泥中的有害有毒可溶性成分会被雨水冲走，使地表水和地下水和河流受到重金属离子和潜在的有毒物质的污染；而干煤泥中的细小颗粒可能会飞入大气。相比于煤矸石，煤泥的关注度不是很高，但是煤泥危害性却远远高于前者。每年产生数十亿吨的煤泥，根据《煤炭工业发展“十三五”规划》数据显示，目前中国煤泥累计存放量达到了1.9亿t，其中西部地区堆放量最多，达到了9120万t。宁夏地区是全国产煤重要基地之一，当然也是煤泥重要堆积区。目前宁夏地区对于煤泥的利用仅仅停留在初步利用上，对于煤泥涉及的重金属危害、干燥后容易自燃等现象并未做过多关注。煤泥中含有的铅、镉、汞、砷、铬等重金属元素含量远远超过煤矸石，这些重金属元素进入地下水系统，不管是对周边环境还是对人类，都具有极大的危害。《宁夏回族自治区水资源管理条例》明确规定保障地下水饮用水水源环境安全。因而有必要针对煤泥开展一系列科学研究，杜绝其对环境的危害，达到环境保护的目的。洗煤是提高煤的质量和利用效率的一个重要步骤。然而，在洗煤过程中不可避免地会产生大量的煤泥，约占原煤的10%。伴随着洗煤率大大增加，煤泥的产量激增。在中国，每年有将近2亿t的废弃煤泥。典型的洗煤厂的原料包括各种原料和废料，如煤泥和尾矿、煤岩、精煤和低阶煤。煤泥、煤矸石、滤饼和它们的混合物通常被称为煤炭加工废物。这些成分含有大量的灰分(50～60 wt%)和水分(20～30 wt%)，煤炭废料和低阶煤由于水和矿物颗粒含量高，与洁净煤相比，被认为是一种高渣燃料。平均来说，有60%～70%的煤(90%～95%的焦煤)被处理。不幸的是，目前煤炭废料的回收技术的特点是性能低，不能提供足够的处理水平。各种类型的煤炭废料主要被用于公路建设、土地复垦和提取有价值的稀有元素。

事实上，这些方法并没有利用煤炭废料的碳潜力。此外，根据 Li 等人的研究，煤炭工业的副产品产量非常高，使用上述方法很难补偿未被回收的废物量，从煤炭废料中获得副产品的低效率是以高经济支出为条件的。煤泥和褐煤是可以大量使用的能源，但它们在许多特性上不如烟煤。然而，由于煤泥的高水分、高灰分和低热值，煤泥的广泛使用受到限制。此外，它大多被弃置在工厂附近，导致了严重的环境问题，如资源浪费，水、土壤和空气污染。在这些处理技术中，燃烧是最广泛使用的方法，因为它是一个成熟的过程，需要的能源消耗低，并且产生的体积明显减小。然而，由于煤泥的热值低、灰分和硫/氮含量高，单一燃烧是不合适的，因为它产生热量的效率低，污染物排放高。宁东地区是宁夏回族自治区政府最大的煤泥堆积区域，大量煤泥堆积对环境造成极大危害，因而对宁东地区煤泥综合利用研究比较迫切。目前在煤泥利用方面以制型煤、配煤、燃烧发电、制水煤气、井下充填、制水泥、制砖、制腐殖酸等领域为主，逐步扩展到制分子筛、制絮凝剂、制颗粒活性炭等领域，其中燃烧发电中应用最多。煤泥热值因煤的种类而异，按照热值高低来划分。煤泥有低灰高热值和高灰低热值煤泥 2 种。高热值煤泥可以直接用来燃烧发电，也可以干燥脱水进一步制作型煤，用作锅炉燃料。低热值煤泥的主要用途为工业填料以及建筑掺合料等，但煤泥用制砖、制水泥或填料时附加值较低，并不能给社会带来较大的经济效益，而提高煤泥的资源利用率有赖于从这种固体废弃物中开发出高附加值的产品，这是当前可持续发展战略的一个重要步骤。

生物质型煤是具有较高机械强度、良好热稳定性和灰熔融性的制品，活性炭同样具有较高强度，二者都能高效进行工业使用或运输，满足生产需求，利用煤泥制备型煤、活性炭实现了对工业废渣的综合利用，具有较好的经济效益。煤泥种类、添加剂含量以及成型压力都会对生物质型煤性能产生影响。潘兰英等人采用煤泥和秸秆作为原料，通过优化配方和工艺，制备了具有较高机械强度的生物质型煤。李国斌以煤泥为原料制备活性炭，研究了制备工艺对性能的影响，获得了最佳工艺条件下采用煤泥作为原料制备颗粒活性炭的成果。

随着煤炭洗选工艺的迅速发展，我国每年排放的煤泥量在逐渐增加。据统计，1994 年排放的煤泥量已超过 10 Mt。目前，许多选煤厂对煤泥的处理缺乏切实有效的措施，因此对周围的环境造成了严重污染，有的甚至在一定程度上制约了选煤厂的正常生产。为了寻找煤泥的有效利用途径，我们进行了利用煤泥制备颗粒活性炭的研究。

5.1.1 实验方法

煤泥经干燥、过筛、预处理，黏结剂(焦油、沥青)经过加热，按一定的配比将黏结剂与煤泥捏合，使之均匀，然后放在成型机上挤压成直径为 3 mm 的柱状物，自然干燥后，放入干燥箱中在 105 ℃下干燥 2 h，冷却后截成 2 cm 长的小段，放入回转炉中炭化，炭化料过筛后进行活化，活化剂为水蒸气。

5.1.2 产品性能检测

煤泥活性炭性能的检测以国标为依据：强度的测定根据GB7702.6—2008；碘吸附值的测定根据GB/T7702.7—1997；比表面积测定采用色谱法。

5.1.3 影响煤泥颗粒活性炭质量的主要因素

1. 炭化升温速度

炭化时的升温速度对活性炭的性能有直接影响。在炭化过程中，随温度的上升，煤开始分解，挥发性气体逐渐逸出；升温速度太快，挥发分在短时间内大量逸出，活性炭表面产生裂纹，强度下降，同时在活性炭内部产生许多粗孔；升温速度较慢，则活性炭的微孔相对比较发达，强度和比表面积呈上升的趋势。

2. 炭化温度

炭化温度对煤泥活性炭的吸附性能影响不大，但对活性炭的强度影响较大。煤泥在炭化过程中，当温度达到350 ℃时，开始有焦油生成，随炭化温度的继续升高，煤泥失去挥发分变成无定型炭，接着生成微晶，变成具有一定孔隙结构的物质。由于煤泥的着火点约为550 ℃，所以，当炭化温度过高就会使煤泥大量烧失。从实验数据可知，炭化温度大于600 ℃时，强度明显下降。因此，炭化温度在550 ℃以下比较合适。

3. 活化工艺

活化工艺是活性炭制造过程中至关重要的环节。气体活化剂在高温下与炭的内外表面进行氧化反应，使炭化过程中形成的初步孔隙得到扩展，原有闭塞的孔隙打开，孔隙不断加大，某些结构经选择性活化而生成新孔，最终形成发达的孔隙结构。

4. 烧失率对活性炭性能的影响

活化是通过对炭化物料内表面积的烧蚀形成发达的孔隙结构。因此活化过程中，烧失率的大小对活性炭的吸附特性有很大影响。烧失率对吸碘值、比表面积有很大影响，并且烧失率在50%～57%这个区域时活性炭的吸碘值、比表面积均有最佳值。

5. 活化条件的影响

活化条件主要是活化温度、活化时间。炭与水蒸气的反应是吸热反应，无论是化学平衡还是从反应速度的角度来分析，高温有利于活化反应的进行。在实验中没有发现高温下的活化效果不如低温活化的情况。但是在实际操作过程中，温度太高，能耗大，对炉体材料要求较高，还容易造成活化不均匀、煤灰结渣的现象；温度过低，活化速度慢，耗时长，产率低。

5.2 制备分子筛

4A型分子筛是一种硅铝酸盐，一般认为其化学组成是 $Na_2O \cdot Al_2O_3 \cdot 2SiO_2 \cdot 9/$

$2H_2O$，其骨架结构特殊、孔隙结构发达。4A分子筛的吸附性能、催化性能和离子交换性能相对比较优良，用途广泛，常被用作吸附材料、催化材料及离子交换材料。按照合成4A分子筛所使用原料物质的不同，水热合成4A分子筛的方法可分为化学合成法和天然矿物合成法。化工原料合成法工艺相对成熟，但对原料的各项性能要求较苛刻，且价格昂贵，生产成本较高，这些劣势影响分子筛的推广与应用。天然沸石、膨润土、油页岩、高岭土、煤矸石和粉煤灰等常被用来当作合成4A分子筛的最佳天然矿物原料，这些天然矿物来源广泛、价格低廉，制备分子筛的成本较低，性价比高，且能大大提高这些矿物质的附加值。我国的煤炭储量非常丰富，煤炭的开采和使用量也位于世界前列。由于煤炭清洁高效利用的要求，我国煤炭入选率和入选量逐年提高，产生的煤泥量也逐年增大，大量煤泥占用矿区及周围土地，对空气、水资源、土壤等环境构成污染。煤泥传统的主要利用方式是电厂发电、制备型煤、配制水煤浆、井下填充、制水泥、造砖等，这些利用方式相对较粗放，经济价值较低。SiO_2、Al_2O_3、Fe_2O_3、MgO和CaO是黄陵煤泥灰的主要化学成分，其中SiO_2和Al_2O_3的含量达60%以上，其可以向4A分子筛的制备提供丰富的硅源和铝源，节约合成成本。司玉成和吴涛将煤泥首先经过高温煅烧活化、酸浸除铁，即得到预处理后的活性滤渣，然后通过水热合成的方法制备4A型分子筛产品。通过单因素实验优化了反应工艺条件，重点考察了nNa$_2$O/nSiO$_2$比、老化时间、晶化温度和晶化时间等因素对样品Ca^{2+}交换量的影响。

5.2.1 实验方法

1. 样品制备

碱熔渣制备：将煤泥研磨至0.074 mm，放入马弗炉中，在800 ℃下煅烧2.5 h。再取10 g煤泥灰于三口烧瓶中，加入17%的盐酸100 mL，于100 ℃的恒温条件下进行酸浸反应4.5 h，抽滤得滤渣，干燥，分析得滤渣中SiO_2含量达到60.06%。

2. 分子筛制备

将5 g预处理后的活性滤渣与NaOH按质量比1∶1混合均匀，转移至银坩埚内，在温度为400 ℃下碱熔2 h，制得浅绿色熔渣，冷却后备用。将碱熔渣置于三口烧瓶内，并加适量水充分溶解，向溶液中添加7.31 g $NaAlO_2$，调整硅铝比为1∶1，补充适量水调得$n(H_2O/Na_2O)$为45，加NaOH溶液调得$n(Na_2O/SiO_2)$在1.1～1.9范围内，在60 ℃下老化4～12 h后提高晶化温度80～100 ℃，晶化2～10h，经洗涤，105 ℃下干燥12 h得白色粉末状4A分子筛。

5.2.2 性能测试

采用国家轻工业行业标准QB/T1768—2003对4A分子筛的Ca^{2+}交换量、饱和静态水吸附量和灼烧失重进行测定；采用GB/T13176.1对4A分子筛的白度进行测定；采用GB/T6368对4A分子筛的pH值进行测定。

5.2.3 样品表征

样品表征采用X-射线衍射法，X-射线衍射仪为日本岛津株式会社的D/max-2700X。测试条件：Cu靶，Kα射线(λ=0.154060 nm)。管电压为40 kV，管电流为30 mA，扫描范围为3°～50°，扫描速度为6°/min。

样品形貌采用JSM-6390A型的扫描电子显微镜进行观察。

5.2.4 合成分子筛影响因素

1. $n(Na_2O/SiO_2)$对Ca^{2+}交换量的影响

为了考察不同钠硅比对Ca^{2+}交换量的影响，固定硅铝比为1∶1，水钠比为45恒定，保持老化时间为8 h，晶化温度为85 ℃，晶化时间为4 h，通过添加不同NaOH，调整$n(Na_2O/SiO_2)$分别为1.1、1.3、1.5、1.7和1.9，按制备工艺流程进行试验。随着钠硅比的增大，Ca^{2+}交换量逐步提高，当$n(Na_2O/SiO_2)$为1.3时，Ca^{2+}交换量达到最大值281.26 mg/g。继续提高钠硅比时，Ca^{2+}交换量则逐步降低。这种变化趋势与反应体系中碱的含量有关。当反应体系中NaOH含量较低时，原料中活性硅、铝组分溶出率较低，生成的硅铝酸盐分子筛有限，此时Ca^{2+}交换量也降低。随着NaOH含量的增加，反应体系中溶解的SiO_3^{2-}和AlO_2^-的浓度增大，晶核的生长速率加快，这对过渡态4A分子筛的生成是有益的。当NaOH含量过多时，过渡态物相会发生溶解，且会生成结构相对较稳定的杂质晶体方钠石，导致Ca^{2+}交换量逐渐降低。因此，确定$n(Na_2O/SiO_2)$为1.3。

2. 老化时间对Ca^{2+}交换量的影响

为了考察不同老化时间对Ca^{2+}交换量的影响，固定硅铝比为1∶1，水钠比为45不变，保持$n(Na_2O/SiO_2)$=1.3，晶化温度为85 ℃，晶化时间为4 h，调整老化时间分别为4 h、6 h、8 h、10 h和12 h，按制备工艺流程进行试验。低温老化的作用是将碱熔生成的硅铝酸盐及偏高岭石形成硅铝凝胶，进而生成晶核。随着老化时间的延长，Ca^{2+}交换量也随之增加，当老化时间为8 h时，Ca^{2+}交换量达到281.25mg/g，老化时间继续延长，Ca^{2+}交换量逐步降低。这主要是由于老化时间较短时，体系不能生成足够的硅酸盐离子和铝酸盐离子，进而形成稳定的硅铝凝胶，晶化过程无法获得充足的原料，生成的4A沸石结晶度较低，Ca^{2+}交换量较低；随着老化时间延长，硅铝酸盐离子增多，会抑制铝的溶出，导致硅铝摩尔比增大，进而生成Na-X沸石等杂晶，故确定最佳老化时间为8 h。

3. 晶化温度对Ca^{2+}交换量的影响

为了考察不同晶化温度对Ca^{2+}交换量的影响，固定硅铝比为1∶1，水钠比为45不变，保持$n(Na_2O/SiO_2)$=1.3，老化时间为8 h，晶化时间为4 h，调整晶化温度分别为80 ℃、85 ℃、90 ℃、95 ℃和100 ℃，按制备工艺流程进行试验。Ca^{2+}交换量随着晶化温度的升高而增加，继续提高晶化温度，Ca^{2+}交换量逐步降低。结晶过程中，晶化温度和晶化时间会对晶体的生长速度及晶体的结构产生重要影响。当晶化温度较低时，反应体系中固相组分溶解不完全，进而使结晶的时间延长，对晶体的生长不利。相反，当结晶温度过高时，晶体之间容易结块，容易出现孪生现象，晶体颗粒也会变大，此时Ca^{2+}交换量也会逐步降低，甚至会生成其他杂质晶体，如方钠石。故确定最佳的晶化温度为85 ℃。

4. 晶化时间对Ca^{2+}交换量的影响

为了考察不同晶化时间对Ca^{2+}交换量的影响，固定硅铝比为1∶1，水钠比为45不变，保持$n(Na_2O/SiO_2)=1.3$，老化时间为8 h，晶化温度为85 ℃，调整晶化时间分别为2 h、4 h、6 h、8 h和10 h，按制备工艺流程进行试验。Ca^{2+}交换量随着晶化时间的延长而增加，在晶化时间为6 h时，Ca^{2+}交换量最高，达到293.53 mg/g。继续延长晶化时间，Ca^{2+}交换量逐步降低。晶化时间的长短会影响分子筛晶型的好坏。晶化时间较短时，晶体发育不完全，晶型不完整，Ca^{2+}交换量较低。延长晶化时间，完整的晶体会生成，晶体发育良好，Ca^{2+}交换量也增大。当晶化时间过长，4A分子筛晶体规则的立方体结构发生变化，棱角逐渐消失，呈现出各种不规则形状，甚至会有其他杂质晶体出现，如方钠石晶体。故最佳晶化时间为6 h。

5.3 制备陶瓷

定向多孔SiC陶瓷以其特殊的结构定向分布特征具有优异的性能，如光电性能、高过滤效率、高催化性能等，因而在装甲材料、生物医学材料、过滤材料等领域得到广泛应用。定向结构的制备方法很多，如冷冻干燥法、挤出成型工艺和模板法等。刘光亮和白建光等人分别以SiO_2、Si_3N_4和Fe_2O_3作为高温造孔剂，制备了具有径向均孔结构和轴向定向结构的定向SiC多孔陶瓷。一方面这类制备方法借助了烧结时坩埚内部特殊的温场定向分布，实际中很难在重烧结温度对大型设备进行温场分布设计；另一方面试样底部较高的温度导致样品底部大量SiC分解，形成石墨化，而且石墨化与重烧结SiC颗粒难以分离，同时烧结助剂的采用导致了烧结时产生大量的挥发性气体，对设备侵蚀严重，所以这类定向结构在实际生产中难以得到大规模应用。因而寻求一类加入后既可以提供SiC挥发性物质，又可以阻碍Si蒸汽大规模长程传输，同时又可以将多余多孔碳消耗的添加剂成为一个值得研究的问题。

以煤泥作为添加剂，利用煤泥碳热还原反应产生的SiC颗粒、高温裂解形成的多孔碳以及刚玉相制备定向多孔SiC陶瓷，研究了烧结温度、保温时间和煤泥添加量对制品不同径向强度、孔筋密度、气孔尺寸和气孔率等的影响。

5.3.1 实验过程

煤泥样品从灵武地区梅花井煤矿选取，主要化学成分是55.88% SiO_2、23.57%

Al_2O_3、6.14% Fe_2O_3 和 2.58% K_2O，含碳量为 21.49%，有机质含量为 49.35%，烧失量为 52.58 %。SiC 粉体采用中国枣庄力源 SiC 有限公司产品（α－SiC，平均粒径 14 μm，纯度 95.5%）煤泥，同相应比例 SiC 粉体采用湿式球磨法与玛瑙球混合 24 h。在烘箱中在 100 ℃下干燥 24 h 后，采用半干压法将混合料压制成尺寸为 Φ30 mm×10 mm 的圆柱体，压力为 10 t。坯体在烘箱中 120 ℃下干燥 4 h 后，随后升温至 1950 ℃，2000 ℃，2050 ℃，2100 ℃，2150 ℃，2200 ℃，在 0.04 MPaAr 气氛下保温不同时间，高温烧结设备为中频真空感应炉（ZGRS－160/2.55 型，锦州电炉有限公司），采用随炉冷却方式。

烧失率由烧结后重量损失来进行计算表征，气孔率、气孔尺寸和孔筋密度采用水银孔隙率计（Auto Pore IV 系列，美国）进行测量。强度采用型号为 WDT－10 的强度测试仪器进行测量和计算。物相分析采用日本理学 D/max 2200PC X 射线衍射仪（Cu Kα 靶）进行测量，化学成分采用 X 射线荧光光谱仪（赛默飞 3600）进行测量，微观形貌采用扫描电镜（S4800）和透射电镜（H600A－Ⅱ）进行观测。

5.3.2 煤泥原料分析

煤泥一般为煤炭类和石英、黏土质矿物混合物，这类混合方式是洗煤过程中形成的，形成一种小粒度煤炭类物质包覆黏土矿物和石英矿物形态，梅花井煤泥主要以石英矿物为主。

煤泥中含有大量含碳成分，这些含碳成分在漫长的地质演变过程中会吸附较多不同成分重金属，采用微量元素分析仪 WJ－9600D 结合 ICP－AES 测试的梅花井煤泥重金属元素种类和含量，主要重金属元素包括 Ti、Mn 和 Zr 等，高温还原性气氛烧结可以促使这些金属元素发生还原反应、碳热还原反应等，一方面有效提高烧结类材料性能，另一方面也可以实现对这些重金属元素的高温固结，杜绝其对环境的危害。

5.3.3 定向多孔 SiC 陶瓷结构表征

添加 30%煤泥样品定向 SiC 多孔陶瓷在 2150 ℃下烧结 2 h 后微观形貌可以看出，制备得到的纯 SiC 多孔陶瓷径向具有典型的均孔结构特征，晶界处存在许多带状结构。X 射线能谱分析表明这些带状结构的主要元素是 Si、Zr、Ti 和 C。SiC 多孔陶瓷轴向具有典型定向结构特征，大量 SiC 晶粒首尾相连形成沿着轴向链状组织，晶界位置同样发现了大量带状组织。

从带状晶间组织透射电镜和电子衍射花样图片中可看出这种带状组织在破碎过程中与 SiC 晶粒相脱离，呈针状形态，推测硬度也远远大于 SiC 晶相，也说明这种晶体相只是依附于晶体界面上，没有参与晶界结构形成，推测应该是形核长大形成。结合元素分析，可以推测这种晶体为 TiC 晶体，锆元素出现也说明了内部存在 ZrC，这也与煤泥重金属元素成分分析一致。金属相的存在可以用以下公式解释：

$$TiO_2(\text{liquid})+2C(\text{solid})\longrightarrow TiC(\text{solid})+CO_2(\text{gas})\uparrow$$

$$ZrO_2(liquid)+2C(solid)\longrightarrow ZrC(solid)+CO_2(gas)\uparrow$$

5.3.4　定向孔形成机制

煤泥随着温度升高依次发生有机质高温裂解形成多孔碳、黏土质矿物分解、石英与裂解形成的多孔碳反应生成 SiC 颗粒等过程，重烧结温度时形成以新生相 SiC 颗粒、多孔碳及残余氧化铝为主的成分体系。碳热还原反应生成的 SiC 晶粒表面能较高、表面积大、易分解和烧结，重烧结温度容易分解形成流动混合气体，沿着轴向进行物质挥发传输，加速流经通道上 SiC 颗粒表面发生溶蚀形成管状气孔；与此同时部分混合气体也发生沉积，并与煤泥高温生成的多孔碳发生反应生成 SiC，导致柱状或纤维组织的形成。

煤泥的加入给予多孔体内部引入了大量未反应多孔碳源，可以有效吸纳混合气体，降低分解产生的混合气体压力、浓度，有利于提高混合气体克服气体扩散流动阻力的能力，促进孔筋致密化，降低了高温混合气体对 SiC 晶体颗粒表面的溶蚀能力，在气孔率一定的情况下进一步提高了制品强度，抑制了梯度多孔的形成。氧化铝来源于煤泥中的黏土矿物，重烧结温度时，氧化铝转变为黏稠氧化铝玻璃液体铺展在多孔碳或 SiC 颗粒表面，促进了反应物质传输，加速了 SiC 及多孔碳与氧化铝间的反应，导致柱状组织表面圆润，消耗了残余多孔碳，也产生更多的混合气体，造成坯体内外部存在压力差，进一步促进了定向流动气体形成和定向气孔的形成。

5.3.5　性能影响因素分析

添加 15%煤泥定向多孔 SiC 陶瓷保温 1 h 性能与烧结温度关系，其中成型压力为 10 t，炉内压力为 0.04 MPa Ar，SiC 原料平均粒度为 14 μm。孔筋密度、烧失率、气孔率、气孔尺寸都随着烧结温度增加而增加，而不同径向强度和强度比例系数随着烧结温度升高呈先增加后减小趋势。孔筋密度的增加在于煤泥引入的大量细小 SiC 晶粒，这些晶粒短程扩散，有效促进了颈部长大，并促进逐渐形成的柱状组织致密化。不同径向抗折强度都呈先增加后减小趋势。当烧结温度低于 2000 ℃时，轴向和径向抗折强度相差不大，说明此时定向结构特征还未初步形成；烧结温度达到 2050 ℃时，强度仍呈增加趋势，说明烧结程度增加，而不同径向抗折强度开始有差异，这种差异随着温度升高呈增加趋势，2100 ℃时差异达到最大值，说明定向结构特征越来越明显；继续升高温度，两向结构差异化的增加必然导致强度迅速下降。不同径向气孔结构差异化同时也预示着大量挥发性气体的流失，烧失量、气孔率和气孔尺寸因而持续增加。

添加 15%煤泥定向多孔 SiC 陶瓷 2100 ℃性能与保温时间关系。保温时间的延长意味着更多混合气体的产生和传输，烧失量进一步增加，混合气体对柱状组织腐蚀性加剧，一方面导致柱状组织尺寸减小，另一方面部分沉积气体也有效提升了柱状组织致密度，定向结构初步形成，不同径向强度存在一定差距；保温时间延长至 1 h，烧结过程进一步进行，强度都呈增加趋势，不同径向强度差异越来越大，定向结构特征越来越明显；保温时间进一步延长，大量挥发性气体定向逸出，不同径向结构差异越来越大，导致气孔率和气孔尺寸进一步增大，强度急剧下降。从定向结构初步形成到稳定发展，再到不同径向结构差异化急剧加大，保温时间增加至 1.5 h 以后是不合适的。

定向多孔 SiC 陶瓷性能与煤泥含量变化关系可知，高温重烧结伴随着大量气相物质挥发，因而本质上是一个质量减少的过程。煤泥的加入一方面为重结晶提供了大量 SiC 源和碳源，进一步抑制了重结晶 SiC 颗粒的挥发，另一方面煤泥其他成分，氧化铝及高温熔体相重烧结温度挥发促进了烧失率的增加。当煤泥添加量低于 15%时，干压成型过程中煤泥被挤压至 SiC 颗粒间隙位置，重烧结温度 SiC 颗粒通过偏转滑移极易形成定向孔结构，定向孔结构之间由煤泥引入的碳源和 SiC 颗粒有效促进了孔筋密度的提高；进一步提高煤泥含量大量煤泥聚团颗粒位于 SiC 颗粒接触部位，导致形成的定向孔结构短程存在，而反应产生的大量气相反而通过孔筋内部进行传输，进一步降低了孔筋致密度。

径向抗折强度和轴向抗折强度随着煤泥含量增加呈降低趋势。抗折强度变化一方面与气孔率有关，另一方面与孔筋密度有关。气孔率的增加一般导致强度降低，而孔筋密度的增加则意味着强度的增加。随着煤泥含量增加气孔率呈增加趋势，轴向和径向气孔尺寸也呈增加趋势，与烧失量及强度变化趋势是吻合的。强度比例系数 K 值基本上呈增加趋势，当煤泥含量为 30%，K 值就突然发生锐减，强度比例系数 K 为轴向弯曲强度和径向弯曲强度的比值，通过 K 值的大小可以在一定程度上反映出多孔 SiC 陶瓷力学性能上各向异性程度的强弱。

第6章　煤矸石合成多孔材料

6.1　制备分子筛

分子筛是一种硅铝酸盐多孔材料。目前，工业分子筛一般都是以硅酸盐、铝酸盐和苛性碱等为原料，采用水热反应合成，其成本高、价格昂贵，限制了其推广应用；其他原料，如高岭土和膨润土合成的分子筛存在品质较低的问题。根据煤矸石的主要化学成分为 SiO_2 和 Al_2O_3 的特点，可以利用煤矸石制备分子筛，其工艺流程简单，成本低廉，并且原料来源丰富，具有一定的市场竞争力。

利用煤矸石合成4A型分子筛在国内外已进行了大量的研究。顾炳伟利用煤矸石煅烧后与强碱反应制备得到4A分子筛产品，煤矸石在高温煅烧后，其活性更高，与NaOH溶液反应，经过陈化、晶化、过滤、洗涤和干燥步骤制得4A分子筛产品。Tingting Qian利用煤矸石在碱性溶液中通过水热处理和原位结晶技术合成了NaA型沸石分子筛。郭丽采用宁东矿区的高硅煤矸石，通过补加硅源、铝源、晶种和柠檬酸，经过4 h陈化、6 h晶化制备了4A分子筛，合成的4A分子筛具有结晶度高和晶型规整等特性，并且钙交换量可达290 mg/g。王茜以酸浸后的煤矸石为原料，在最佳硅铝比和碱度等条件下，制备出了晶相单一的P型分子筛。

6.2　制备多孔陶瓷研究进展

陶瓷材料具有硬度大、强度高、热膨胀系数低、抗氧化性能强、耐腐蚀性能好等优异性能。在许多高温和高腐蚀性环境中其物理化学稳定性远远优于金属材料或其他聚合物材料。其中，多孔陶瓷是使用时间最长的陶瓷材料，最早可追溯到新石器时代。多孔陶瓷的孔隙率为25%～95%，这赋予了陶瓷质轻、隔热、吸附性强、生物相容性好等优异特性，因此衍生出更多的应用领域，如航天航空及工业窑炉用高温隔热材料、电池中的陶瓷电化学器件、汽车尾气催化剂载体、水净化、气体分离、有机液体分离、酸碱液体分离、金属熔融过滤提纯、生物医学骨修复、隔音、传感器等，具有良好的发展前景。尤其在隔热领域，多孔陶瓷的应用效果较为突出。通过使用多孔陶瓷砖降低建筑材料的导热系数，可以显著提高建筑的可持续性从而减少建筑升温和降温所需的能源。气孔的存在通过降低墙体的导热系数来提高墙体的保温性能。使用轻质多孔陶瓷砖的另一个优势是降低成本，包括运输和劳动力成本。提高多孔陶瓷材料性能的方法之一是加入添加剂，使其在燃烧时产生孔隙。多孔陶瓷生产的常见加工技术包括固相反应、固相烧结、溶胶-凝胶技术、冷冻干燥技术、添加造孔剂法。在 2012 年，Ohji 等人提出了几种在多孔陶瓷中形成孔隙的方法，包括部分烧结、模板复制和直接发泡法。方法的选择是基于多孔陶瓷所需的最终特征，如孔隙率和孔径分布等决定的。在煤矸石基中加入造孔剂来修饰多孔陶瓷的微观结构，并制备性能优异的莫来石多孔陶瓷。

煤矸石含有 SiO_2、Al_2O_3、CaO 等，与黏土的主要成分相似，因此为煤矸石制备陶瓷提供了理论基础。且多孔陶瓷由于具有低容重、低比热、低导热系数、高比表面积和高渗透性等特性，长期以来，众多学者对煤矸石制备多孔陶瓷展开了大量研究。1987 年，胡斯英提出了煤矸石主要由黏土矿物组成，其化学成分与黏土近似，为煤矸石制备陶瓷奠定了理论基础。1998 年吴兴才等在国内首次以煤矸石为原料制备微米级多孔陶瓷；2020 年，吴文浩等提出了发泡法与造孔剂法结合制备多孔陶瓷概念，以 SiC 和 $CaCO_3$ 为造孔剂，采用发泡-注凝成型法制备多孔陶瓷，研究表明，采用发泡结合添加造孔剂法可制备具有较高闭气孔率的莫来石多孔陶瓷。2021 年，孙晓刚等以煤矸石和黄金尾矿协同制备多孔陶瓷，研究发现微硅粉等辅助原料的掺量会影响多孔陶瓷的物理性能。

6.2.1 煤矸石制备陶瓷吸附剂

煤矸石是煤炭开采和洗选过程中排放的工业固体废物，在中国煤矸石产量巨大。吸附是一种方便有效处理废水的方法，利用煤矸石制备陶瓷吸附剂，不仅成本低而且可以实现废物再利用。2017 年，Lu 等人利用煤矸石合成沸石用于吸附水溶液中的 Cu^{2+} 和 Co^{2+}。2019 年，Zhou 等人以煤矸石为原料，采用喷雾干燥和烧结法制备了低成本的陶瓷微球吸附剂，并应用于去除水溶液中的阳离子和阴离子。2022 年，Wang 等人利用煤矸石制备用于微波吸收的 Fe_3O_4/C/CG 和 Fe/C/CG 复合材料，将淀粉和硝酸铁的前体溶液装载到煤矸石基质上，然后进行原位碳热还原。初始淀粉质量和碳热温度显著影响复合材料的介电和磁性，进而影响复合材料的微波吸收性能。

6.2.2 煤矸石合成 SiC 多孔陶瓷

SiC 多孔陶瓷具有优异的物理化学性质，包括耐酸碱腐蚀性、抗氧化性，具有较高的耐磨性、高导热率和高温强度，在耐磨磨具、高温结构陶瓷、耐火材料等领域具有广泛应用。2005 年，Jia 等人以煤矸石为原料，在 N_2 气氛条件下，采用碳热还原工艺合成 SiC 多孔陶瓷材料。在实验中添加 5%的炭黑，1400 ℃保温 2 h，获得了抗折强度为 137.8 MPa，主晶相为 β-SiC 的陶瓷材料。

6.2.3 煤矸石制备莫来石多孔陶瓷过滤膜

多孔陶瓷分离膜具有优异的化学和热稳定性，耐压性强，使用寿命长等优点。但是传统的多孔陶瓷分离膜的原材料、成型和烧结工艺相关成本较高。近年来，许多研究人员对低成本多孔陶瓷膜展开大量研究。2016年，Suresh等人利用粉煤灰、石英和碳酸钙开发了低成本陶瓷膜，并研究了不同成分对截留率和渗透通量的影响。2019年，Dong等人通过一步共烧结工艺制备了飞灰基陶瓷微滤膜，平均孔径为0.1 μm，且具有较高的油截率和稳态渗透率。2020年，Liu等人为了实现煤矸石的循环再利用，以煤矸石和$A1(OH)_3$为主要原料，MoO_3为添加剂，制备了处理乳化含油废水的多孔莫来石晶须陶瓷微滤膜。莫来石晶须陶瓷微滤膜具有(47.21±0.48%)的高开孔率，平均孔径为185.3 nm，弯曲强度为(34±2.5)MPa，渗透率最高为35.8 mL/(m^2·s)，在0.1 MPa跨膜压力下进行油水分离实验时，水油分离率达到97%以上。

6.3 制气凝胶

气凝胶是一种由纳米颗粒或聚合物分子链构架成三维网络结构的多孔材料，具有低密度、高孔隙率、高比表面积、低热导率和高孔体积等特点，其独特的构造和性能使气凝胶在保温隔热、吸附分离、光电催化、吸声隔音和储能转换等领域有着广阔的应用前景。SiO_2气凝胶由于原料丰富，是目前产量最大的一种气凝胶，已经在保温隔热方面得到了广泛应用。但SiO_2气凝胶力学性能较差，易吸水导致孔隙结构坍塌，其使用范围受到了限制。Al_2O_3气凝胶凭借其较高的耐温性，受热温度可达1000 ℃，在高温催化领域有所应用，但其制备难度较大，温度1000～1200 ℃会发生相变，导致气凝胶收缩，比表面积降低。SiO_2-Al_2O_3气凝胶具有更好的热稳定性，但制备硅铝复合气凝胶比较复杂，难度在于铝溶胶和硅溶胶的复合，不易形成稳定的三维网络骨架结构。目前许多学者通过含有硅铝成分的原料如粉煤灰和煤矸石等一步制备硅铝气凝胶或分步得到纯相的SiO_2气凝胶，其制备方法简单，成本较低，但存在凝胶体系强度不够，稳定性较差等缺点。

以煤矸石为原料制备气凝胶，依托于煤矸石中硅铝资源丰富，所以无论是制备超轻的硅气凝胶，或是兼具2种气凝胶特点的硅铝复合气凝胶，相对于生产氧化铝和水玻璃等化工产品能带来更大的收益，而且增加了煤矸石的一条高值化应用途径，最重要的是煤矸石原料来源广泛，成本低廉，用其制备气凝胶具有相当好的应用前景。目前，以煤矸石为原料制备气凝胶的工艺主要分为2种：①煤矸石碱溶活化后，一步溶出法制备SiO_2-Al_2O_3复合气凝胶；②煤矸石煅烧活化后，经过酸浸碱溶两步溶出法提取硅溶液来制备SiO_2气凝胶。两步溶出法制备气凝胶工艺成熟，对设备损耗低，可满足工业大规模生产的要求。但制备的多为单元SiO_2气凝胶，无法在600 ℃以上稳定使用。一步溶出法制备可以得到SiO_2-Al_2O_3复合气凝胶，在更高温度下使用。一步法在碱溶煅烧时对设备提出了更高的要求。

1. 两步溶出法制备气凝胶

煤矸石高温煅烧活化后，通过盐酸和硫酸等酸浸法将煤矸石中的绝大部分金属阳离子去除，再对酸渣进一步碱溶，这种两步法能够得到较为纯净的偏硅酸钠溶液。通过阳离子树脂交换得到酸性的硅酸溶胶，再经过凝胶、老化、改性和干燥等工艺得到 SiO_2 气凝胶。

李妍洁采用煤矸石煅烧活化，酸渣碱溶之后得到偏硅酸钠溶液，经过调整 pH 值得到凝胶，经过改性和干燥处理得到 SiO_2 气凝胶，所制备的气凝胶密度为 0.0948 g/cm^3，孔隙率高达 90%，并有很好的疏水性能。朱金萌对煤矸石进行高温煅烧，并对酸浸后的酸渣碱溶，将煤矸石制备的偏硅酸钠溶液通过阳离子交换树脂快速除杂，最终制备成密度为 0.2030 g/cm^3、比表面积最高可以达到 962 m^2/g 的 SiO_2 气凝胶，最终样品也具备很好的疏水性能。煤矸石制备 SiO_2 气凝胶过程中，提高 SiO_2 的浸出率十分重要。Zhu Ping－hua 对煤矸石煅烧活化采取盐酸酸浸出去除金属离子的手段，将酸渣与碳酸钠活化助剂混合煅烧产物用盐酸酸浸，不仅可有效地提高 SiO_2 的浸出率，也使 SiO_2 更容易浸出。采用三甲基氯硅烷对凝胶进行改性处理，最终得到了孔隙率高达 90%、比表面积为 690 m^2/g、密度为 0.19 g/cm^3、热导率为 0.0265 W/(m・K)的 SiO_2 气凝胶。煤矸石煅烧活化后经过酸浸和碱浸溶出的两步法制备 SiO_2 气凝胶，无论是煤矸石的煅烧活化和硅铝成分浸出，还是 SiO_2 气凝胶制备流程，目前的工艺已经越来越成熟，使煤矸石作为原料大规模制备 SiO_2 气凝胶已成为可能。

2. 一步溶出法制备气凝胶

煤矸石制备 SiO_2－Al_2O_3 复合气凝胶则是先对煤矸石进行碱熔活化，生成易溶于酸和碱的霞石类矿物，再经过酸浸，得到一定比例的粗硅铝复合溶液，通过除杂、凝胶、老化、改性和干燥等手段便可得到气凝胶。相较于用煤矸石制备 SiO_2 等单元气凝胶，采用碱熔活化的方式得到的溶液成分更加复杂，除杂和凝胶化等操作难度也有所增加。

刘博采用 NaOH 为活化助剂，对煤矸石进行碱溶活化，氨水作为调凝剂对酸浸后的硅铝溶液进行凝胶化处理，采用真空冷冻干燥的方法，最终得到了比表面积为 483 m^2/g、平均孔径为 10.29 nm、气凝胶堆积密度为 0.37 g/cm^3 的性能优异的 SiO_2－Al_2O_3 复合气凝胶。程倩采用碳酸钠为活化助剂，对活化后的煤矸石用盐酸酸溶，用氨水作为调凝剂调节溶液 pH，最终制备的气凝胶为白色，其比表面积可达 585.53 m^2/g、平均孔径为 3 nm，且具有良好的疏水性能，接触角最大为 132°，所制备的 SiO_2-Al_2O_3 复合气凝胶可作为保温材料应用于建材等领域。Zhu Jin－meng 采用碱熔活化的方式，采用溶胶-凝胶法制备得到凝胶，通过水洗除杂的方式除去杂质离子，最终得到了比表面积为 493.15 m^2/g、密度为 0.3475 g/cm^3、接触角可达 134°的超轻 SiO_2－Al_2O_3 复合气凝胶。到目前为止，煤矸石碱溶活化后酸浸一步法浸出的方式，由于溶液成分复杂，采用离子液体等除杂手段无疑大大增加其成本投入，而凝胶后通过溶剂置换杂质离子大大增加了整个工艺的制备周期，使得煤矸石制备 SiO_2－Al_2O_3 复合气凝胶不像煤矸石制备 SiO_2 单元气凝胶在工艺上成熟，但是 SiO_2－Al_2O_3 复合气凝胶相较于 SiO_2 单元气凝胶却有更高的使用温度，对于高质量的 SiO_2－Al_2O_3 复合气凝胶使用温度可以高于 SiO_2 单元气凝胶近 1 倍，最高可达 1200 ℃，经过一步溶出法制备 SiO_2－Al_2O_3 复合气凝胶有着可憧憬的前景。

6.4　制地质聚合物多孔材料

6.4.1　地质聚合物材料概述

20世纪30年代，Purdon等首先提出“碱激发”理论，即少量的NaOH在普通硅酸盐水泥水化过程中起着类似催化剂的作用；之后，1978年法国著名材料学家Jesoph Davidovits在“碱激发”理论基础上利用偏高岭土制备了碱激发偏高岭土胶凝材料，并命名为“Geopolymer”。研究者将其译为地质聚合物，部分学者将其译为地聚合物、矿物聚合材料、地聚水泥、土壤聚合物、化学键陶瓷材料、低温铝硅酸盐玻璃和碱激发水泥等名称。从地质聚合物命名以后，研究者发现具有活性的铝硅酸盐粉体，如工业废渣(钢渣、粉煤灰、高炉矿渣等)、天然硅铝酸盐矿物等都可以制备地质聚合物材料。地质聚合物材料(geopolymer materials)在世界范围内的研究越来越广泛，更多的研究者参与地质聚合物材料的研究方向中。地质聚合物的研究从早期外国专家居多，如法国的Davidovits教授、澳大利亚墨尔本大学的Deventer教授、西班牙的Palomo博士等，到现在国内的快速发展，大大提高了地质聚合物材料的关注度。

6.4.2　碱激发地质聚合物的结构、反应机理及应用现状

1. 碱激发地质聚合物的经验结构式

$$M_X\left[-(\mathrm{Si}-\mathrm{O}_2)_Z-\mathrm{Al}-\mathrm{O}\right]_n\cdot w\mathrm{H_2O}$$

式中，z为结构单元中硅氧四面体的数目，一般取1、2或3，目前z最高可取32；M代表一价阳离子，如K^+或者Na^+，n代表地质聚合物的聚合度，w代表化学结构水的数目。法国著名材料学家Jesoph Davidovits提出了3种聚合物的形式，分别为单硅铝聚合物、双硅铝聚合物和三硅铝聚合物。

2. 碱激发地质聚合物的反应机理

对地质聚合物反应机理的研究是目前的热点之一。大多数研究者对Davidovits和Deventer教授提出的地质聚合物反应机理比较认可。其步骤为：①铝硅酸盐材料中的硅和铝在碱溶液中OH^-的作用下溶出；②溶出的硅酸根离子和铝酸根离子通过扩散、定位和缩聚形成聚合物单体；③聚合物单体通过缩聚反应形成无机高分子聚合物，即地质聚合物凝胶。

6.4.3　碱激发地质聚合物多孔材料的性能

地质聚合物材料是一种绿色新型材料，性能上优于水泥和陶瓷材料，而且原材料来源广、污染小。

主要性能如下：

(1)高强度力学性能：复合改性后，材料的抗压、拉伸、弯曲强度均为普通水泥基材料的 10 倍以上。

(2)优异的耐久性：通过在地质聚合物中加入碳纤维和玻璃纤维，其抗弯性能大大提高，与金属材料相当，可应用于航空航天等领域。

(3)耐高温性：在 1000～1200 ℃没有发生氧化分解，致密的氧化层可防止内部物质氧化。

(4)绿色环保：地质聚合反应是铝硅酸之间的脱水反应，在强碱条件下是可逆的；另一方面，原料成为除脱水外其他物质不损失的产品。

6.4.4 地质聚合物多孔材料的研究现状

目前，我国建筑保温材料存在有机保温材料和传统的无机保温材料两种。有机保温材料虽然保温效果较好，但是其易燃，且燃烧后会产生大量有毒气体和浓烟。而传统建筑保温材料，如：蒸压加气混凝土、岩棉板、泡沫玻璃等，资源消耗大，能源消耗高，易造成污染。近年来发展迅速的泡沫混凝土存在性能缺陷，如：强度低、干缩大等。因此开发高性能、低污染的新型保温材料是响应国家可持续发展政策的重要举措。与 OPC 相比，地质聚合物材料因其反应机理和产物结构等，具有高强、防火、耐高温、耐腐蚀等特点。因此以其为基体材料采用物理和化学发泡法制备的地质聚合物多孔材料也具有一系列优异性能。地质聚合物多孔材料成了新一代高性能无机保温材料的研究热点。

Bell 等在制备多孔地质聚合物保温材料中发现，采用铝粉和过氧化氢作为发泡剂可以有效减少裂纹的出现，并且能够降低地质聚合物多孔材料的导热系数。Zhao 等基于地质聚合物结构与沸石类似，且经过高温处理后转换成沸石的特点，通过高温煅烧，有效地提高了地质聚合物多孔材料的抗压强度。陈贤瑞等采用过氧化氢作为发泡剂，十二烷基磺酸钠作为稳泡剂，制备出了干密度为 150～305 kg/m^3，抗压强度为 0.8～1.7 MPa、导热系数为 0.055～0.076 W/(m·K)的地质聚合物多孔材料。

地质聚合物多孔材料性能(力学性能、导热系数)的提升离不开基体组成和养护制度的优化。另一方面也离不开孔结构的优化。Romagnoli 等对影响偏高岭土基、粉煤灰基地质聚合物早期性能的浆体固含量、温度和时间进行了研究。研究发现 Krieger 和 Dougherty 提出的 K－D 模型，即固体悬浮液体表观黏度与固含量的关系模型，适用于地质聚合物浆体。随着浆体固含量的增加，表观黏度上升。随着温度的上升，黏度下降。地质聚合反应前期，尚未形成地质聚合物凝胶，黏度与温度符合关系式。

导热系数是优化地质聚合物多孔材料孔结构的基础。准确、快速的孔结构表征是地质聚合物多孔材料孔结构与导热性能关系模型建立的前提。地质聚合物中含有凝胶孔和空腔，其大小和数量主要与激发剂种类和硅铝比、水灰比相关。Landi 对地质聚合物多孔材料的孔结构进行了分级表征：对大于 100 μm 的大孔采用体视学原理进行图像分析处理的方法，对小于 58 nm 的微孔进行氮气吸附法进行评价，介于 58 nm 和 105 nm 的孔采用 MIP 分析。

6.4.5 煤矸石基地质聚合物多孔材料干密度测试

随着 H_2O_2 含量的增加，试块干密度逐渐减小。当 H_2O_2 掺量为1%时，其干密度为698 kg/m^3 到 903 kg/m^3；当 H_2O_2 掺量为2%时，其干密度为524 kg/m^3 到 704 kg/m^3；当 H_2O_2 掺量为3%时，其干密度为445 kg/m^3 到 599 kg/m^3；干密度数据稍有交叉，而 H_2O_2 含量对干密度影响最大。

6.4.6 煤矸石基地质聚合物多孔材料的毛细吸水率

1. 毛细吸水率的测定

渗透性和吸水性是评价水在材料中迁移特性的试验方法。渗透性试验是在吸水和饱和条件下，评价水的迁移特性，如水的迁移速率和渗透性。地质聚合物多孔材料主要用于侧墙的保温和隔音，在实际运用中应处于不饱和环境，因此渗透性就无法准确分析其在实际运用中水分的吸收和迁移程度。基于实际，采用不饱和流动理论的关系式 $i-t$ 分析水分在地质聚合物多孔材料内部的迁移情况应更为准确，公式如下：

$$i=S\sqrt{t}+b$$

式中，i 为累计吸水的单位截面积(mm)；t 表示吸水时间(min)；S 表示毛细吸水率；b 为 i 轴截距。

Hall 发现，当忽略水化反应时，实验所得的吸水率不符合 $T_{1/2}$ 线规律，存在一定的偏差。这主要是因为在与水的瞬间接触，试样表面的孔隙很快被填满。根据毛细吸水实验中水质的变化，在一定的时间间隔内，可按下式计算累积吸水量：

$$i=\Delta m/(\rho_{\omega}A_C)$$

式中，Δm 为相应试样在给定时间的累积水量(g)；ρ_{ω} 为水的密度(g/mm^3)；A_c 为试块与水面接触的横截面积(mm^2)。

因此，可以对 i 和 t 进行线性拟合，斜率 S 是试样的毛细吸水率。

2. H_2O_2 掺量对毛细吸水率的影响

随着 H_2O_2 掺量的增加，煤矸石基地质聚合物多孔材料的毛细吸水率先减少后增加。当 H_2O_2 含量为2%，固化温度为40 ℃，羧甲基纤维钠掺量为2%，外加水掺量为40%时，毛细吸水率达到最小值，随着固化温度的增加，羧甲基纤维钠掺量的增加，煤矸石基地质聚合物多孔材料的毛细吸水率呈现下降趋势，随着外加水掺量的增加，煤矸石基地质聚合物多孔材料的毛细吸水率呈现先下降后上升的趋势。毛细管吸水率主要用来评价不饱和条件下试样的吸水能力。研究了不同因素对煤矸石基地质聚合物多孔材料毛细吸收率的影响。

当 H_2O_2 加入量小于2%时，随着 H_2O_2 含量的增加，吸水率有所降低，由于 H_2O_2 含量较低时，气泡数量较多，但是气泡 Feret 直径较小，因而毛细孔数量较多。当 H_2O_2 含量达到2%时，H_2O_2 含量的增加会导致气泡数量减少，连通孔增加，破坏毛细孔的形成，使试样的毛细吸水率有所降低。当固化温度大于20 ℃时，随着固化温度的增加，气泡在地质聚合物浆体中变得不稳定，此时，地质聚合物浆体尚未形成足够的强度固定气泡，因此连通孔逐渐增多，毛细孔减少，使得毛细吸水率逐渐下降。当羧甲基纤维素钠掺量大于1%时，随着其掺量的增加，吸水率有所下降。由于羧甲基纤维素钠具有增稠作用，使得煤矸石基地质聚合物多孔材料制备时，浆体流动性增加，有效减少了毛细孔的形成。因此，羧甲基纤维素钠对煤矸石基地质聚合物多孔材料孔的形成具有有利影响。当外加水掺量小于40%时，随着其掺量的增加，吸水率呈现下降趋势，由于外加水的主要作用是增加煤矸石基地质聚合物浆体的流动性，说明随着浆体流动性的增加，毛细孔数量有所下降，连通孔数量增长。但是在外加水掺量大于40%时，随着外加水掺量的增加，吸水率反而有增长的趋势。这是由于在煤矸石基地质聚合物多孔材料凝结过程中，大量的水分不断蒸发，形成了一定数量的毛细孔。因此外加水量应控制在40%左右。

6.4.7 H_2O_2 掺量对孔结构的影响

随着 H_2O_2 含量的增加，孔隙率逐渐增大，但是孔壁逐渐变薄，易造成连通孔，且邻近气泡容易联合，产生大气泡，在地质聚合物浆体凝结后，较大孔的存在增大了圆度。圆度总体变化不大的原因是地质聚合物浆体材料在该配比下流动性较好，气泡形成时，其向四周扩张是均匀的，具有各向同性的特点。Ferect 直径增加是由于随着 H_2O_2 的增加，形成的气泡增加，增加了产生大孔的可能性，大量的孔连通并形成大孔。另外随着 H_2O_2 掺量的增加，其分解产生气泡的过程中，产生的水也在增加，导致浆体黏度变小，流动度增大。在发泡过程中，地质聚合物浆体的极限剪切应力增大，产生的气泡合并形成大孔，也导致 Ferect 直径的增加。

6.4.8 导热系数与孔隙率之间的关系

导热系数是评价煤矸石基地质聚合物多孔材料保温性能的参数。导热系数的高低，反映了材料传热性能的好坏，从另一方面评价了材料隔热保温性能的优良。导热系数高，说明其传热性能好，隔热保温性能就相对较差。

随着干密度升高，孔隙率逐渐降低，这是因为随着 H_2O_2 含量的增加，孔数量增加导致的。随着干密度升高，导热系数逐渐增大，这是因为热传导主要依靠材料固相，孔隙率升高，固相含量降低，热传导所需的介质减少，导热系数也就呈现下降趋势。另外，在不同温度条件下，样品的导热系数也发生改变。随着温度的升高，其导热系数有上升趋势。

6.4.9 煤矸石基地质聚合物多孔材料物相分析

1. 不同配合比煤矸石基地质聚合物多孔材料 SEM 分析

在 SEM 观测下的气孔结构和孔壁缺陷，可以发现随着 H_2O_2 含量的增加，气孔壁逐渐出现孔隙缺陷。这可能是由于随着 H_2O_2 含量的增加，其分解产生的水分导致地质聚合物浆体含水量增加。在地质聚合物凝结期间，大量的水分迁移后，增加了孔壁毛细孔的数量。孔隙缺陷会导致连通孔数量的增加，提供了水分进入气孔的通道。

地质聚合反应产生了大量的无定型凝胶，并包裹在片状的沸石类产物表面，因此产生了大量的毛细孔，另外通过观察气孔孔壁，发现地质聚合物浆体呈片状附着在孔壁表面，孔壁上存在大量剥离的地质聚合物浆体。这 2 个原因可能会导致孔隙缺陷的产生。通过观察包裹气孔的浆体部分，发现存在开裂现象，出现了微观裂缝。微观裂缝可能与样品的化学收缩和干燥收缩有关，此外温度应力和毛细孔水压力也可能会导致微观裂缝的产生。微观裂缝和孔隙缺陷降低了气孔的闭合性，使水分更易通过孔壁渗入气孔。

2. 煤矸石基地质聚合物多孔材料 XRD 分析

从煅烧煤矸石粉体和煤矸石基地质聚合物多孔材料的 XRD 图谱可看到，煅烧煤矸石粉体中有较强的衍射峰，通过与石英(85－0794)的 XRD 谱图对比发现，煅烧煤矸石粉体中含有石英相。从煤矸石基地质聚合物多孔材料的 XRD 谱图可看到，石英的 XRD 衍射峰强度降低，这可能是由于地质聚合反应产生了大量的无定型凝胶，包裹在石英相表面，降低了其检测时的峰强度。同时，可以判断在地质聚合反应过程中石英没有参与反应。

第7章 粉煤灰合成多孔材料

7.1 制备沸石

7.1.1 合成沸石的方法

1. 传统水热法合成沸石

目前合成沸石普遍采用的是水热法，该方法为利用粉煤灰生产高附加值产品提供了一个新途径。粉煤灰合成沸石的基理是通过碱化作用将铝硅酸盐化合物(粉煤灰)主要转化为 $Na_2O \cdot Al_2O_3 \cdot (3.3-3.5)SiO_2 \cdot nH_2O$，还有一部分羟基-方钠石和类似发光沸石的矿物，沸石是结晶的铝硅酸盐，它是由$[SiO_4]^{4-}$和$[AlO_4]^{5-}$四面体通过共用氧原子形成，这些四面体在空间形成三维网络结构，并富含大量的孔穴和通道，这也是沸石可以用来吸附分子的原因。在四面体结构中，三价铝取代二价硅，导致电价的不平衡，这时，沸石结构中需要负电荷来进行平衡电价，这就是沸石产生高的阳离子交换吸附的原因。

直接利用 NaOH 或 KOH 作为活化剂与粉煤灰反应来制备沸石材料，通过控制不同的工艺参数：活化剂与粉煤灰的比率、反应温度、反应时间、反应压力来合成不同类型的沸石。

Querol 通过控制不同碱溶液的摩尔、反应温度(80～100 ℃)、反应时间(3～4 h)并利用同一种粉煤灰已经合成出了 13 种不同类型的沸石，反应中的关键因素为碱溶液与粉煤灰的比率以及反应时间。早在 1997 年，Querol 就首次利用了微波辅助法来合成沸石，反应时间可以缩短为 30 min，是一种快速制备沸石的方法。Steenbruggen 等在水热条件下合成了 Na－P1 沸石，并通过批量实验和吸附柱实验发现其对 Ba^{2+} 和 Cu^{2+} 等重金属离子具有很好的吸附性。Inada 等利用水热法合成了 Na－P1($Na_6Al_6Si_{10}O_{32} \cdot 12H_2O$)型沸石，这种沸石由于晶体内含有 2 种不同大小的孔径，因此离子交换性能、吸附性能均较好。Molina 等合成了 A 型和 X 型沸石，A 型沸石因为骨架结构中含有较多的 Al 离子，所以具有一定的离子交换性能，但不稳定容易转化为稳定的 X 型沸石，X 型沸石具有大的孔径和特殊的表面积，使其在离子交换反应中显示出良好的性能。

一步法是目前应用较多的传统合成方法，需要老化时间长，反应温度高，能源消耗大，并且仍有大量的石英和莫来石不能溶解，生成的沸石还伴有副产物生成，影响产品沸石的离子交换性能。

2. 两步法合成沸石

两步法是先将一定量的粉煤灰分散于 NaOH 或 KOH 溶液中，让粉煤灰中的玻璃相充分溶解，再将溶液老化、静置结晶一段时间，最后再过滤洗涤得到部分沸石产品，然后再检测滤液中的硅、铝离子的浓度，根据所需相应地添加硅铝源，再在水热条件下晶化，最后再得到相应的沸石产品。

Hollman 等利用两步法合成出 Na－P1 和 Na－X 及 Na－A 型沸石，Na－P1 和 Na－X 型沸石的纯度很高，可以达到 95%，Na－A 型沸石中含有少量的羟基方钠石和无定型物质，3 种沸石对重金属离子和铵的吸附性能都很好，尤其是 Na－P1 沸石，对铵氮的吸附可以达到 99.8%(质量分数)。这种方法充分利用了传统一步法产生的废液中的硅、铝离子，通过添加铝酸盐再次得到纯度和吸附性能较高的沸石，与传统的一步法相比，大大提高了总转化率，但其缺点是反应过程工作量较大，并且需要消耗一定量的硅铝盐，生产成本加大。

3. 微波法合成沸石

微波合成法是将微波加热代替传统的油浴和电热加热方式，反应过程中使用微波对溶液进行加热，在一定温度下老化、静置晶化一段时间后，再进行过滤、洗涤、烘干，得到沸石产品。Inada 等利用微波法合成纯度较高的 Na－P 型沸石，反应 2 h 得到的沸石产品的离子交换容量(CEC)即可达到 200 meq/100g，而在传统加热条件下则需要 5 *h*；郭永龙等在微波加热条件下合成了 Na－P1 沸石、浊沸石、菱沸石 3 种沸石，沸石的总转化率可以达到 40%。利用微波对粉煤灰晶化过程加热，可以提高反应速度，大幅缩短合成时间，降低了生产成本，为潜在的工业化生产提供了新的可能，但目前优质沸石的转化率尚不十分理想。

4. 碱熔融法合成沸石

将一定比例的活化剂 NaOH 或 KOH 加入粉煤灰中，两者混合均匀，在较高的温度下焙烧，使粉煤灰中的所有硅铝组分，包括惰性晶相物质莫来石和石英也得到活化。将焙烧产物研磨均匀后加入一定量的蒸馏水，搅拌，老化一段时间，然后在适当的温度下进行晶化，反应停止后将产物过滤、洗涤烘干，即为沸石。

Hsiao－Lan Chang 在水热合成反应之前，将氢氧化钠粉末与粉煤灰混合并在 550 ℃的条件下保持 1 h，以增加沸石的含量。包含多种化学组分的各种不同类型的粉煤灰可以结晶成为沸石，经过处理后的粉煤灰包含有类似沸石的硅酸盐结构，它已经被证实可以与非放射性的铯和钴离子进行离子交换。处理过的灰与铯的最大的离子交换条件是：浓度为 0.1N，CsCl 占总交换体系的 75.6%；处理过的灰与钴的最大的离子交换条件是：浓度为 0.1N，$CoCl_2$ 总交换体系的 75.7%。

葛元新以碱熔融法合成了 4A 型沸石，在最佳条件下合成的 4A 沸石具有较高的钙交换能力。这种方法所得到的产物中不含莫来石和石英，粉煤灰中的硅铝成分大部分转化为沸石，提高了原料粉煤灰的利用率；在合成过程中通过调节硅铝比优化合成条件，能得到纯度较高并且比较实用的沸石。但这种方法活化时间较长，不方便大量生产并且搅拌加热时间较长，在非密闭容器中反应时，反应中的水溶液很容易蒸发掉。

5. 盐热法合成沸石

将活化剂（NaOH、KOH 和 NH_4F）和某种盐（$NaNO_3$、KNO_3 和 NH_4NO_3）按适当比例加到粉煤灰中，混合均匀后在高温下进行焙烧，得到沸石结晶体。尽管在盐热过程中不需加水，但反应温度高，合成产物中含有大量的盐，需要用大量的水洗涤产品，且合成过程需要大量的盐，这给产品的后处理带来了麻烦。

6. 混碱气相法合成沸石

首先将一定比例的粉煤灰和 NaOH 或 KOH 溶液混合均匀，然后干燥成固态前驱态物质，再在水或水和有机胺蒸汽中晶化。利用该法在低于 200 ℃下，将粉煤灰中的大部分硅铝成分包括莫来石和石英结晶相在内的物质转化为钙霞石。这是一种简便的方法，但存在花费时间长和效率低等缺点。

7. 痕量水体系固相法合成沸石

取一定比例的粉煤灰和活化剂与微量水充分研磨，将混合均匀的固体状反应物放入不锈钢反应釜中，在适当的温度下进行晶化，然后再经洗涤、烘干得到沸石产品。

8. 脱硅碱浸取法合成沸石

粉煤灰与碳酸钠混合焙烧生成硅酸钠和硅铝酸钠，用少量水浸取其中的硅酸钠，含硅铝酸钠的残余物用碱液浸取。实验发现，在碱溶过程中溶液中的硅铝存在过饱和现象，在过饱和期内实现固液分离，可提取粉煤灰中的硅铝用于合成 A 型、X 型、P 型纯沸石产品。由于粉煤灰的成分与火山岩类材料的组成类似，而火山岩类材料可以作为天然沸石的前驱体，这就是可以用粉煤灰来合成沸石的原因。

7.1.2 粉煤灰合成沸石的影响因素

1. 原料预处理对合成沸石的影响

粉煤灰颗粒的表面含有一些对合成沸石不利的铁和碱金属氧化物，为了提高原料在反应中的活性，可以采用机械磨细、筛分、高温焙烧、酸处理等方法以增大灰的比表面积，去掉灰中的有机杂质以及铁和碱金属氧化物。用 HCl 和 H_2SO_4 处理原料，可使原料中 SiO_2 和 Al_2O_3 的浓度增加，提高粉煤灰的活性，进而有利于 X 型沸石的合成。用 NaOH 预处理粉煤灰，不仅有利于粉煤灰转换为硅酸钠和铝酸钠，而且也有助于改善水热处理的碱度。为了调节 Si/Al 比，可在焙烧之前加入铝酸钠。有时还采用碱熔融法处理粉煤灰原料，使其中的石英等结晶体分解，以利于沸石合成。

2. 温度和时间对合成沸石的影响

当合成温度较低时，在较长时间内粉煤灰颗粒与碱性溶液之间只发生少量反应，而当反应温度上升时，反应速度迅速增加。将 8 g 粉煤灰与 200 mL 浓度为 2 mol/L 的 NaOH 溶液反应，结果表明：在反应温度为 90～100 ℃，反应时间为 8 h 时，有大量沸石生成；在反应温度为 80～90 ℃，反应时间为 10 h 时，有少许沸石生成；在反应温度为 70～80 ℃，反应时间为 12 h 时，无沸石生成。说明在用粉煤灰合成沸石时，必须达到的最低活化温度为 80 ℃，否则，将不能合成沸石。用 NaOH 作活化剂的实验结果表明：在温度较低和活化时间较短时，主要活化的是粉煤灰中的硅铝酸盐无定型玻璃体，它可以直接晶化为 P 型沸石。在较高温度和较长活化时间时，不但粉煤灰中的硅铝酸盐无定型玻璃体可以活化，还可以使其中的石英和莫来石活化，其晶化结果是产生一些致密相沸石。

3. 活化剂的种类及浓度对合成沸石的影响

对于粉煤灰与碱金属氢氧化物的溶液体系，研究表明，在温度与液固比一定的条件下，碱性物质不同、浓度不同，合成的产物也不同。在 8 g 焙烧后的粉煤灰中分别加入 200 mL 浓度为 2 mol/L 的 KOH 和 NaOH，在 90～100 ℃下活化 8 h，结果表明：用 KOH 活化的粉煤灰中几乎没有沸石生成，而用 NaOH 活化的粉煤灰只有少许的粉煤灰还未被活化。这一结果表明在采用粉煤灰合成沸石时，NaOH 溶液比 KOH 溶液更为有效，NaOH 的活性比 KOH 高。不同浓度的 NaOH 在相同的条件下合成的沸石类型也不同，因而处理水中污染物的效果也有差别。

4. 外加剂对合成沸石的影响

沸石在粉煤灰的 NaOH 溶液中的结晶过程为非均匀核化过程，当体系中存在结晶核心时，形成沸石所需的功比在单纯形成新相的溶液相中小，形成沸石的结晶速度会大大加快。王华等研究了细粒石英对粉煤灰合成 P 型沸石的影响，认为石英参与沸石或非晶态物质的形成，与不加入石英系列相比，前者的 P 型沸石明显增加，石英细粒的加入加速了 P 型沸石的合成。用预处理过的粉煤灰与碱反应 45 min，进行固液分离，让滤液继续水热反应，当向滤液中加入煤的细小颗粒时，有助于形成 P 型沸石。

7.2 制备 SiO_2 气凝胶

7.2.1 SiO_2 水凝胶的制备

采用 2 种方法来制备水凝胶：一种方法是硫酸催化法，即用 2 mol/L 的硫酸将水玻璃溶液的 pH 值调至 10 左右，常温常压下静置形成水凝胶；另一种方法是树脂交换碱催化法，即用苯乙烯阳离子树脂对所得水玻璃溶液进行离子交换，得到硅酸溶液，然后用 1 mol/L 的氢氧化钠溶液调节硅酸 pH 值至 6 左右，30～40 ℃水浴形成水凝胶。

7.2.2 SiO_2 水凝胶的改性及干燥

改性之前，需将硫酸催化法得到的水凝胶块体用去离子水反复洗涤以除去钠杂质离子，之后放入无水乙醇中浸泡 24 h；而树脂交换碱催化法得到的水凝胶块体直接放入无水乙醇中浸泡 24 h。以三甲基氯硅烷(TMCS)、正己烷、乙醇的混合有机溶剂为表面改性液，正己烷体积以没过水凝胶块体计、乙醇与三甲基氯硅烷的体积比为 2∶3。将水凝胶放入表面改性液中，待改性完全后取出，用正己烷浸泡 3 h 后在 120～150 ℃下进行常压干燥处理，得到 SiO_2 气凝胶。

7.3 制备堇青石质多孔材料

黏土质轻质耐火砖已广泛应用于热工设备和工业窑炉中，但在使用过程中存在抗热震稳定性差、耐火度不高、强度偏低，以及生产能耗大、耐火黏土资源消耗大等问题。为改善黏土砖的抗热震性和高温性能，需要采用优质的矿物原料并经 1400 ℃左右的高温烧成，这将会导致生产成本高、优质黏土资源消耗大。我国在 2010 年 1 月出台了《关于采取综合措施控制开采耐火黏土和萤石的通知》，进一步限制了采用优质黏土矿物原料生产黏土质轻质耐火砖的产量。为解决这一问题，开发使用温度高、抗热震稳定性好、生产成本低的轻质耐火材料显得尤为必要。堇青石材料具有热膨胀系数低、抗热震稳定性好和导热率低等优点，适用于高温环境且温度变化较大的工况。目前，堇青石质多孔材料的工业化生产原料多采用高岭土、滑石或纯氧化物化工原料等，并通过高温固相法合成，合成温度为 1400 ℃左右，生产过程中优质矿物资源消耗多且能耗大。选用低成本原料尤其是采用富铝的工业固体废弃物为主要原料，并结合低能耗工艺制备堇青石质多孔材料具有重要的现实意义和应用价值。

粉煤灰为燃煤火力发电厂的固体废弃物，主要成分为 SiO_2 和 Al_2O_3。目前，国内外粉煤灰的综合利用主要是筑路、建材等。此外，也有利用其制备介孔催化材料和多孔陶瓷等的报道。富铝粉煤灰为粉煤灰中 Al_2O_3 含量较高的粉煤灰，可通过在粉煤灰中添加 $Mg(HCO_3)_2$，利用淀粉作为造孔剂，在 1300 ℃保温 4 h 制备出性能优良的堇青石质多孔陶瓷。为降低生产成本，利用菱镁矿在 700 ℃能够发生分解反应生成 MgO 和 CO_2 这一特点，在富铝粉煤灰中添加菱镁矿。一方面，生成的 MgO 将与粉煤灰中的莫来石反应生成堇青石；另一方面，CO_2 也起到造孔剂的作用，在基体中形成孔隙结构，获得堇青石质多孔材料。

7.3.1 制备堇青石质多孔材料

采用山西神头高铝粉煤灰(粒径＜150 μm)和辽宁海城菱镁矿(粒径＜150 μm)为原料，两者的化学组成如下：高铝粉煤灰，MgO：1.15 w/%；SiO_2：51.57 w/%；Al_2O_3：34.99 w/%；CaO：3.99 w/%；Fe_2O_3：4.42 w/%；TiO_2：1.18 w/%；K_2O：1.01 w/%；LOI：1.83 w/%。菱镁矿，MgO：47.30 w/%；SiO_2：0.17 w/%；Al_2O_3：0.12 w/%；CaO：0.50 w/%；Fe_2O_3：0.23 w/%；LOI：51.13 w/%。

物相分析结果表明：粉煤灰中主要含有方石英、莫来石、钙长石、方镁石和赤铁矿等。实验用原料配比如下：S1：粉煤灰 95 w/%、菱镁矿 5 w/%；S2：粉煤灰 90 w/%、菱镁矿 10 w/%；S3：粉煤灰 85 w/%、菱镁矿 15 w/%；S4：粉煤灰 80 w/%、菱镁矿

20 w/%；S5：粉煤灰 75 w/%、菱镁矿 25 w/%；S6：粉煤灰 70 w/%、菱镁矿 30 w/%。选用硅溶胶为结合剂，添加比例为 3%(质量分数，下同)。将原料按比例进行混料，同时加入硅溶胶。不同配比试样的代号分别表示为 S1、S2、S3、S4、S5、S6。上述原料研磨混合均匀后，在 25 MPa 下压制成型，然后将干燥后的试样置于高温炉中于 700 ℃保温 30 min后分别升温至 1200 ℃、1250 ℃和 1300 ℃，保温 3 h，样品随炉冷却至室温后取出。

7.3.2 物相结构

由样品 S6 在不同烧成温度下制备产物的 X 射线衍射(XRD)谱可见，不同烧成温度下产物的主晶相均为堇青石，但在 1300 ℃烧成温度下产物中堇青石相的衍射峰强度弱于 1200 ℃和 1250 ℃的产物，且在 1300 ℃下，产物物相组成中有堇青石、镁橄榄石和假蓝宝石等。由 $MgO-Al_2O_3-SiO_2$ 三元相图可知，在 1300 ℃烧成条件下制得的堇青石中会出现堇青石、镁橄榄石和假蓝宝石产生低温共熔现象，将有液相生成。实验中有试样出现熔融、坍塌、变形、表面气孔封闭等过烧现象，亦可证明大量液相的生成。分析认为：在这一烧成温度下，新生成 MgO 中 Mg^{2+} 扩散能力较强，容易与莫来石反应生成堇青石，并且在烧成过程中产生了一定量的液相，可显著提高材料的烧结效果。

由菱镁矿添加量对产物相组成的影响可见，1250 ℃保温 3 h 条件下，随菱镁矿添加量的增加，烧成产物中堇青石的衍射峰强度逐渐增强，相应莫来石相与方石英相的衍射峰强度逐渐减弱。当菱镁矿添加量增至 15%(质量分数，下同)及菱镁矿添加量继续增加时，由于方镁石的过剩，相对试样中 Al_2O_3 组分减少并消耗殆尽，MgO 将会与粉煤灰中的 SiO_2 组分反应生成镁橄榄石。当菱镁矿的添加量在 15%～30%时，产物中堇青石为主晶相。由原料的化学组成以及相关计算可知：当菱镁矿添加量约为 21%时，粉煤灰中的 Al_2O_3 组分恰好完全与菱镁矿中的 MgO 反应生成堇青石相，因此认为：当菱镁矿添加量少于 15%时，由于 MgO 量偏少，粉煤灰中的 Al_2O_3 组分和 SiO_2 组分有大量剩余；随着菱镁矿添加量的增加，MgO 含量也随之增加，MgO 与粉煤灰中的 Al_2O_3 组分和 SiO_2 组分反应生成堇青石相，并发生副反应生成微量镁橄榄石，堇青石和镁橄榄石含量增加，莫来石和方石英相则趋于消失，在 XRD 谱中难以显现；当菱镁矿添加量达到 20%以后，由于 MgO 过量，镁橄榄石含量增加，过剩的 MgO 以方镁石相存留于产物中，而粉煤灰中 Al_2O_3 组分和 SiO_2 组分已完全与氧化镁反应，莫来石和方石英的衍射峰消失。由于堇青石与镁橄榄石含量的增加，在 15%～30%范围内，试样的外观呈深褐色。

结合 XRD 分析结果，认为合成堇青石多孔材料主要包括以下 2 个阶段：第一阶段在 700 ℃左右，为菱镁矿的分解阶段，同时也伴随有无定型 SiO_2 向方石英的转化，示于反应式(1)；第二阶段是在 1200～1300 ℃，主要为堇青石的生成反应。XRD 分析结果显示，1200 ℃莫来石相已消失，因此认为粉煤灰中的 $3Al_2O_3 \cdot 2SiO_2$ 和 SiO_2 与菱镁矿分解生成的 MgO 反应生成堇青石，示于反应式(2)；当温度达到 1300 ℃，试样中反应生成假蓝宝石相，示于反应式(3)；随菱镁矿添加量的增加，MgO 与过剩 SiO_2 发生副反应生成镁橄榄石，示于反应式(4)。

$$MgCO_3 \longrightarrow MgO + CO_2\uparrow \quad (1)$$

$$2(3Al_2O_3 \cdot 2SiO_2) + 6MgO + 11SiO_2 \longrightarrow 3(2MgO \cdot 2Al_2O_3 \cdot 5SiO_2) \quad (2)$$

$$5(3Al_2O_3 \cdot 2SiO_2) + 20MgO \longrightarrow 3(4MgO \cdot 5Al_2O_3 \cdot 2SiO_2) + 4(2MgO \cdot SiO_2) \quad (3)$$

$$2MgO + SiO_2 \longrightarrow 2MgO \cdot SiO_2 \quad (4)$$

XRD 分析结果认为，在 1250 ℃保温 3 h，菱镁矿添加量为 15%～30%时可获得堇青石含量较多、烧成效果好的堇青石质多孔耐火材料。

7.3.3 物理性能

1. 菱镁矿添加量对显气孔率和体积密度的影响

由 1250 ℃烧成温度下菱镁矿添加量与试样显气孔率和体积密度的变化关系可见：试样显气孔率随菱镁矿含量的增加呈现先增大后减小的趋势，当菱镁矿添加量为 15%和 20%时，显气孔率均可达到 48%。由于试样中的气孔主要是菱镁矿分解后产生的 CO_2 在高温下膨胀起发泡作用而产生，所以，随菱镁矿添加量的增加，CO_2 也随之增多，显气孔率亦增大；当菱镁矿添加量为 25%和 30%时，新生成的 MgO 与粉煤灰中的 $A1_2O_3$ 组分反应，在反应过程中晶粒快速长大，并有液相产生，造成部分气孔封闭，显气孔率下降。试样的体积密度随菱镁矿添加量的增加呈现先减小后增大趋势。当菱镁矿加入量为 15%时，试样体积密度达到最小值 1.27g/cm^3。

2. 菱镁矿添加量对抗压强度与抗折强度的影响

由在 1250 ℃烧成温度下菱镁矿添加量对试样抗压强度和抗折强度的影响可见，试样抗压强度与抗折强度均随菱镁矿添加量的增加先减少后增大。当菱镁矿添加量为 5%时，试样的抗压强度与抗折强度最大，分别为 47 MPa 和 35 MPa，当菱镁矿添加量为 25%时，试样的强度明显降低，抗压强度与抗折强度分别为 26 MPa 和 15 MPa。结合物相分析结果可知：当菱镁矿添加量为 20%时，试样中方镁石相出现过剩，且方镁石相的剩余量随菱镁矿添加量的增加而增加。由此可见，试样的强度除了与显气孔率和体积密度有关外，方镁石相的过剩也对试样的强度产生不利影响。

结果表明：菱镁矿添加量为 15%时样品具有更高的显气孔率(48%)和更低的体积密度(1.27g/cm^3)，体积密度小于黏土隔热耐火砖 GB/T 3994—2005 的体积密度(1.3 g/cm^3)，以及优异的力学性能(常温抗压强度与抗折强度分别为 38 MPa 和 29 MPa)，抗压强度远大于黏土质隔热耐火砖 GB/T3994—2005 的常温抗压强度(5 MPa)。

7.3.4 微观形貌

由不同烧成温度下菱镁矿添加量为 15%时试样的扫描电子显微镜(SEM)照片可见，1200 ℃烧成试样微观结构疏松，气孔分布特征为大孔较多，为 80～100 μm，且烧成效果欠佳。1250 ℃烧成试样中气孔较多，且孔径为 20～40 μm。1300 ℃烧成试样中气孔较少，这主要是由于烧成温度过高，样品中生成的液相过多，致使部分气孔封闭，试样气孔率下降。

7.4 制备地聚物多孔材料

7.4.1 地聚物简介

地聚物(Geopolymer)是由法国科学家J. Davidovits于1978年提出的，他及其同事用碱激发偏高岭土发生地质聚合反应，形成一类新型胶凝材料，命名为Geopolymer，并确定了其化学成分。地聚物本意是指通过地球的化学作用或人工模拟地质反应而制备的硅铝酸盐矿物聚合物，故此人们又将其称为地聚合物、地质聚合物、土壤聚合物、矿物聚合物等。

地聚物的主要原料是偏高岭土(或粉煤灰、矿渣等具有火山活性物质)、碱性激活剂、促硬剂、外加剂等。地聚物在室温下，经聚合反应生成无定型的硅铝酸盐化合物；在较高温度下生成类沸石型的微晶体结构，如方钠石 $Na_n(Si_2O_2Al_2O_2)_n$、方沸石(Na，Ca，Mg)$_n$($Si_2O_2Si_2O_2$)$_n$ 等。

地聚物的主要结构是硅氧四面体和铝氧四面体聚合而成的非晶态和准晶态的三维网络结构。以无机Si－O四面体和Al－O四面体为基本结构，通过桥氧连接，使四面体结构单元连接成三维骨架，进而形成一种稳固的键合很强的网状结构。硅元素为＋4价，硅氧四面体为电中性，铝氧四面体为＋3价，与四个氧相连造成铝氧四面体呈电负性，需要阳离子(主要是碱激发剂中阳离子 Na^+ 或 K^+)来平衡，而阳离子在骨架中自由游动，可进行阳离子交换。在地聚合反应中水也将参与其中，并以结构水形式存在于产物中。所以，地聚物最终产物是一种复杂的多晶多相聚集体，包括了晶态、玻璃态、胶凝态和气孔等。

J. Davidovits以碱激发偏高岭土为研究对象，将地聚物结构分为3类。

(1)单硅铝地聚物(PS)：

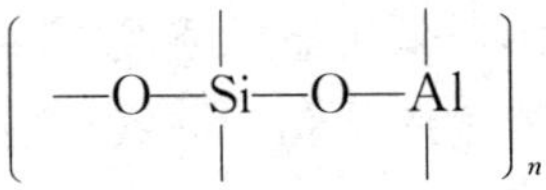

(2)双硅铝地聚物(PSS)：

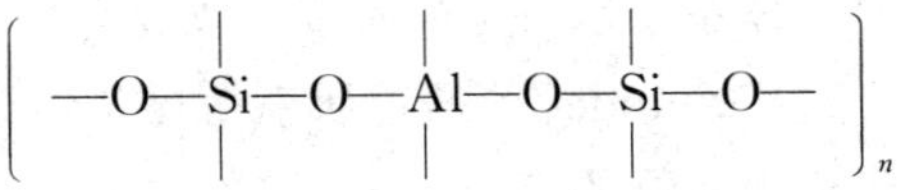

(3)三硅铝地聚物(PSDS)：

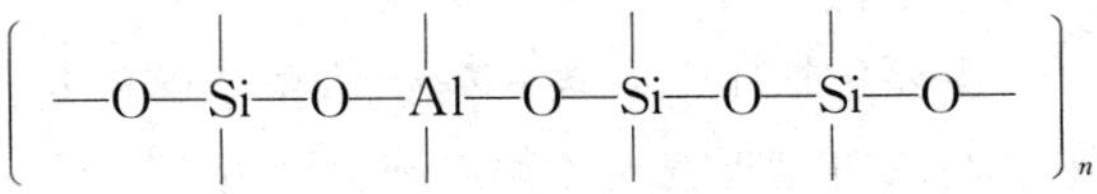

地聚物的分子式表达如下：

$$M_X[—(Si—O_2)_Z - Al - O_2]_n \cdot wH_2O \qquad (1-1)$$

式中，M 为碱金属元素，X 为碱金属离子数目，-表示化学键，z 表示硅铝比；n 表示缩聚度，w 表示化学结合水的数目(w=0～4)。

式(1－1)中，当 z=1、2、3时，地质聚合物具有3种不同的重复结构单元。

由于地聚合物材料具有类似有机聚合的链状结构，基本结构单元为无机的 SiO_4 和

AlO_4 四面体，基本结构单元间又通过脱羟基作用形成化学键，因而兼有无机化合物和有机化合物的共同特点。具有如下的优势特点：

(1)材料强度高、硬化快：养护 24 h 后强度可达到 15 MPa，28 d 达到 35 MPa 以上。与水泥相比，当抗压强度相同时会有更高的抗折强度。

(2)优良的耐酸碱盐腐蚀性：因为地质聚合物制备时引入大量硅铝酸盐，形成地聚物后可吸收大量的碱金属离子，可以极大弱化碱-骨料反应，因此与水泥相比有更好的耐久性和耐酸碱腐蚀性。

(3)较好的快硬固化性：由于地聚物材料在强碱作用下反应迅速，较短的时间即可形成较广泛的网络结构，相比水泥具有快硬早强的特点。

(4)耐高温、耐火性和低导热率：地聚物是以 Si—O—Al 键组合形成的无机高分子结构，具有共价键特性，键强和键能很高，加上本身的网络体系，可耐高温。

(5)生产工艺简单，原料储量丰富，绿色环保：氧、硅、铝是地壳中含量最多的 3 种元素，地聚物的原料一般为粉煤灰、偏高岭土、矿渣等废料，制备的过程无须烧结，大大节省了能源，是一种绿色环保的材料。

7.4.2 地聚物反应机理

有关地聚物影响因素和性能的研究较多，但是，对于反应机理的研究仍存在争议，现介绍 2 种比较受认可的反应机理，一种是 Glukhovsky 模型，另一种是粉煤灰地聚物反应模型。

Glukhovsky 提出地聚物反应分 3 个阶段：这 3 个阶段是：解构—重构阶段；重构—凝聚阶段；凝聚—结晶阶段。此模型为线性模型，但是反应各阶段几乎同时进行。固体的硅铝因为碱而水解，玻璃体中的 Si—O、Al—O 键发生断裂，SiO_4 和 AlO_4 四面体快速溶出，形成自由的 AlO_4 和 SiO_4 四面体单元，而溶出过程是整个反应的关键，然后生成硅酸盐、铝酸盐和硅铝酸盐体系，最终处于饱和态并开始出现凝胶化反应，形成低聚态的凝胶(Gel1)。凝胶作用逐渐形成网络结构 Si—O—T，然后进行重排，低聚物胶体相互交联形成地聚物三维网络结构，所有氧原子由两个四面体单元共享。同时，体系脱水，地聚物变为硬化体。

Fernández 等通过研究粉煤灰地聚物在不同时期的微观形貌，提出粉煤灰受碱激发生成地聚物的模型。

主要包括 4 个阶段：硅铝溶解，碱液扩散，生成硅铝胶体和胶体的沉积。首先碱激发剂从粉煤灰玻璃体某点溶解可溶性的硅和铝，在玻璃体表面形成硅铝胶体，同时，碱液扩散进入玻璃体内部继续溶解；而硅铝胶体在玻璃体外部和内部沉积，包裹住未反应的部分，阻碍其继续反应；然后硅铝胶体和玻璃体相互结合，为硅铝胶体包裹大玻璃体中的小玻璃体。

7.4.3　空心球添加法

1. 实验原料及过程

添加的各种空心球的性能和代码如下：玻璃微球 H1020(编号：B-1)，堆积密度 ρ 0.24 g/cm^3，直径 0.7～2 mm；玻璃微球 H2040(编号：B-2)，堆积密度 ρ 0.32 g/cm^3，直径 0.4～1 mm；玻璃微球 N60(编号：B-3)，堆积密度 ρ 0.53 g/cm^3，直径 0.15～0.5 mm；XLD6000(编号：3M-1)，堆积密度 ρ 0.3 g/cm^3，直径 18 μm；iM16K(编号：3M-2)，堆积密度 ρ 0.46g/cm^3，直径 20 μm；iM30K(编号：3M-3)，堆积密度 ρ 0.6 g/cm^3，直径 18 μm；Al_2O_3 球-1(编号：A-1)，直径 1～2 mm；Al_2O_3 球-2(编号：A-2)，直径 0.2～1 mm；Al_2O_3 球-3(编号：A-3)，直径 0.2～0.5 mm；漂珠-1(编号：P-1)，直径 40 目(380 μm)；漂珠-2(编号：P-2)，直径 400 目(38 μm)。

制备过程：

首先，按照计算好的配方称量 20 g 粉煤灰、1.75 g NaOH 和 4 g 水(水量增加的原因是调节浆料的稀稠度，使浆料具有一定的流动性以便添加空心球，但地聚物性能会有损失)，将 NaOH 和水混合，配成均一溶液后倒入烧杯中，然后边搅拌边加入粉煤灰，使粉煤灰与 NaOH 溶液混合均匀。静止 20 min，使 NaOH 充分活化粉煤灰。同时称量用来作碱性激发剂的水玻璃 11.11 g 和用来调水玻璃模数的 NaOH 1.85 g，将 NaOH 和水玻璃混合搅拌，配成混合溶液，倒入到刚才活化的粉煤灰中，然后充分搅拌形成浆料，此时根据需要来添加称量好的空心球，加入量根据空心球的粒径比表面积等性质而定，其中加水量和空心球的比重如：1#(B-1)：加球量 10.5 g，水量 8 g，球量 19.69 wt.%；2#(B-2)：加球量 9 g，水量 8 g，球量 17.399 wt.%；3#(B-3)：加球量 8 g，水量 8 g，球量 15.77 wt.%；4#(3M-1)：加球量 7 g，水量 8 g，球量 14.07 wt.%；5#(3M-2)：加球量 7 g，水量 8 g，球量 14.07 wt.%；6#(3M-3)：加球量 7 g，水量 8 g，球量 14.07 wt.%；7#(A-1)：加球量 20 g，水量 8 g，球量 31.88wt.%；8#(A-2)：加球量 17 g，水量 8 g，球量 28.46 wt.%；9#(A-3)：加球量 15 g，水量 8 g，球量 27.23 wt.%；10#(P-1)：加球量 18 g，水量 8 g，球量 29.63 wt.%；11#(P-2)：加球量 16 g，水量 8 g，球量 27.23 wt.%。

在振动台上放好已涂抹脱模剂的模具，开启振动台后，边振动边往模具中慢慢注入浆料，使浆料填满模具，不留气泡，1.5 min 后关闭振动台，取下模具。将模具放入塑料密封盒中密封，放入 60 ℃的恒温烘箱中养护 24 h 后脱模，样品标号储存好等待测试。

2. 结果与讨论

对于加球量的多少，不同种类的空心球的加球量是不同的，氧化铝球和漂珠可以加入更多的球，3M 球和玻璃微球的加球量较少，主要原因是成分不同而影响加入量，由于地聚物是由含有硅铝原料的形成网络结构，对于有相同物质的空心球，可以加入更多的球量参与化学反应。种类相同的空心球中不同的粒径其加球量也不同，粒径较大的相对加球量较多，粒径小的可加入的球量少，主要是粒径小，比表面积大，需水量较多，对于相同流动性和含水量的浆料来说，粒径小的球添加量少。对于抗压强度，同种类型的球的抗压强度相当，整体看：漂珠＞玻璃微球＞3M球＞氧化铝球；相同种类的球中，粒径较小抗压强度较大。对于密度来说，漂珠虽然加球量较多，但是，密度几乎不减少，主要原因是漂珠的成分与粉煤灰的成分相近，参与了地质聚合反应生成地聚物，而没有起到减少密度制造孔洞的作用，其余种类球的密度主要与球的粒径有关，粒径越大，密度降低越多，当加球量相近时，球粒径越大，制造的孔洞越大，密度越小。

对于轻质地聚物多孔材料，除了关注密度和抗压强度外，应同时关注显微结构和球与基体的结合情况。以相同种类的空心球为一组进行显微结构分析，可以看出玻璃微球与基体的结合情况，首先，可以观测基体的填球量较多，但是本实验使用的玻璃微球本身的形貌不佳，球体为不规则圆形且球体非中空，但是球体与CFAG的结合较好，即使是放大8000倍的图像，界面依然结合紧密。虽然B－1球的微观形貌不好，但复合轻质材料依然表现出较好的抗压强度和较低的密度，主要是B－1本身的粒径较大，密度仅为0.24 g/cm^3，填球量也较大为19.69 wt.%，加上基体与球结合紧密，所以，可以制备出较好的轻质材料。如果B－1球本身可以有更好的性能，一定可以制备更好的轻质材料。

加入3M球后CFAG基体与球之间的SEM图像可以清楚地看到球的分布及球与基体的结合情况，虽然3M的加球量相同，但是，球的分布情况完全不同，明显看出分布效果为3M－1＞3M－2＞3M－3，3M－1球体与基体分明，3M－3球体完全被基体包围，抗压后基体会呈现许多碎渣；且3M－1球与基体结合较好，抗压后的断裂是从球体直接断开变成两半，而不是沿球与基体的结合处撕裂，表明球与基体本身结合强度非常理想。所以，显而易见3M－1不但在抗压强度和密度方面较好，并且显微结构较理想，基体与球间的结合性能也更胜一筹。

观察加入氧化铝球后基体与球间的结合情况，首先各氧化铝球圆而中空，性能较好，由于粒径大的球会制备更大的孔洞，并且分别均匀而紧密，故产生较好的复合材料，通过进一步放大可以看出氧化铝球出现典型的氧化铝晶体结构并出现熔化状态，由于氧化铝参与了部分反应，利于球与基体的结合。随着球径的减小，加球量变大，密度上升，所以，综合看出A－1具有更好的性能，不但密度小，而且加球量多，球分布与结合情况好，同时抗压强度与其他粒径的氧化铝球相差不多。

由于漂珠与粉煤灰成分相同，连接效果会非常理想，但是，结合SEM图像和密度情况看，虽然漂珠与基体的结合非常好甚至很难发现两者的结合界面，但是由于漂珠参加了反应，没有起到增孔的作用，密度没有降低，所以，漂珠不能用作填孔材料制备粉煤灰地聚物多孔材料。

3. 小结

对于相同浆料的粉煤灰地聚物来说，其制备的地聚物多孔材料规律为：相同流动性的浆料，加球量与成分和粒径有关，成分与基体越相似，加球量越多，同样成分的空心球，粒径越大，加球量越多。抗压强度与成分和球的种类相关，成分越相近，抗压强度越大。密度与加球量和球粒径有关，加球量越多，球粒径越大，密度越低。

对于本实验所用空心球来说，如果追求低密度，抗压强度要求不多时，选用 A-1；如果追求高强度，密度要求不多时，选用 B-1，而综合性能较强的是 3M-1，但是 3M 球的价格较贵，对于制备价格低的环保材料来说并不一定是最佳的选择。

7.4.4　铝粉发泡法

1. 铝粉发泡原理

本实验用铝粉膏作为发泡剂来制备多孔材料。铝是一种非常活跃的金属，能够和水起化学反应，置换出水中的氢并且产生氧化铝，但因为暴露在空气当中的铝粉颗粒表面已经被空气中的氧气氧化，出现了惰性的氧化铝保护膜，妨碍铝与水的接触，而氧化铝可以溶解在碱性的溶液当中，生成偏铝酸盐。当铝粉的表面的氧化膜被溶解掉之后，金属铝就会和水发生化学反应，然后再置换出水中的氢，生产凝胶状氢氧化铝，其实它同样妨碍水与金属铝的表面接触，致使水与铝不能够发生反应，但是，氢氧化铝同样也是能够溶解在碱性溶液中的，生成偏铝酸盐，就这样，在碱溶液当中，铝能够不断地与水发生反应，生成氢气，一直到金属当中的铝被消耗完为止。这样氢气以近似圆球形状的气泡，均匀地分布在浆料当中，同时使得浆料的体积得到膨胀。茶皂素是一种稳泡剂和减水剂，它可以稳定气泡和调节气孔的大小，同时使生成地聚物时的需水量减少。由发泡机理可知，气泡孔径越大，发泡体系越容易坍塌，因此，加入稳泡剂可以遏制气泡体积的增长，防止气泡孔径过快增大，制备性能优良的发泡材料。

2. 试验流程

发泡法制备地聚物多孔材料的流程：

按照计算好的配方称量一定量的粉煤灰、活化粉煤灰的 NaOH、水。将 NaOH，水混合搅拌，配成均一溶液后边搅拌边加入粉煤灰，使粉煤灰与溶液混合相对均匀，使 NaOH 充分活化粉煤灰。继续称量水玻璃和调节模数所需要的 NaOH，搅拌溶解，加入上述混合浆料中搅拌均匀，约 2 min。将浆料倒入事先烘干的塑料小烧杯中，并称取相应的铝粉膏和稳泡剂茶皂素加入其中，快速搅拌，然后快速注模，密封放入恒温箱中养护，脱模等待测试。

3. 实验配方及结果分析

实验配方为：57 wt.%水量＋8 wt.%碱激发 NaOH＋20 wt.%水玻璃(加 NaOH 调模数到 1.2)＋改变发泡剂铝粉膏量＋1/2 铝粉膏量的稳泡剂茶皂素，加入铝粉膏的量分别为(wt.%，为浆料质量的百分数)：0.05，0.10，0.15，0.20，0.25。

为了探究发泡剂量对性能的影响规律，设计了 5 组对比试验，加入发泡剂的量分别为(wt.%，为浆料质量的百分数)：0.05，0.10，0.15，0.20，0.25，其他条件均相同，实验结果发现随着发泡剂量的增大，材料的强度持续减小，对比 7 d 和 21 d 两组强度数据可以看出，随着时间的推移，材料的强度得到增强。

发泡剂量对材料密度的影响规律，呈现的也是材料密度的持续减小，对比 7 d 和

21 d 两组密度数据可以看出，随着时间的增长，材料的密度都有所降低。

从发泡剂加入量与材料强度与密度的关系可以看出，铝粉加入量从 0.05 wt.%增加到 0.10 wt.%时，密度和强度都有显著的降低。之后再增加铝粉膏的量，变化不大。说明发泡剂加入量为 0.10 wt.%时，孔结构发生了较大的变化，发泡量有较大水平的提高，从而使密度和强度发生较大变化，而随着发泡剂的进一步增加，发泡剂发泡的同时消耗碱和水量，使材料固化的速度加快，提前固化使材料的发泡受到制约，因此发泡剂量进一步增加时，发泡量的增加缓慢，表现为密度、强度变化不明显，同时稳泡剂茶皂素稳泡的同时起了减水的作用，作用机理比较复杂。

材料内部含有大量的气孔，气孔大小不均。0.05 wt.%发泡剂量下材料的气孔以密闭气孔为主，中间穿插一些联通孔；0.20 wt.%发泡剂量下材料内部含有大量的联通气孔。0.05 wt.%发泡剂量下的材料微观结构较为致密，而 0.20 wt.%发泡剂量下材料的微观结构较为疏松。这与固化速度加快有关，固化速度加快，使水分迁移、碱激活过程及硅铝氧网络的调整受到影响，在密度变化不大的情况下，强度发生较大变化，同时茶皂素的双重作用也起了决定性影响。

参考文献

[1] 杨辉．基于硅溶胶的多孔保温材料制备及性能研究[D]．重庆：西南交通大学，2016.

[2] 王旭东．酸浸煤矸石制备介孔材料的研究[D]．合肥：安徽建筑大学，2016.

[3] 尹娜．煤矸石合成沸石及其在印染废水中的应用研究[D]．西安：陕西师范大学，2016.

[4] 宋素莉，舒新前，李钢，等．利用煤矸石制备轻质多孔材料的研究现状与展望[J]．矿产综合利用，2008(02)：23-27.

[5] 姚嵘．煤矸石和粉煤灰制多孔材料的试验研究[J]．选煤技术，2002(04)：3-4.

[6] 杜雄伟．煤矸石制备活性炭-沸石型体复合材料及其性能研究[D]．太原：太原理工大学，2008.

[7] 陈建龙．煤矸石合成 NaA 和 NaX 型分子筛及其对重金属废水的吸附研究[D]．西安：陕西师范大学，2014.

[8] 李玉凤，张锦瑞．采用酸浸法提高煤矸石制取造纸涂料白度的试验研究[J]．选煤技术，2004(05)：25-28.

[9] 侯文心．b 轴取向 ZSM-5 分子筛/煤矸石多孔材料的合成及其催化性能评价[D]．徐州：中国矿业大学，2018.

[10] 张磊，王青宁，赵秋萍，等．凹凸棒黏土矿合成 4A 沸石分子筛工艺[J]．非金属矿，2009，32(06)：39-41.

[11] 司玉成．以煤泥为原料的 4A 分子筛的水热合[J]．非金属矿，2019，42(03)：76-78.

[12] 贲智萍. 高岭土合成分子筛[D]. 南昌：东华理工大学，2012.

[13] 申少华，李爱玲. X型沸石粉体的水热制备与表征[J]. 硅酸盐学报，2004，32(08)：997-1003.

[14] 蒋月秀，潘文杰，李利明，等. 超声波作用下膨润土合成X型分子筛研究[J]. 非金属矿，2011，32(04)：40-44.

[15] 吴新刚，薛彩红，赵毅霞，等. 粉煤灰合成13X型沸石的实验研究[J]. 化工矿物与加工，2007，36(04)：24-27.

[16] 章西焕，马鸿文. 高铁钾长石粉体合成13X型分子筛的晶化过程[J]. 矿物学报，2013，33(01)：31-38.

[17] 司玉成，杜美利，吴涛，等. 脱除黄陵煤泥中铝和铁元素的实验研究[J]. 非金属矿，2014，37(06)：42-44.

[18] 孔德顺，蒋荣立，张宗祥，等. 煤系高岭土水热合成13X分子筛的试验研究[J]. 煤炭工程，2008(03)：87-90.

[19] 周建国，郭宏宇，孔永林，等. 煤系高岭土水热合成干燥用13X型沸石分子筛[J]. 内蒙古石油化工，2013(03)：6-10.

[20] 万林，郑昆鹏，江露英，等. 煤系高岭土微波加热合成干燥用13X型沸石分子筛[J]. 非金属矿，2010，33(05)：13-16.

[21] 蒋荣立，孔德顺. 偏高岭石-碱-硅酸钠水热反应体系13X型分子筛的合成[J]. 硅酸盐学报，2008，36(06)：832-838.

[22] 葛元新. 以粉煤灰碱熔融分解物为原料合成4A型沸石[J]. 中国资源综合利用，2003，3(01)：35-37.

[23] 徐国想，范丽花. 粉煤灰沸石合成及应用研究[J]. 化工矿物与加工，2006，35(09)：32-34.

[24] 邓忠生，王珏. HF催化快速制备 SiO_2 气凝胶[J]. 无机材料学报，1999，14(04)：587-592.

[25] 张会兵，刘加善，石磊. 轻质颗粒料体积密度检测方法的探讨[J]. 耐火材料，2006，40(02)：143-144.

第五篇

絮凝剂制备技术

第1章　絮凝剂的基本情况

1.1　絮凝剂的种类

絮凝剂是用于处理污水的一种低成本高效率的物质，它能有效去除掉污水中难以沉降或者沉降缓慢的大颗粒悬浮物，另一些颗粒非常小并且存在表面电荷的杂质可以通过混凝＋絮凝的方法使它们相互靠近产生更大的质量沉淀以除去，从而降低污水中的COD、总悬浮固体(total suspended solid，TSS)、浊度和颜色。常见的絮凝剂主要有无机絮凝剂、有机絮凝剂和微生物絮凝剂，这3种絮凝剂各有利弊，有时配合使用能够发挥更好的作用。

1.1.1　无机絮凝剂

无机絮凝剂是指组成成分为无机物质的一类絮凝剂。此外，由于无机絮凝剂分子量对其絮凝效果有着密不可分的影响，其自身还可依据分子量大小细分为无机小分子絮凝剂和无机高分子絮凝剂。目前，最为经典的无机絮凝剂仍是铁盐和铝盐絮凝剂，如氯化铁、硫酸亚铁、氯化铝、明矾、聚合氯化铝等。无机小分子混凝剂，如氯化铁、硫酸铝等，最早因其成本低廉被广泛应用于各类水处理环节当中。但由于其产生的絮体小、难沉降，逐渐被更高效的无机高分子絮凝剂所替代。目前使用较为广泛的无机混凝剂有：铁盐混凝剂(氯化铁；硫酸铁；氯化亚铁；聚合氯化铁；聚合硫酸铁；聚合磷酸铁)、铝盐混凝剂(氯化铝；硫酸铝；磷酸铝；聚合氯化铝；聚合硫酸铝；十二水硫酸铝钾)、无机复合金属盐混凝剂(聚合氯化铝铁；聚合硫酸铝铁；聚磷硫酸铁；聚合硫酸氯化铝铁；聚合硅酸铁；聚合硅酸铝铁)、有机复合金属盐混凝剂(聚合铝/聚丙烯酰胺；聚合铝铁/聚丙烯酰胺；聚合铁/甲壳素；聚合铝/阳离子有机高分子；聚合铁/阳离子有机高分子)。

因其成本远低于有机高分子絮凝剂，无机混凝剂近几十年来被广泛应用于各种水处理中。然而，当今絮凝剂种类的不断丰富，应用场景的复杂多变，无机絮凝剂在水处理中的应用变得十分有限，并因其诸多弊端而逐渐减少。随着应用研究的不断深入，科研人员发现无机絮凝剂的大量使用对生态环境及人身健康造成了巨大的危害：无机混凝剂投加量往往很大，导致混凝处理后产生大量有毒的含金属污泥，如何妥善处置这些污泥以免对环境造成不利影响已成为一个难题；根据流行病学、病理学的相关研究，铝盐絮凝剂使用后残存的金属铝元素可能会导致阿尔茨海默病的发生；而铁盐混凝剂易潮解，对金属设备具有一定的腐蚀性且出水易呈现黄色。此外，传统的无机絮凝剂还存在着适用pH范围较窄、难以去除细小颗粒以及难以处理低温水等缺点。为了最大限度地减少无机絮凝剂弊端带来的危害，研究者开始寻找无机絮凝剂的替代品并尽可能地减少其用量。

1.1.2 有机合成高分子絮凝剂

近些年来，越来越多的人工合成聚合物被当作絮凝剂来使用，这类絮凝剂便被称作有机合成絮凝剂。它们可以有效地提高絮凝效率，并表现出了良好的絮凝效果。市售有机絮凝剂多为线性聚合物且溶解性较好，它们多由丙烯酰胺、丙烯酸这类活性单体重复接枝聚合而成。但值得注意的是，这些单体中的大部分均由石油和其他不可再生的材料制备得到。目前，较为常见的有机合成絮凝剂包括聚丙烯酰胺类、聚丙烯酸类、聚胺类等。其中，最具有代表性的是聚丙烯酰胺类絮凝剂。郑怀礼等人以丙烯酰胺、丙烯酰氧乙基三甲基氯化铵为单体，通过紫外线引发制备得到了阳离子聚丙烯酰胺类絮凝剂，其相对分子质量达到了533万。Zhang Shi－xin等人以丙烯酰胺(AMA)、对苯乙烯磺酸钠为单体，采用超声引发的方式制备了具有微块结构的阴离子聚丙烯酰胺絮凝剂，并将其应用于赤铁矿废水的絮凝研究，结果表明：在1 mg/L的投加量下，该絮凝剂对赤铁矿废水浊度的去除率达到95%以上，且形成的絮体体积大，结构紧凑，具有良好的沉降性能。

为了丰富有机絮凝剂的种类，我们可以通过改变单体种类及比例，来改变合成产物的分子量、分子结构、电荷密度、电荷类型。一般来说，有机絮凝剂可根据其带电性大致分为4类，即阳离子型、阴离子型、两性型(同时包含阳离子和阴离子基团)以及非离子型(接近电中性)。絮凝剂的带电性直接决定着其可处理的污染物种类，是影响絮凝效率的主要指标。除此之外，絮凝剂分子量的大小和自身电荷密度也对絮凝效果产生着影响。

绝大多数有机合成絮凝剂都能快速地溶解在水中，并且溶液的pH值不会因此受到影响。同时，相比于混凝剂，有机絮凝剂的投加量要小得多，产生的絮体也更大更不易破碎。这些优点使得有机絮凝剂在水处理中得到了广泛应用。然而，目前有机合成絮凝剂的应用仍存在着诸多问题：①有机絮凝剂的使用成本远高于无机混凝剂；②有机絮凝剂使用后易残留未反应单体及其他有害物质，尤其是聚丙烯酰胺类絮凝剂的单体丙烯酰胺具有很强的神经毒性，并且存在一定的致癌风险；③大多数单体的制备原料都是石油加工产物，其加工生产方法并不太符合当前绿色低碳的主题；④大多数有机合成絮凝剂不易被微生物降解，降解速率也极其缓慢，其降解产物有一定的毒性。当今世界，低碳环保的生产生活方式已经成为人类共同的追求，絮凝剂的发展也应响应这一时代主题。为此，世界各国科研人员将目光投向了某些具有絮凝性能的天然生物基质，力求研发出更加绿色、高效的絮凝剂。

1.1.3 天然高分子絮凝剂

近些年来，全球低碳环保的呼声愈加响亮，水处理中环保材料的需求也逐渐扩大。

目前，天然絮凝剂作为一种更加绿色、低毒的絮凝剂成了研究热门。秉持着“取之于自然，用之于自然”的环保理念，被称作“二十一世纪的绿色絮凝剂”。相比于传统絮凝剂，天然高分子絮凝剂的制备原料广泛存在于可再生的农渔业资源当中，简便易得，并且该类絮凝剂易于被微生物降解，毒性较低，不易产生二次污染。因此，它们在印染废水、污泥脱水、处理生活污水等方面拥有着广泛的应用前景。

1.2 絮凝机理

絮凝作用是指使水中微粒集聚变大，或形成絮体，最终加速沉降的现象。在水处理过程中，投加絮凝剂后产生的絮凝现象较为复杂。絮凝剂种类、水质条件的变化均能够引起作用机理有所变化。目前，学术界公认的絮凝机理主要分为4大类：压缩双电层、电中和作用、吸附架桥作用、网捕卷扫作用。绝大多数情况下，某种絮凝现象的产生是多种机理共同作用的结果，并不会仅仅涉及其中一种机理，但对于不同的絮凝现象总会有某一种机理在其中发挥主要作用。

1.2.1 压缩双电层

压缩双电层理论是以DLVO理论为基础发展起来的，DLVO理论是Derjaguin、Landau、Vervey和Overbeek 4人提出的，解释了胶粒之间的作用势能与胶粒距离之间的关系，DLVO理论认为胶粒之间主要存在2种力，一种是粒子与粒子相互吸引的范德华力，一种是粒子之间的相互排斥力，这种相互排斥力是使得胶粒得以稳定存在的主要作用力，该理论指出了胶粒颗粒是否能够稳定，取决于范德华力与相互排斥力之间的作用大小。

压缩双电层是指向水中投入电解质后，溶液中与水体反离子相同的电荷离子浓度也相应升高，新引入的反离子会与原有的反离子产生电性排斥，导致扩散层原有的离子迁移至吸附层，降低扩散层的厚度、降低Zeta电位、削弱胶粒之间的排斥力，扩散层的减少还会导致胶粒之间的距离减小、吸引力增大，从而导致吸引力与相互排斥力的合力从一开始的相互排斥力为主导转换成了吸引力占主导，故胶粒之间开始相互吸引导致胶粒脱稳凝聚沉降，这就是絮凝过程的压缩双电层机理。

1.2.2 电中和作用

在实际水污染治理中，水体中污染物微粒多带负电荷。与此同时，研究人员发现阳离子絮凝剂通常能够表现出更好的絮凝效果。众所周知，电性相异的两微粒间能够产生很强的静电相互作用力，足以使微粒相互吸引。当异性电荷絮凝剂与污染物微粒相互结合之后，胶体的双电子层被压缩，表面Zeta电位也会降低，这使得原本因微粒间静电斥力而稳定的胶体逐渐失稳，从而形成絮体，快速沉降。

随着研究不断深入，研究者们还发现：当加入的絮凝剂电荷量恰好足以完全中和污染物颗粒表面异性电荷，或使污染物 Zeta 电位接近于零时，絮凝效果将会达到最佳。但当继续增大药剂投加量时，多余絮凝剂分子带来的异性电荷会继续吸附于污染物微粒表面的吸附位点，致使污染物微粒表面电性发生翻转，这会使得各污染物微粒再次因彼此间的静电斥力重新稳定，絮凝效果下降，这种现象称为再稳定现象。因此，过量的絮凝剂不仅徒增成本，还会致使最终出水水质变差。此外，具有更高电荷密度的絮凝剂往往能够表现出更佳的絮凝效果，这是因为在相同投加量的情况下，电荷密度更高意味着有更多的电荷被投入至水体中。但是，高电荷密度絮凝剂往往呈现出更加平面化而非长链性的分子结构，这使得此类絮凝剂难以更好地发挥吸附架桥作用。

除上述絮凝现象之外，我们还能够在很多絮凝剂应用过程中发现：絮凝效果随絮凝剂投加量变化的曲线在达到最高点之后会产生一段比较平稳的高效段，并不会立刻发生大幅下降。这一现象是由 Kasper 和 Gregory 提出的“电荷碎片”机理导致的。当高电荷密度絮凝剂与低电荷密度污染物微粒表面电位发生电中和作用时，总会有部分表面电位不会被中和以确保微粒整体仍然保持电中性，这会使得微粒表面未被中和的负电荷区之间存在着星点般的正电荷区域。当这种微粒相互靠近时，正电荷区域和负电荷区域间产生静电吸引力，促进粒子集聚，从而产生絮体。值得注意的是，该机理下形成的絮体的强度低于吸附架桥作用下形成的絮体的强度，但高于简单电中和形成的絮体的强度。同时，该机理形成的絮体的破碎再生长能力要强于吸附架桥作用下形成的絮体的破碎再生长能力。

1.2.3 吸附架桥作用

有机高分子絮凝剂和无机高分子混凝剂均具有较长的线性结构，并且其链上接枝了许多具有吸附作用的基团，这使得带异性电荷的高分子絮凝剂能够通过共价键、离子键等作用力吸附水中污染物胶粒或微小絮体，形成了“污染物-高分子絮凝剂-污染物”的絮体。高分子絮凝剂在絮体中充当桥梁的作用，这一作用机理被称作吸附架桥作用。该絮凝机理自 20 世纪 50 年代便被广泛认可，并广泛存在于多种絮凝现象中。值得注意的是，必须是同时具备线性分子结构并且具有一定长度的高分子絮凝剂才能发挥吸附架桥作用。倘若絮凝剂为线性结构但长度无法满足其自身吸附多个胶粒的需求，该絮凝剂最终只能吸附单个污染物胶粒，便无法充当连接污染物的桥梁，无法发挥吸附架桥作用。高分子絮凝剂发挥吸附架桥作用所需的基本长度受诸多因素影响，如水中胶粒大小、高分子基团数目、支链数目及长度等。除此之外，该絮凝机理需要在投加量适中的条件下才能发挥其理想作用。当絮凝剂投加过量时，过多的高分子絮凝剂会尽可能地占据胶粒表面的吸附位点，将其覆盖包裹，这会产生排斥效应而阻碍絮凝体间进一步的凝聚，导致絮凝效果下降。因此，找寻高分子絮凝剂的最佳投加范围是提高其应用效率的必要准备工作。

此外，电荷密度也对絮凝剂发挥吸附架桥作用起到了重要作用。当絮凝剂电荷密度很高时，其很难吸附到同电性的污染物微粒且其空间构型可能不利于发挥架桥作用。

但是，适度的电荷密度可以使链间产生静电斥力，促进链的舒展，能够起到吸附架桥作用。

1.2.4　网捕卷扫作用

网捕卷扫作用是在无机金属盐混凝剂或者溶解性较差的高分子絮凝剂大量投加的情况下才会发生作用的一种机理，该机理主要通过机械作用发挥效用。当向水中投加大量铝盐或铁盐混凝剂时，其会水解产生大量氢氧化物沉淀。这些沉淀物会受到重力影响而不断下降，在下降过程其可以网捕、卷扫、吸附周围水体环境中的污染物杂质，最终金属盐沉淀与污染物共同通过沉降作用被去除。值得注意的是，由于高分子絮凝剂絮凝后产生的絮体粒径较大，絮体自身具有孔隙结构，这一特点使得这些絮体在下降过程中往往也能发挥部分网捕卷扫作用，增强污染物去除效果。

此外，利用网捕卷扫作用净化水质时呈现出一个非常有趣的特点：所需混凝剂的投加量与水体中污染物的含量成反比例关系，即当水体中污染物的含量较高时，所需混凝剂的投加量较少；而当水体中污染物的含量较少时，所需混凝剂的投加量反而上升。

第 2 章　煤泥基絮凝剂的制备

2.1　聚合氯化铝铁絮凝剂的制备

酸浸液制备：将煤泥研磨至 200 目，在 800 ℃下煅烧活化 2.5 h。将煤泥灰和盐酸溶液按液固比为 6 mL/g 进行混合反应(其中盐酸浓度为 6 mol/L)，置于 90 ℃的恒温水浴中，反应回流 4 h，抽滤得酸浸滤液。

絮凝剂制备：向酸浸滤液中加入一定量的铝酸钙粉，置于 100 ℃的水浴锅内搅拌反应 4.5 h。将所得产品熟化 24 h 后，即得絮凝剂液体产品。

2.2　聚合氯化铝铁絮凝剂 FTIR 分析

3424 cm^{-1}是样品中与铝离子相连的-OH 基团及样品内所吸附的水分子和配位分子中的-OH 基团伸缩振动产生的。吸收峰面积较大，表明样品中羟基含量较高。1636 cm^{-1}是由结合水(H—O—H)的弯曲振动引起的吸收峰。992 cm^{-1}左右的吸收峰是 Fe—OH—Fe、Al—OH—Al 的面内伸缩振动峰。602 cm^{-1}附近的峰是 Al—OH—Al 的整体弯曲振动峰。

2.3　聚合氯化铝铁絮凝剂制备优化试验

2.3.1　铝酸钙粉加入量

由于酸浸液中酸度较强，为了提高产品盐基度，通常需要向反应体系中加碱来调整 pH 值，本试验添加的铝酸钙粉，不仅能提高产品盐基度和产品有效组分，且价廉易得。为了考察碱基度对合成聚合氯化铝铁絮凝剂的影响，固定 12 g 煤泥灰的酸浸液，其他条件不变，分别添加 14 g、16 g、18 g、20 g、22 g、24 g 铝酸钙，在聚合温度为 90 ℃下聚合反应 3 h，熟化后，测定样品的碱基度。

聚合氯化铝铁产品的盐基度随着铝酸钙粉加入量的增大而提高，当铝酸钙粉加入量为 22 g 时，产品的盐基度可达 72.51%，再继续增加铝酸钙粉的量，随着反应时间的延长，产品的盐基度也增大，但是反应体系不稳定，容易变成糊状。最后确定铝酸钙粉的量为 22 g。

2.3.2 Al/Fe 的影响

为了考察 Al/Fe(摩尔比)对合成聚合氯化铝铁絮凝剂的影响，固定铝酸钙粉量 22 g，其他条件不变，添加不同量的 $FeCl_3 \cdot 6H_2O$ 调节至各个指定量的 Al/Fe(摩尔比)(10.6/11.4/12.2/13.1/14.2/15.6)，在聚合温度为 90 ℃下聚合反应 3 h，测定产品的絮凝效果。

随着 Fe^{3+} 的增加，即 Al/Fe(摩尔比)的降低，浊度去除率逐渐增大，产品的絮凝性能有明显的提升。当 Al/Fe 为 11.4∶1 时，浊度去除率达到最大值，絮凝效果最好。继续增大铁含量，浊度去除率显著降低，絮凝效果反而下降。这主要是由于 Fe^{3+} 比 Al^{3+} 具有更强的水解能力。当 Fe 含量过高时，因为 Fe^{3+} 的水解速度要明显大于 Al^{3+} 的水解速度，其迅速生成高聚物和凝胶，部分与 Al^{3+} 形成共聚物，但是却不能生成稳定的多核络合物，因此使共聚物由链状结构变成密实的网状结构，最终生成大量的无定型凝胶，促进了不可逆的氢氧化物沉淀的生成，从而影响了产品的稳定性。最后确定最佳 Al/Fe(摩尔比)为 11.4∶1。

2.3.3 反应温度的影响

为了考察反应温度对合成聚合氯化铝铁絮凝剂的影响，固定铝酸钙粉量为 22 g，Al/Fe(摩尔比)至 11.4，其他条件不变，在不同的聚合温度(60 ℃/70 ℃/80 ℃/90 ℃/100 ℃)下聚合反应 3 h，测定产品的絮凝效果。

随着反应温度的升高，浊度去除率逐渐增大，产品的絮凝效果越好，而在 90 ℃以后，再继续升高温度，浊度去除率趋于平缓，变化不大。主要是因为随着反应温度的升高，促进了 Al^{3+} 和 Fe^{3+} 的水解反应，聚合单体生成速率变大，从而使产品的盐基度增大，浊度去除率变大。由于聚合过程是一个放热反应，温度过高在一定程度上又抑制了水解生成的单体羟基铝络离子发生聚合反应生成二聚体、低聚体及高聚体等多种羟基聚合形态，从而使产品盐基度增幅不大或有降低的趋势。最后确定最佳反应温度为 90 ℃。

2.3.4 反应时间的影响

为了考察反应时间对合成聚合氯化铝铁絮凝剂的影响，固定铝酸钙粉量 22g，Al/Fe(摩尔比)至 11.4，聚合温度为 90 ℃，其他条件不变，在不同的聚合时间(2.5 h/3 h/3.5 h/4 h/4.5 h/5 h)下聚合反应，测定产品的絮凝效果。

随着反应时间的延长，浊度去除率逐渐增大，产品的絮凝效果显著提高，反应时间为 4 h 时，浊度去除率达到最大，再继续延长反应时间，浊度去除率变化不大。这主要是因为，反应时间过短，反应体系不能吸收足够的热量进行水解反应，进而影响聚合反应，导致产品的聚合度不高。随着反应时间增加，越有利于聚合反应的顺利进行，产品的盐基度增大，浊度去除率上升。反应时间过长，对产品盐基度增加的贡献不大，同时浪费大量资源，影响生产周期。最后确定最佳反应时间为 4 h。

综上所述，合成聚合氯化铝铁絮凝剂的最佳工艺条件是：铝酸钙粉为 22 g、Al/Fe 为 11.4∶1、聚合温度为 90 ℃、聚合时间为 4 h。制得的固态产品中 Al_2O_3 含量为 28.54%，Fe_2O_3 含量为 2.21%，盐基度为 82.78%，且其他相关指标均符合 GB 15892—2009 和有关企业指标。实验所用水样浊度为 18.08 NTU，最优条件下所制絮凝剂处理后水样的浊度为 0.99 NTU，浊度去除率达到 94.50%。

第3章 煤矸石基絮凝剂的制备

3.1 聚硅酸铝铁絮凝剂

3.1.1 聚硅酸铝铁(PAFS)的制备

块状煤矸石经破碎后筛分成粒径约0.125 mm的粉末，与一定量的助溶剂碳酸钠混合均匀，置于马弗炉中进行焙烧活化，自然冷却后得到复合固态焙烧产物。将焙烧产物研磨后，用一定量的浓度为3 mol/L的盐酸于一定温度的水浴锅中酸浸一段时间。酸浸液经离心分离，上清液用1 mol/L的氢氧化钠溶液调pH，恒温聚合1 h，得到液体PAFS，于烘箱中105 ℃烘干，即得到产品PAFS。

3.1.2 PAFS制备条件的优化

1. 焙烧条件

随着碳酸钠添加量的增加，废水去浊率逐渐升高；当添加量达到40%时，废水浊度最小，为27.98NTU，去浊率最高，为95.60%。随着碳酸钠添加量的继续增加，去浊率开始缓慢下降。在高温下，煤矸石中的硅、铝与碳酸钠发生固相反应打开Al-Si键，生成可溶性硅酸盐和铝酸盐。碳酸钠添加量大于40%时，酸浸反应过程中会产生果冻状硅凝胶现象，导致酸浸液和滤渣很难分离。因此，最佳碳酸钠添加量为40%。

随焙烧时间延长，去浊率逐渐升高；焙烧2.0 h时去浊率达到最高，为95.93%，此时废水浊度最小，为25.88NTU。焙烧时间过短，煤矸石中的挥发性物质无法彻底分解并挥发出去，有效活性组分也不能完全激发，从而减少了活性组分的产生；焙烧时间过长，会使本来多孔疏松的煤矸石结构变得致密，使已产生的活性Al_2O_3和SiO_2变成新物质而失去活性。因此，最佳焙烧时间为2.0 h。

随焙烧温度升高，去浊率逐渐提高；800 ℃时去浊率达到最高，为95.98%，此时废水浊度最小，为25.56NTU。适当的焙烧温度会给原子或离子通过扩散的形式跨过固体界面提供更大的能量，促进固相反应更好地进行。但是，当焙烧温度高于800 ℃时，坩埚中的物料开始熔融，产物逐渐变成黑色的玻璃态物质，与坩埚粘连严重，说明焙烧产物已经变性，导致絮凝剂的去浊率下降。因此，焙烧温度选择800 ℃最佳。

上述结果表明，煤矸石焙烧最佳条件为：碳酸钠添加量40%，焙烧时间2.0 h，焙烧温度800 ℃。

2. 酸浸条件

固液比1∶6时，去浊率为96.02%，废水浊度为25.44NTU；再提高盐酸比例对絮凝效果改善不明显反而增加废酸处理负担，因此，确定最佳盐酸浸出固液比为1∶6。

酸浸温度由40 ℃升高至60 ℃时，去浊率逐渐升高；60 ℃时去浊率最高，为96.59%，此时废水浊度为21.68NTU；继续升高酸浸温度，去浊率开始下降。这可能是因为煤矸石焙烧产物的溶出反应是液相和固相之间的反应，随温度升高，分子运动速率增大，黏度降低，进而通过增大分子扩散系数的方式来提高反应速率，使得去浊率上升；继续升高温度，盐酸挥发加剧，降低了有效的盐酸量，导致去浊效果下降。因此，最佳酸浸温度为60 ℃。

随酸浸时间延长，去浊率逐渐升高；2.0 h时去浊度最高，为96.62%，此时废水浊度为21.49 NTU；继续延长酸浸时间，去浊率变化不大。因此，酸浸时间选择2.0 h。

综上，酸浸最佳条件为：酸浸固液比1∶6，酸浸温度60 ℃，酸浸时间2.0 h。在适当的酸浸条件下焙烧产物中的硅铝铁与盐酸发生以下化学反应：

$$NaAlSiO_4 + 4HCl = NaCl + AlCl_3 + H_4SiO_4 \downarrow$$

$$NaAlO_2 + HCl = NaCl + AlCl_3 + H_2O$$

$$Fe^{3+} + 3HCl + 6H_2O = [Fe(H_2O)_6]Cl_3 + 3H^+$$

3. 聚合pH

随聚合pH升高，去浊率先升后降；pH为3.6时，去浊率最高，为96.94%，此时废水浊度为19.46NTU；当聚合pH继续升高，去浊率下降，故最佳聚合pH为3.6。这是由于，在较低的pH条件下，Fe^{3+}、Al^{3+}及其水解产物主要以溶解性的单核羟基络离子形态存在，絮凝过程中吸附电中和作用较弱，因此去浊率稍低；随着pH升高，Fe^{3+}和Al^{3+}水解生成多核羟基络离子的比例升高，水中带负电荷的污染物就可以有效地与其相互吸引而发生聚合沉淀；当聚合pH大于3.6时，Fe^{3+}和Al^{3+}会与OH快速结合生成$Al(OH)_3$、$Fe(OH)_3$、$[Al(OH)_4]^-$和$[Fe(OH)_4]^-$等不可聚合的氢氧化物，使电中和作用减弱，导致废水去浊率下降。

3.1.3 PAFS与其他市售絮凝剂的絮凝效果和经济性比较

制得的PAFS絮凝剂在相同条件下絮凝效果更好。市售PAFS、PAC和PAFC絮凝剂的价格分别约为2200元/t、1650元/t和1350元/t，自制PAFS絮凝剂的成本约为1600元/t。综合考虑絮凝效果，自制PAFS絮凝剂的应用成本低于市售絮凝剂。

3.1.4 材料的表征和絮凝机理探讨

1. XRD

煤矸石的主要物相组成为石英，此外还有高岭石、水铜铝矾、斜磷钙铁矿、毛矾石等；在2θ为20°～30°的弥散峰表示煤矸石中含有非晶态物质。自制PAFS的主要成分是 NaCl 及一些非晶态物质，没有石英、高岭石、水铜铝矾等。Na^+ 主要来自煤矸石焙烧活化时添加的助溶剂碳酸钠，Cl^- 来自酸浸时加入的盐酸。上述结果说明，煤矸石中的 Al、Fe、Cu、Ca 等金属离子和硅酸发生反应形成了无定型共聚物聚硅酸铝铁。

2. FTIR

在 3621.64 cm^{-1}、3434.34 cm^{-1}、2922.38 cm^{-1}、1616.41 cm^{-1} 附近的小吸收峰为—OH 伸缩振动吸收 峰及结合水分子(H—O—H)的弯曲振动吸收峰；2358.20 cm^{-1} 处为空气中 CO_2 的吸收峰；1426.11 cm^{-1} 处为—CH_3 伸缩振动所致；1030.58 cm^{-1} 处是 Si—O—Si 弯曲振动吸收峰；794.77 cm^{-1} 处是 Si—O—Si 的反对称伸缩振动吸收峰，印证了 XRD 谱图分析得出样品中含有石英；690.29 cm^{-1} 处为 Si—O—Al 的伸缩振动峰；561.94 cm^{-1} 处为 Si—O—Al 的弯曲振动峰，说明煤矸石中含有铝硅酸盐类矿物。

3421.17 cm^{-1} 处为—OH 的伸缩振动吸收峰，且峰的范围较宽，这是因为 Fe(Ⅲ)和 Al(Ⅲ)的水解共聚物主要是通过—OH 键合的，较强的吸收峰为与 Al 离子相连的—OH及与 Fe 离子相连的—OH 基团伸缩振动产生的吸收峰，说明产品中存在很多的 Al—OH、Fe—OH 和 H—OH 等配位键，这是由于存在的大量羟基之间互相形成叠加效应而造成的；1642.96 cm^{-1} 处为产物中所含的结晶水、吸附水及配位水中的 H—O—H 弯曲振动吸收峰；2362.35 cm^{-1} 处有一个小的吸收峰，为 CO_2 吸收峰；1084.39 cm^{-1} 处为 Si—O—Al 或 Si—O—Fe 的弯曲振动吸收峰；934.62 cm^{-1} 处为 Al—OH—Al 的面内弯曲振动吸收峰；807.57 cm^{-1} 处为聚合态 Al—O 和 Fe—O 的吸收峰；607.46 cm^{-1} 处为 Fe—OH 和 Al—OH 的伸缩振动吸收峰；434.37 cm^{-1} 处为 Si—Cl 伸缩振动吸收峰，说明 Si 已经酸浸溶出。综上所述，在 PAFS 的 FTIR 谱图中可以观测到 Al—OH—Al、Fe—OH—Fe、Si—O—Al、Si—O—Fe、Al—O、Fe—O 等官能团，结合 XRD 分析，证明制备的产物是聚硅酸与金属离子络合后形成的一种无定型产物 PAFS，从—OH 吸收峰的面积可以看出，PAFS 中—OH 含量较高，能够更好地发挥吸附架桥作用，增强产品的絮凝性能。

3. TG - DSC

在升温到 400 ℃的过程中 PAFS 样品持续不断失重，所对应的 DSC 曲线显示一个吸热峰，说明 PAFS 在此期间失去了大量的羟基，包括样品所含的吸附水、配位水、面羟基和聚合过程形成的内羟基等。温度继续从 400 ℃升高到 1000 ℃，此过程的前半段失重曲线稍微平缓，从 800 ℃开始失重剧烈，该温度区间对应的 DSC 曲线中 815 ℃出现较强的吸热峰，说明 PAFS 在高温下发生分解，这是因为 PAFS 絮凝剂中主要化学键 Si—O—Si、Si—O—Al 等发生断裂。

4. SEM

SEM 表明，PAFS 表面呈现网状结构，这是由于聚硅酸的存在增大了 PAFS 的聚合度，加长了 PAFS 的分子链长度，这种分子链较易于弯曲折叠，相互交错成为一个复杂的立体网状结构。密集的凝胶网状结构有较强的黏结架桥作用，更有利于胶体颗粒和悬浮颗粒物的凝聚，絮凝体之间形成与支链结构相对应的桥式聚集。紧密的网状结构还可以增大 PAFS 的比表面积，从而增强其吸附架桥和网捕卷扫的能力。

5. Zeta 电位

从 PAFS 和废水中固体颗粒物的 Zeta 电位可以看出，PAFS 的电位值为＋31.7 mV，说明 PAFS 中有大量带正电荷的金属离子，为阳离子型絮凝剂。废水中固体颗粒的电位值为-12.5 mV。当 PAFS 投加到废水中，会与水中的颗粒物发生电中和作用，使污染物沉降，从而达到净水的目的。

6. XPS

由 PAFS 的 XPS 总谱图和 Fe 2p 谱图可以得到 Na 1s、Fe 2p、O 1s、Cl 2p、Si 2p 和 Al 2p 等的谱峰，说明 PAFS 的组成符合前面的表征结果。由 Fe 2p 谱图可知，高结合能端信号强度(I_1)与 Fe 2p 峰信号强度(I2)之比为 0.96。当 I_1/I_2 大于 0.65 时，Fe 以 Fe^{3+} 的化学态形式存在，说明在制备 PAFS 过程中，Fe^{2+} 发生氧化反应而生成了 Fe^{3+}。Fe 2p 的峰位置在 709.68 eV 处，此处峰为 Fe^{3+} 引起。上述结果说明 PAFS 颗粒表面的 Fe 是以 Fe^{3+} 的化学态形式存在。Fe^{3+} 可以提高沉降速率，增大聚合程度，增强吸附架桥和电中和作用。基于上述分析结果，PAFS 对氟化工废水的絮凝作用机理包括吸附架桥、网捕卷扫与电中和作用 3 种途径。

3.2 聚硅酸氯化铝絮凝剂

3.2.1 聚硅酸氯化铝(PASC)的制备

以煤矸石为原料，对其焙烧、酸浸、离心、聚合制备 PASC 其煤矸石活性较低，在酸浸实验之前，一般先对其进行焙烧热活化实验。在不同温度条件下，煤矸石中所含高岭石矿物将发生不同相变，当焙烧温度为 450～700 ℃时，高岭石发生反应生成偏高岭石；温度升高至 700～800 ℃，大部分偏高岭石将转化为非晶态的氧化铝和二氧化硅；因碳酸钠的加入，二氧化硅被进一步反应为硅酸钠。酸浸过程中氧化铝与盐酸反应生成氯化铝；硅酸钠首先与盐酸反应生成硅酸，接着硅酸的羟基脱水缩合形成聚硅酸。聚合阶段氯化铝将发生水解，$A1^{3+}$ 水解产生如 $Al(OH)^{2-}$ 等的简单离子，这些水解离子以 $A1^{3+}$ 为中心离子，OH^-、Cl^- 为配位体，在一定条件下聚合为多核离子；硅酸脱水缩合生成聚硅酸，最终聚硅酸末端羟基与铝离子共同络合形成聚硅酸氯化铝，其制备过程焙烧、酸浸、聚合阶段可能涉及的主要化学反应如式(1)到式(8)：

$$Al_2O_3 \cdot 2SiO_2 \cdot 2H_2O \xrightarrow{450-700\ ℃} Al_2O_3 \cdot 2SiO_2 + 2H_2O \tag{1}$$

$$Al_2O_3 \cdot 2SiO_2 \xrightarrow{700-800} Al_2O_3 + 2SiO_2 \tag{2}$$

$$Na_2CO_3 + SiO_2 \xrightarrow{高温} Na_2SiO_3 + CO_2 \uparrow \tag{3}$$

$$Al_2O_3 + 6HCl \longrightarrow 2AlCl_3 + 3H_2O \tag{4}$$

$$\begin{array}{c}OH\\|\\NaO—Si—ONa\\|\\OH\end{array} + 2HCl \longrightarrow \begin{array}{c}OH\\|\\HO—Si—OH\\|\\OH\end{array} + 2NaCl \tag{5}$$

$$2n\ \begin{array}{c}OH\\|\\HO—Si—OH\\|\\OH\end{array} \xrightarrow{\text{脱水聚合}} HO\left[\begin{array}{c}OH\quad\ OH\\|\qquad\ \ |\\Si—O—Si\\|\qquad\ \ |\\OH\quad\ OH\end{array}\right]OH + (2n-1)H_2O \tag{6}$$

$$3AlCl_3 + mH_2O \longrightarrow Al_2(OH)_mCl^-_{6-m} + mCl^- + mH^+ \tag{7}$$

$$M[Al_2(OH)_mCl^-_{6-m}] \longrightarrow [Al_2(OH)_mCl^-_{6-m}]_M \tag{8}$$

3.2.2　焙烧条件的确定

焙烧是煤矸石制备絮凝剂的重要过程，焙烧热活化可将煤矸石中的晶态物质转化为非晶态的易于与盐酸反应的物质，在预实验阶段对焙烧过程中的碱灰比、焙烧温度、焙烧时间进行探究，结果发现：焙烧时间在 2 h、2.5 h、3 h 时，PASC 对煤泥水的去浊率分别为 98.27%、98.23%和 98.31%，焙烧时间对 PASC 的性能影响差异不大，且较长的焙烧时间会耗费大量的能量，故确定焙烧时间为 2 h，探究碱灰比及焙烧温度对 PASC 性能的影响。

按照理论计算，1 g 煤矸石中所含的 SiO_2 溶出需要 Na_2CO_3 的量为 0.820 g，故设置碱灰比为 0.7、0.8、0.9、1.0、1.1，其余条件设为升温速度 5 ℃/min，至焙烧温度 800 ℃后保温 2 h，自然冷却后取出；焙烧温度亦对 PASC 的絮凝性能有所影响，设置焙烧温度为 600 ℃、700 ℃、800 ℃、900 ℃、1000 ℃。

1. 碱灰比对 PASC 性能的影响

分别调整煤矸石与碳酸钠的碱灰比为 0.7、0.8、0.9、1.0、1.1，控制焙烧温度为 900 ℃焙烧时间 2 h，探究不同的碱灰比对 PASC 性能的影响。

随着碱灰比的升高，煤泥水的去浊率先升高后降低。Li 认为，要想获得最佳的絮凝性能，需要一定的硅含量。在碱灰比较小时，实验中观察到酸浸过程滤渣较多，碳酸钠不足导致大量二氧化硅没有参与反应，絮凝剂中硅酸含量较低，故而去浊率较低；碱灰比在 0.9 时去浊率最高；碱灰比过高会导致碱过量，过多的碳酸钠会在酸浸阶段消耗一部分盐酸，导致絮凝剂中有效成分降低，从而去浊率下降，故选择碱灰比为 0.9。

2. 焙烧温度对 PASC 性能的影响

确定碱灰比为 0.9，控制焙烧温度为 600 ℃、700 ℃、800 ℃、900 ℃、1000 ℃，升高至指定温度后继续保温 2 h，探究不同的焙烧温度对 PASC 性能的影响。

随着焙烧温度的上升，去浊率先升高后下降。这是因为在温度低于 800 ℃时，焙烧产物中存在大量难溶的晶态和半晶态物质，导致絮凝剂中金属离子含量较低，所以去浊率低；温度升高至 900 ℃时，Na_2CO_3 为熔融态，更易于与 SiO_2 发生反应，此时焙烧产物中主要是硅酸钠和非晶态的氧化铝，实验中也观察到酸浸过程产生的滤渣不足原料的2%，硅铝利用率高，因此有较高的去浊率；但当温度持续增加到1000 ℃时，焙烧产物变成了玻璃态晶体，在钳埚内侧粘连严重，导致PASC中有效成分降低，去浊率降低，故选择焙烧温度900 ℃。

3.2.3 酸浸条件的确定

焙烧阶段中大部分晶态物质都转化为了非晶态的物质，且将二氧化硅反应为硅酸钠，对焙烧产物进行酸浸反应，目的是将煤矸石中的金属氧化物反应为金属离子，同时将硅酸钠反应为硅酸。

酸浸阶段首先考察盐酸用量，1 g焙烧产物中所含金属氧化物、硅酸钠以及过量的碳酸钠需要1.520 g盐酸反应完全，因此设置5个酸用量水平1.5 g/g、1.6 g/g、1.7 g/g、1.8 g/g、1.9 g/g，其余因素反应条件分别设为酸浸温度40 ℃，液固比为9.0，酸浸时间2 h；盐酸与液固比，煤矸石的接触时间，接触温度对制得的无机高分子絮凝剂性能均有影响，设置不同的酸浸温度35 ℃、40 ℃、45 ℃、50 ℃、55 ℃、60 ℃，液固比8.5、9.0、9.5、10.0、10.5，酸浸时间1.5 h、2.0 h、2.5 h、3.0 h、3.5 h、4.0 h。

1. 酸用量对PASC性能的影响

分别调整酸用量为1.5 g/g、1.6 g/g、1.7 g/g、1.8 g/g、1.9 g/g，控制酸浸温度为40 ℃，液固比为9.0，酸浸时间为2 h，探究不同的酸用量对PASC性能的影响。

随着酸用量的增大，去浊率呈先增大后减小的趋势。酸浸过程金属氧化物（以Al_2O_3为例）发生反应，在溶液中以Al^{3+}形式存在；硅酸钠与盐酸反应生成硅酸，最终变为聚硅酸的反应比较复杂，在硅酸钠中加入盐酸后，其中的SiO_2成分分解为胶体，酸用量越大，游离的SiO_2越多，生成的$xSiO_2$聚硅酸也越多，而聚硅酸的存在使得絮凝剂的吸附架桥能力增强，所以去浊率逐渐升高；但过多的盐酸会使得生成游离SiO_2速度过快，聚硅酸过早成冻而絮凝效果不佳，故去浊率下降。酸用量为1.7 g/g时制备的PASC去浊率最高。

2. 酸浸温度对PASC性能的影响

确定酸用量为1.7 g/g，分别调整酸浸温度为35 ℃、40 ℃、45 ℃、50 ℃、55 ℃、60 ℃，控制液固比为9.0，酸浸时间为2 h，探究不同的酸用量对PASC性能的影响。

随着酸浸温度的升高，去浊率先升高后降低，这是因为：盐酸与焙烧产物发生的反应是固液两相间的化学反应，温度升高使得液相的分子更易挣脱束缚，分子运动速度加快，使得反应速度加快，硅铝浸出率提高，PASC中有效成分提高，从而去浊率升高；但持续升温会导致反应体系温度过高，盐酸分子挥发严重，实验中有效反应物质减少，去浊率降低。酸浸温度为50 ℃时制备的PASC去浊率最高。

3. 液固比对PASC性能的影响

确定酸用量为1.7 g/g，酸浸温度为50 ℃，分别调整液固比为8.5、9.0、9.5、10.0、10.5，控制酸浸时间为2 h，探究不同的液固比对PASC性能的影响。

液固比是指实际参与反应的液体体积与固体质量的比值，盐酸体积与焙烧产物比值不足时以蒸馏水补足。液固比最直观反映酸浸体系浓度，液固比小即参与反应浓度大，黏度大，物料接触不充分，逐渐增大液固比，会使得体系黏度下降，加速反应的进行；但过高的液固比会使得盐酸的浓度过低，减少了盐酸分子与焙烧产物的有效接触，使得去浊率下降。液固比为9.0时制备的PASC去浊率最高。

4. 酸浸时间对PASC性能的影响

确定酸用量为1.7 g/g，酸浸温度为50 ℃，液固比为9.0，调整酸浸时间为1.5 h、2.0 h、2.5 h、3.0 h、3.5 h、4.0 h，探究不同的酸浸时间对PASC性能的影响。

酸浸过程也掺杂了体系中各种离子聚合过程，反应初期，随着时间的增加，焙烧产物与盐酸分子接触更加充分，体系中离子浓度也越高，有利于PASC的聚合，所以去浊率呈现上升的趋势；但在酸浸时间3 h后，去浊率基本不变，这是由于体系内参与反应的物质有限，反应达到了相对平衡的状态，继续延长反应时间，去浊率波动不大。酸浸时间为3 h时制备的PASC去浊率最高。

3.2.4 聚合条件的确定

酸浸结束后，对其进行离心分离滤渣，根据前人研究成果和预实验结果，对聚合阶段的聚合pH、聚合时间以及聚合温度进行单因素实验，探究其最佳的聚合实验条件。

1. pH对PASC性能的影响

由酸浸实验得到的液体酸性较强，通过添加1 mol/L的NaOH溶液调节溶液pH值，分别调整聚合pH值为2.5、2.7、3.0、3.2、3.5、3.7，控制聚合时间为2 h，聚合温度为40 ℃，探究不同的pH对PASC性能的影响。

随着pH的升高，去浊率呈现先升高后缓慢降低的趋势，pH在2.5～2.7时，去浊率有大幅度的升高，说明碱度是很重要的影响因素，适当的OH^-可以加速聚合过程的进行；但pH在3.2～3.7时，去浊率下降，这是因为体系中羟基过多，过多的-OH与其中游离的铝离子和铁离子生成$Al(OH)_3$、$Fe(OH)_3$等沉淀，使得PASC中有效成分降低，导致去浊率下降。pH值为3.2时PASC对煤泥水的去浊率达到最高。

2. 聚合时间对PASC性能的影响

确定聚合pH值为3.2，控制聚合时间为1.0 h、1.5 h、2.0 h、2.5 h、3.0 h，控制聚合温度为40 ℃，探究不同的聚合时间对PASC性能的影响。

当聚合时间低于2.0 h时，随着聚合时间的增加，PASC对煤泥水的去浊率迅速增大，时间达到2.0 h后，继续延长反应时间，去浊率逐渐减小。这是因为聚硅酸的形成、金属离子的水解，以及聚硅酸与金属离子形成Si—M或Si—O—M键都需要一定的时间，而聚硅酸与金属离子络合形成的空间立体结构将能有效提高絮凝剂的絮凝能力，故适当延长聚合时间，去浊率升高；但聚合时间过长会使得金属离子逐渐水解为沉淀，导致去浊率降低。聚合时间在2.0 h时PASC对煤泥水的去浊率达到最高。

3. 聚合温度对 PASC 性能的影响

确定聚合 pH 值为 3.2，聚合时间 2.0 h，控制聚合温度为 30 ℃、35 ℃、40 ℃、45 ℃、50 ℃，探究不同的聚合温度对 PASC 性能的影响。

当聚合温度低于 45 ℃时，去浊率随着温度的升高逐渐增大，但当温度升高至45 ℃后，继续升高聚合温度，去浊率反而减小。可能的原因是：水解是吸热的过程，反应初期金属离子的水解需要一定的温度，所以适当提高温度，金属离子析出更充分，絮凝剂中有效成分提高，其对煤泥水的去浊率升高；但持续升温会导致金属离子的水解过快，Al、Fe 等离子向二聚体发展，高聚体的发展受到了抑制，而絮凝剂中高聚体是去除污染物的有效成分，所以过高的温度导致 PASC 去浊效果下降。聚合温度在 45 ℃时 PASC 对煤泥水的去浊率最高。

3.2.5 聚硅酸氯化铝的絮凝沉降机理

在得出煤矸石制备絮凝剂 PASC 的最佳条件后，按照该最佳条件大量制备 PASC，分别对其进行 X 射线衍射分析、傅里叶红外光谱分析、扫描电子显微镜分析、Zeta 电位分析以及粒度分布分析，并在理化表征的基础上，探究其絮凝机理。

1. X 射线衍射分析

利用 X 射线衍射分析仪对煤矸石、焙烧产物及 PASC 进行表征可知，煤矸石中的主要矿物是高岭石和石英，物质活性较低；最佳焙烧条件下的产物主要是氧化铝及硅酸盐，说明在焙烧热活化阶段，煤矸石中大部分难溶物质都发生了反应，转化成易于与盐酸反应的物质，这也是酸浸渣极少的原因；PASC 图谱中主要是 NaCl 衍射峰，没有发现 SiO_2 和 Al_2O_3 的衍射峰，说明 SiO_2 和 Al_2O_3 接近于完全参与反应，产物中的 NaCl 主要由盐酸(HCl)和 Na_2CO_3 以及调节 pH 时的 NaOH 反应生成。除了强度高的 NaCl 晶态衍射峰，还出现了非晶衍射峰。说明 PASC 是一种新的无定型的聚合物，PASC 内部没有形成特定的晶体结构。

2. 红外光谱分析

分别对煤矸石、焙烧产物以及 PASC 进行红外光谱分析。煤矸石在 3695 cm^{-1}、3617 cm^{-1}、3660 cm^{-1}处为高岭石中-OH 振动峰，1030 cm^{-1}、794 cm^{-1}、745 cm^{-1}处为 Si—O—Si 或 Si—O 的振动峰，煤矸石经焙烧其中高岭石和石英的峰消失；3372 cm^{-1}和 1644 cm^{-1}处的特征峰是其与铝离子相连的羟基、样品吸附水、配位水以及结晶水中羟基的伸缩振动产生的，此范围内存在很多 Al—OH，H—OH 等配位键；614 cm^{-1}处的峰可能是由 Fe—OH、Al—OH 的弯曲振动形成的；2362 cm^{-1}处吸收峰是来自 Al—O—Al 的弯曲振动，也是产品聚合度好的表现；1402 cm^{-1}处振动峰可能是由于改性点附近金属离子与聚硅酸的复杂反应所致；1211 cm^{-1}和 1086 cm^{-1}处所产生的吸收峰，主要是聚硅酸与铝氧形成的 Al—O—Si 伸缩振动峰，这为铝离子与聚硅酸之间的聚合提供了进一步的解释，说明聚硅酸与铝离子生成了无机高分子絮凝剂 PASC。

值得注意的是，PASC 的 XRD 图谱中并未发现 SiO_2、Al_2O_3、$Al(OH)_3$ 等晶体，但是红外图谱中出现了大量的 Al—O—Si 及 Al—OH 等官能团，说明 PASC 并非硅、铝、羟基的简单混合；且硅酸会通过相邻羟基缩水形成链状、分枝状或者环状的聚硅酸无序物，由此可见，絮凝剂 PASC 是由聚硅酸及其末端羟基与铝离子络合形成的新的无定型聚合物，这有助于提高 PASC 的吸附架桥能力，使得 PASC 絮凝性能增强。

3. 扫描电镜分析

对煤矸石、焙烧产物及 PASC 进行扫描电镜分析，可以看出煤矸石经焙烧结构发生了变化，说明焙烧热活化阶段煤矸石中晶态物质发生了相变，且部分与碳酸钠发生了反应，这与 XRD 结果是一致的。PASC 结构比较复杂，既呈现不规则的孔洞结构，又有网状的结构，整体呈簇团状分布，有相对较强的枝化度和聚集度。聚合物分子量较大，其分支链之间相互交错堆叠，形成复杂的空间立体网状结构，这极大地增加了絮凝剂的有效比表面积。另外，交叠的网状结构及孔洞结构，能更好地发挥网捕卷扫作用，同时也增强了其吸附架桥作用，这也是 PASC 对煤泥水处理效果好的原因。

4. Zeta 电位分析

分别测得 pH 值为 6.0～10.0 条件下 PASC 与煤泥水的 Zeta 电位及该 pH 条件下 PASC 对煤泥水的去浊率。Zeta 电位反映了样品表面带电荷性随 pH 的变化，pH 在 6.0～10.0 时，煤泥水表面始终带负电荷；PASC 的等电点大致在 8.8，此时 Zeta 电位为 0，PASC 表面净电荷为 0，当 $pH<8.8$ 时，PASC 表面带正电荷，当 $pH>8.8$ 时，PASC 表面带负电荷。

pH 在 9.0 和 10.0 时，PASC 均能达到很高的去浊率；在 $pH<9.0$ 时，PASC 对煤泥水的去浊率相对较低，结合 Zeta 电位，煤泥水表面带负电荷，而 PASC 表面带正电荷，此时若产生絮凝沉降，则发生了吸附电中和作用；在 $pH>9.0$ 时，煤泥水和 PASC 表面均带负电荷，PASC 仍呈现较好絮凝效果，Huang 研究发现，在碱性 pH 下，卷扫和吸附架桥是絮凝剂的主要机制，可以推断，此时 PASC 高分子是通过吸附架桥结合网捕卷扫来实现絮凝作用的。

5. 粒度分布分析

分别对塔山煤泥水和投加絮凝剂 PASC 后煤泥水的絮体进行粒度分布分析测试。未添加絮凝剂的原始煤泥的中位径 $D_{50}=5.46\ \mu m$，煤泥颗粒较小，容易在水中形成稳定的悬浊液，不易于沉降；将絮凝剂投加到煤泥水中，经过一段时间的絮凝后，可以观察到有丰富的絮体产生，测得絮体的中位径 $D_{50}=145.99\ \mu m$，煤泥絮体的粒径较初始煤泥粒径显著增大。

表征结果表明：聚硅酸拥有链状、环状、线性等结构，在聚合过程中，金属离子与聚硅酸末端羟基络合形成分枝状、网状的结构，这将使得 PASC 有较强的吸附架桥及网捕卷扫作用，投加到煤泥水中的 PASC 迅速水解，通过架桥及网捕作用，卷扫下沉路径上的颗粒，使得煤泥胶粒粘连到絮体上共同去除；粒度分布分析结果进一步证实这个猜想，其絮体有效、显著地增大说明 PASC 与煤泥胶粒作用形成絮团，同时，煤泥絮体在絮凝后肉眼可观察到的如同一张相互缠绕的不规则的大网，这种现象是网捕卷扫作用很形象的解释。

3.2.6 絮凝机理分析

由PASC的XRD及FT-IR分析可知，PASC是由聚硅酸与铝离子络合形成的无定型聚合物，既有铝基絮凝剂的电中和作用，也兼具聚硅酸的吸附架桥作用；由PASC的SEM分析可以清晰观察到其有网状、孔洞及分枝状结构，这是聚硅酸与金属离子聚合反应后产生的结果，将使得PASC有较强的网捕卷扫作用，同时分枝链状结构也将增强PASC的吸附架桥作用；粒度分布分析结果证实了PASC与煤泥发生了絮凝作用；最终通过不同pH值下的Zeta电位及该条件下的絮凝实验结果判断，PASC絮凝机理包含吸附架桥、网捕卷扫及吸附电中和作用。

PASC的吸附电中和是指PASC表面所带正电荷对带负电荷的煤泥水胶粒之间的吸附作用，使得煤泥水胶粒表面电荷被中和，相互吸引形成絮体沉降；吸附架桥作用煤泥水胶粒之间不会直接接触，通过投入PASC絮凝剂，水解形成具有吸附作用的链状高分子基团与胶粒连接，使得煤泥水胶粒之间架桥形成絮体沉降。PASC是硅铝共聚物；铝盐絮凝剂形成的絮体大，絮凝产生了丰富的矾花；聚硅酸是四面体结构，在聚合过程中可以向各个方向进行，形成链状、环状、分枝状等结构，对水中的胶体产生吸附架桥等作用；在絮凝剂制备工艺中将铝盐引入聚硅酸中，形成聚硅酸铝絮凝剂后，会产生很强的协同效应，絮凝剂结构发生变化，絮凝能力增强。PASC有丰富的网状结构，投加到水里的絮凝剂，迅速水解使得絮凝剂的表面积增大，从而将水中的胶体颗粒及悬浊颗粒网捕、卷扫，直至聚沉，网捕卷扫是一种物理机械作用。

3.3 聚合硫酸铝铁钛絮凝剂

3.3.1 聚合硫酸铝铁钛(PAFTS)的制备

首先按照预设的钛铁摩尔比取对应体积的2种溶液于100 mL烧杯中充分混合后，使用CaO调节混合溶液的pH到预设值，向其中加入磁力转子后用保鲜膜进行封口，置于恒温磁力水浴锅中在预设好的温度下聚合一段时间后取出。将聚合之后的溶液置于离心管中，在4000 r/min下离心3 min，取上清液，在恒温下熟化一段时间后将其置于烘箱中于105 ℃下烘干，干燥后进行研磨，得到的粉末即为PAFTS样品。

3.3.2 制备条件对PAFTS混凝性能的影响

1. 钛铁摩尔比对PAFTS混凝性能的影响

为探究不同的钛铁摩尔比对PAFTS混凝性能的影响，向10 mL煤矸石酸浸液中按照设定好的钛铁摩尔比加入钛渣酸浸液，调节混合液 pH 值为 2，再将混合液置于恒温磁力水浴锅中于反应温度 60 ℃下聚合 4 h 后取出，在常温下熟化 24 h 后对样品的碱化度进行测定，同时利用制得的混凝剂样品进行混凝实验，钛铁摩尔比设置为 0.1、0.2、0.3、0.4、0.5、0.6。

随着钛铁摩尔比的增加，制得的混凝剂样品对各类污染物指标的去除率均呈现先上升后降低的趋势，在 $n(Ti):n(Fe)=0.4$ 时，浊度、COD 的去除率均达到最高值，分别为 95.02%和 33.9%，UV_{254}虽然不是最高值，但是与 $n(Ti):n(Fe)=0.3$ 时的去除率差异很小，达到了 35.68%。在钛铁摩尔比较低时，随着钛铁摩尔比的上升，反应体系中 Ti(Ⅳ)的含量也随之上升，同时 PAFTS 的碱化度较高，Ti(Ⅳ)水解会产生大量的中高度羟基聚合物，且水解产物会使吸附架桥和网捕卷扫作用得到加强。同时 Ti(Ⅳ)的水解性强于 Fe(Ⅲ)和 Al(Ⅲ)的水解性，导致 Ti(Ⅳ)水解时会抢夺反应体系里的 OH^- 导致 Fe(Ⅲ)和 Al(Ⅲ)的水解产物减少，但是钛盐混凝剂对于污染物的处理效果相比于铁、铝盐的效果相对较好，因此随着钛铁摩尔比的增加混凝剂对污染物的去除率依然逐渐增大，混凝效果得到显著提升。但是当钛铁摩尔比继续增大时，混凝剂样品的碱化度降低至 1.0 以下，Ti(Ⅳ)的水解产物由中高聚合物向低聚合物转变，吸附架桥和网捕卷扫作用降低，混凝性能变差，最终导致混凝剂样品对各类污染物的去除效率下降。PAFTS 样品被投加入水体后，混凝过程由 Ti(Ⅳ)、Fe(Ⅲ)、Al(Ⅲ)的水解产物协同控制，在 $n(Ti):n(Fe)=0.4$ 时它们之间的协同作用达到最优，因此选择钛铁摩尔比 0.4 作为 PAFTS 制备的最佳钛铁摩尔比。

2. pH 对 PAFTS 混凝性能的影响

为探究不同的 pH 对 PAFTS 混凝性能的影响，以 10 mL 煤矸石酸浸液作为基准，在钛铁摩尔比为 0.4 的条件下加入钛渣酸浸液，利用 CaO 调节混合液的 pH，再将混合液置于恒温磁力水浴锅中于反应温度 60 ℃下聚合 4 h 后取出，在常温下熟化 24 h 后对样品的碱化度进行测定，同时利用制得的混凝剂样品进行混凝实验，pH 的设定值为 0.5、1、1.5、2、2.5、3。

随着 pH 的增大，混凝剂样品对浊度、COD、UV_{254} 的去除率先逐渐增大并在 pH=1.5时达到最高值，分别为 95.12%、40.7%和 38.97%，之后 pH 继续增大，污染物的去除率开始呈现下降趋势。PAFTS 的混凝过程是由 3 种金属的水解产物共同控制的，因此 Fe(Ⅲ)、Al(Ⅲ)以及 Ti(Ⅳ)的水解产物形态对于混凝过程的研究极为重要。Al(Ⅲ)可以根据 Ferron 比色法分为 Al_a、Al_b、Al_c 3 种：Al_a 主要代指自由基离子、单体和低聚物，带电荷高，电中和能力较强；Al_b 的形态则较为复杂，是多种金属离子的聚合体，且不够稳定属于中聚合物，容易向高聚合物进行转化，但是其电中和能力和吸附架桥能力都较强比较均衡，因此一般认为 Al_b 形态能够决定混凝剂的性能优劣；Al_c 指的是多聚体，粒径大，吸附架桥能力较强。Fe(Ⅲ)的水解产物形态与 Al(Ⅲ)的水解产物形态类似，也可以分为 Fe_a、Fe_b、Fe_c 3 种形态，而 Ti(Ⅳ)的水解产物形态则是一个随着水解的进行由单体向高聚合物转化的过程。

随着 pH 的上升，混凝剂样品的碱化度也一直在上升。随着碱化度的升高，Al_a、

Fe_a 会逐渐向 Al_b、Al_c 和 Fe_b、Fe_c 形态进行转变，Ti(Ⅳ)的水解产物形态也会由单体以及低聚合物逐渐变成中高聚合物，混凝剂样品的电中和作用、吸附架桥作用以及网捕卷扫作用均得到一定的增强，在这 3 种作用的协同下，水体中的胶体颗粒迅速脱稳，污染物的去除效率获得了明显的提升。但是当 pH 持续增大时，混凝剂样品的碱化度也在持续上升，Ti(Ⅳ)水解产生的多聚羟基络合物由于不够稳定而导致分解，同时由于 Al_c 的含量与碱化度的变化呈正相关性，因此 Al(Ⅲ)和 Fe(Ⅲ)的水解会向产生 Al_c 的反应方向进行，生成大量的氢氧化物溶胶沉淀，分子链卷曲导致架桥作用减弱，使得混凝剂的混凝性能变差，对于各类污染物的去除率也开始降低。综上所述，选择 pH 值为 1.5 作为制备 PAFTS 的最佳 pH。

3. 聚合时间对 PAFTS 混凝性能的影响

为探究不同的聚合时间对 PAFTS 混凝性能的影响，以 10 mL 煤矸石酸浸液作为基准，在钛铁摩尔比为 0.4 的条件下加入钛渣酸浸液，利用 CaO 调节混合液的 pH 值为 1.5，再将混合液置于恒温磁力水浴锅中于反应温度 60 ℃下聚合不同的时间后取出，在常温下熟化 24 h 后对样品的碱化度进行测定，同时利用制得的混凝剂样品进行混凝实验，聚合时间的设定值为 1 h、2 h、3 h、4 h、5 h、6 h。

随着聚合时间的增加，混凝剂样品对浊度、COD、UV_{254} 的去除率先逐渐增大并在聚合时间为 4 h 时达到最高值，分别为 96.16%、43.1%和 33.7%。之后聚合时间继续增加，浊度、COD 以及 UV_{254} 的去除率则开始下降。同时随着聚合时间的增加，混凝剂样品的碱化度也逐渐增加。在聚合时间从 1 h 增加至 4 h 时，随着时间的延长，混凝剂样品的聚合链长度增加，使混凝过程中的吸附架桥作用增强，混凝效果也逐渐变好，对各类污染物的去除效率随之升高。在聚合反应进行的过程中，Al(Ⅲ)、Fe(Ⅲ)和 Ti(Ⅳ)会形成羟基共聚物，且随着聚合时间的增加共聚物上的羟基数量也逐渐增多。因此当聚合反应时间超过 4 h 之后，水体里的 OH^- 含量逐渐减少，产生的羟基络合物含量降低，混凝剂的聚合反应朝逆向进行，混凝剂的聚合度下降，混凝性能受到影响，对污染物的去除效率开始降低。综上所述，选择聚合时间 4 h 作为 PAFTS 制备的最佳聚合时间。

4. 聚合温度对 PAFTS 混凝性能的影响

为探究不同的聚合温度对 PAFTS 混凝性能的影响，以 10 mL 煤矸石酸浸液作为基准，在钛铁摩尔比为 0.4 的条件下加入钛渣酸浸液，利用 CaO 调节混合液的 pH 值为 1.5，再将混合液置于恒温磁力水浴锅中于不同的反应温度下聚合 4 h 后取出，在常温下熟化 24 h 后对样品的碱化度进行测定，同时利用制得的混凝剂样品进行混凝实验，聚合温度的设定值为 30 ℃、40 ℃、50 ℃、60 ℃、70 ℃、80 ℃。

随着聚合温度的上升，在 70 ℃之前混凝剂样品对浊度、COD、UV_{254} 的去除率整体呈增加趋势并在聚合温度为 70 ℃时达到最高值，此时的去除率分别为 97.13%、46.23%和 39.78%。之后随着聚合温度继续上升，浊度、COD 以及 UV_{254} 的去除率则开始出现下降趋势。由于 Al(Ⅲ)、Fe(Ⅲ)和 Ti(Ⅳ)聚合过程中的聚合反应是吸热反应，前期提高聚合温度会加快聚合反应的速率，Al(Ⅲ)、Fe(Ⅲ)和 Ti(Ⅳ)的共聚物上的羟基含量增加，共聚物的分子链变长，吸附架桥能力和网捕卷扫作用得到增强，能够有效提升混凝剂样品的聚合度，混凝性能上升，对浊度等污染物指标的去除率也随之增加。在聚合温度达到 70 ℃时，聚合反应达到平衡，如果继续增加聚合温度，碱化度也会持续上升，会使共聚物中金属离子的形态朝着 Al_c 和 Fe_c 以及钛基高聚合物的方向进行转变，这类高聚合物的形态不够稳定，使得混凝剂样品的聚合度降低，对污染物的去除率随之减少，混凝性能变差。综上所述，选择聚合温度 70 ℃作为 PAFTS 制备的最佳聚合温度。

5. 熟化温度对 PAFTS 混凝性能的影响

为探究不同的熟化温度对 PAFTS 混凝性能的影响，以 10 mL 煤矸石酸浸液作为基准，在钛铁摩尔比为 0.4 的条件下加入钛渣酸浸液，利用 CaO 调节混合液的 pH 值为 1.5，再将混合液置于恒温磁力水浴锅中于反应温度 70 ℃下聚合 4 h 后取出，在不同的温度下熟化 24 h 后对样品的碱化度进行测定，同时利用制得的混凝剂样品进行混凝实验，熟化温度的设定值为 20 ℃、30 ℃、40 ℃、50 ℃、60 ℃、70 ℃。

随着熟化温度的上升，混凝剂样品对浊度、COD、UV_{254} 的去除率整体呈增加趋势，当熟化温度为 40 ℃时达到最高值，此时的去除率分别为 96.65%、45.3%和 35.66%。之后随着熟化温度继续上升，浊度、COD 以及 UV254 的去除率则开始出现下降趋势。当熟化温度较低时，由于 Al(Ⅲ)、Fe(Ⅲ)和 Ti(Ⅳ)的共聚反应不够充分导致混凝剂样品的聚合度过低，对于污染物的去除能力较差，随着熟化温度的上升，金属盐之间的共聚反应速率加快，混凝剂的聚合度逐渐升高，污染物的去除率也随之上升。当熟化温度过高时，混凝剂样品的碱化度仍然在继续增加，对 Al(Ⅲ)、Fe(Ⅲ)和 Ti(Ⅳ)形成多羟基络合物的过程会产生一定的抑制作用，同时金属盐的多羟基络合物在碱度过高的情况下也不够稳定，使得混凝剂样品的聚合度进一步降低，对污染物的去除能力也随之下降。综上所述，选择熟化温度 40 ℃作为 PAFTS 制备的最佳熟化温度。

6. 熟化时间对 PAFTS 混凝性能的影响

为探究不同的熟化时间对 PAFTS 混凝性能的影响，以 10mL 煤矸石酸浸液作为基准，在钛铁摩尔比为 0.4 的条件下加入钛渣酸浸液，利用 CaO 调节混合液的 pH 值为 1.5，再将混合液置于恒温磁力水浴锅中于反应温度 70 ℃下聚合 4h 后取出，在 40 ℃下熟化一段时间后对样品的碱化度进行测定，同时利用制得的混凝剂样品进行混凝实验，熟化时间的设定值为 12 h、16 h、20 h、24 h、28 h、32 h。

随着熟化时间的增加，混凝剂样品对浊度、COD、UV_{254} 的去除率整体呈上升趋势，当熟化时间为 24h 时各污染指标的去除率达到最高值，分别为 96.01%、45.99%和 41.04%。之后随着熟化时间继续增加，浊度、COD 以及 UV_{254} 的去除率开始出现下降的趋势。当熟化时间较低时，使得 Al(Ⅲ)、Fe(Ⅲ)和 Ti(Ⅳ)之间的共聚反应能够充分进行，同时碱化度也随之增加，使得共聚物中的 Al_a、Fe_a 和钛盐低聚合物向 Al_b、

Fe_b 和钛盐中高聚合物等有效活性组分的方向转化，混凝剂的性能大幅度提升，对污染物的去除能力也随之增强。但是如果混凝剂的熟化时间过长，容易生成凝胶状物质，使得混凝剂的性能降低。综上所述，选择熟化时间 24 h 作为制备 PAFTS 的最佳熟化时间。

3.3.3 混凝条件对 PAFTS 混凝性能的影响

1. 投加量对 PAFTS 混凝性能的影响

为探究不同的混凝剂投加量对 PAFTS 混凝性能的影响，利用制备的 PAFTS 样品进行以下实验：取 7 个 250 mL 烧杯，每个烧杯中都加入 15mL 实验室自配水样，向每个烧杯中按照设定值加入不同量的 PAFTS 样品，投加量设置为 20 mg/L、40 mg/L、60 mg/L、80 mg/L、100 mg/L、120 mg/L、140 mg/L。调节水样的 pH 值为 7，在室温下利用六联搅拌机进行混凝实验，先快速搅拌(300 r/min)1 min，再慢速搅拌(50 r/min)10 min，结束后静置 15 min，取液面 2 cm 以下的上清液测定混凝后的水样浊度。

随着 PAFTS 投加量的增加，水体中浊度的去除率先升高再降低，当投加量为 80mg/L 时，浊度的去除率达到最高为 97.07%。当 PAFTS 进入水体后，其中的 Al(Ⅲ)、Fe(Ⅲ)和 Ti(Ⅳ)迅速水解，它们的水解产物均带正电荷，与水体中带负电荷的污染物胶体颗粒结合，通过电中和作用使胶体脱稳，同时 Ti(Ⅳ)的水解产物具有长链结构，胶体颗粒与其发生吸附架桥反应，形成絮体使胶体脱稳，从而使水中的浊度降低。随着 PAFTS 样品的投加量逐渐上升，Al(Ⅲ)、Fe(Ⅲ)和 Ti(Ⅳ)水解生成的多羟基络合物含量也随之增加，吸附电中和作用以及吸附架桥作用得到增强，絮体形成速度加快，产生的数量增加，混凝效果持续增强，对于浊度的去除率升高。但是当 PAFTS 样品的投加量过高时，Al(Ⅲ)、Fe(Ⅲ)和 Ti(Ⅳ)的水解产物含量持续增加，使得水体内正电荷含量过高，导致水体中胶体颗粒表面的负电荷被过量中和，电性反转，与混凝剂的水解产物发生排斥反应，降低了混凝剂的混凝性能。除此之外，PAFTS 样品的投加量过大时，Al(Ⅲ)、Fe(Ⅲ)和 Ti(Ⅳ)水解生成的多羟基络合物会包裹在水体内的高岭土颗粒表面，阻止絮体的进一步形成，导致水体内的余浊在投加量过度时有所回升。综上所述，选择投加量 80 mg/L 作为最佳的投加量。

2. 水体初始 pH 对 PAFTS 混凝性能的影响

为探究不同的水体初始 pH 对 PAFTS 混凝性能的影响，利用制备的 PAFTS 样品进行以下实验：取 8 个 250 mL 烧杯，每个烧杯中都加入 150 mL 实验室自配水样，向每个烧杯中按照 80 mg/L 加入对应含量的 PAFTS 样品，调节水样的 pH 值使其分别为 4、5、6、7、8、9、10、11，在室温下利用六联搅拌机进行混凝实验，先快速搅拌(300 r/min)1 min 再慢速搅拌(50 r/min)10 min，结束后静置 15 min，取液面 2 cm 以下的上清液测定混凝后的水样浊度。

PAFTS 对于水体中浊度的去除率随着水体初始 pH 的增加先上升再下降，当水体初始 pH 值为 7 时，PAFTS 对于水体中浊度的去除率达到顶点，为 95.14%。当 pH 值较低时，PAFTS的水解反应受到明显抑制，Al(Ⅲ)、Fe(Ⅲ)和Ti(Ⅳ)产生的带正电荷的水解产物含量较低，对水体中的高岭土颗粒的电中和作用较差，能够脱稳的胶体颗粒有限，因此pH值很低时的浊度去除率较低。随着pH值增加，PAFTS中的Al(Ⅲ)、Fe(Ⅲ)和Ti(Ⅳ)的水解反应速率加快，水解能力变强，PAFTS的电中和能力得到增强，同时pH值的增加也意味着反应体系中OH^-含量的升高，使得Al(Ⅲ)、Fe(Ⅲ)和Ti(Ⅳ)水解产生的共聚物上的羟基含量不断升高，分子链变长，对高岭土颗粒的吸附架桥作用和网捕卷扫作用增强，混凝性能大幅度提高，因此浊度的去除率持续上升。当水体初始pH过高时，PAFTS的水解速率过快，正电荷产生的速率也过快，时间过短导致其无法与胶体颗粒表面的负电荷进行中和反应，电中和作用降低，同时Al(Ⅲ)、Fe(Ⅲ)水解生成的多羟基络合物由于pH值的升高转变成氢氧化物沉淀，分子链缩短，吸附架桥作用减弱，使得PAFTS的混凝效果变差。综上所述，选择pH值为7作为最佳的水体初始pH。

3. 静置时间对PAFTS混凝性能的影响

为探究不同的混凝剂投加量对PAFTS混凝性能的影响，利用制备的PAFTS样品进行以下实验：取8个250 mL烧杯，每个烧杯中都加入150 mL实验室自配水样，向每个烧杯中按照80 mg/L加入对应含量的PAFTS样品，调节水样的pH值为7，在室温下利用六联搅拌机进行混凝实验，先快速搅拌(300 r/min)1 min，再慢速搅拌(50 r/min)10 min，结束后静置不同时间，取液面2 cm以下的上清液测定混凝后的水样浊度。静置时间设定值为5 min、10 min、15 min、20 min、25 min、30 min、35 min、40 min。

随着静置时间的延长，PAFTS对于水体中浊度的去除率先逐渐上升，在静置时间达到20min之后开始稳定，不再发生大的变化，此时的浊度去除率为98.73%。当静置时间很短时，混凝过程中产生的絮体由于时间太短无法完全沉降，随着静置时间的增加，Al(Ⅲ)、Fe(Ⅲ)水解产生的Al_a、Al_b、Fe_a和Fe_b向溶胶状的Al_c和Fe_c转化，Ti(Ⅳ)的水解产物也由TiO^{2+}开始逐渐向沉淀物方向转化。这些溶胶状沉淀物在吸附了水体中的污染物颗粒之后能够迅速下沉，使得水中的余浊量在静置时间10～20 min内大量降低，除浊率得到了显著的提升。在静置时间达到20 min时，水体内的絮体基本沉降完成，因此继续增加沉降时间对水中浊度去除率的影响较小。考虑到实际应用时缩短静置时间能够有效降低缩短废水处理的时间，选择20 min作为PAFTS处理废水后的最佳静置时间。

4. 慢搅时间对PAFTS混凝性能的影响

为探究不同的混凝剂投加量对PAFTS混凝性能的影响，利用制备的PAFTS样品进行以下实验：取7个250 mL烧杯，每个烧杯中都加入150 mL实验室自配水样，向每个烧杯中按照80 mg/L加入对应含量的PAFTS样品，调节水样的pH值为7，在室温下利用六联搅拌机进行混凝实验，先快速搅拌(300 r/min)1 min再慢速搅拌(50 r/min)不同的时间，结束后静置20 min，取液面2 cm以下的上清液测定混凝后的水样浊度。慢搅时间分别设置为5 min、10 min、15 min、20 min、25 min、30 min、35 min、40 min。

随着慢搅时间的增加，PAFTS 对于浊度的去除率先升高再降低，在慢搅时间为 15 min时达到最高值，此时的浊度去除率为 97.85%。搅拌阶段对于混凝过程十分重要。快速搅拌能使混凝剂迅速且均匀地分布在水体中，加快混凝剂的水解过程。快速搅拌之后进入慢速搅拌，在慢搅过程中絮体开始生长，缓慢的水流转速能够使生成的较小的絮体进行碰撞，然后聚集在一起形成较大的絮体，便于后续的沉降过程。随着慢搅时间的增加，混凝过程中产生的微絮体能够充分发生碰撞，絮体粒径增大，后续沉降过程中不能沉降的微絮体含量减少，对浊度的去除率增加。当慢搅时间过长时，之前聚集形成的较大絮体会在后续的搅拌过程中破碎。微絮体大量增加，无法在后续的沉降过程中完全去除，依然分布在上清液中，造成水体中的余浊含量开始回升。综上所述，选择 15 min 作为最佳慢搅时间。

第 4 章　煤气化渣基絮凝剂的制备

4.1　聚硅酸铝铁絮凝剂的制备

目前，制备聚硅酸铝铁絮凝剂常用的方法为共聚法，即硅酸溶液和铁铝溶液在一定的 pH 条件下，硅酸不断缩聚并且与铁铝离子共同聚合达到一个相对高的聚合度，然后经过老化后即可得到具有高分子结构的聚硅酸铝铁絮凝剂。本研究探索采用焙烧-酸浸-碱浸-共聚的方法将煤气化渣（CGA）制备成聚硅酸铝铁絮凝剂（记为 CGA－PSAF）。

4.1.1　焙烧活化

将煤气化灰渣粉碎后过 100 目筛，然后按照煤气化灰渣和助溶剂的质量比为 6.6：1 的比例添加 Na_2CO_3 混合均匀，放入马弗炉中 900 ℃焙烧 2 h。

4.1.2　酸浸

将焙烧后的 10 g 煤气化灰渣与 80 mL 浓度为 5 mol/L 盐酸溶液在 95 ℃水浴条件下搅拌 1.4 h，趁热过滤实现固液分离，获得母液和滤渣。使用热水洗涤滤渣 3 次，滤渣在 105 ℃下烘干 4 h 以上，获得酸浸渣；将每次的洗涤液与母液混合，得到铁铝溶液（Fe 含量 3.57 g/L，Al 含量 4.02 g/L）。

4.1.3　碱浸

将上述烘干后的酸浸渣研磨至无明显颗粒感，按照固液比为 1：10 的比例将酸浸渣和 5 mol/L 的 NaOH 在 75 ℃条件下加热搅拌 0.5 h，趁热过滤，获得母液和滤渣。使用热水洗涤滤渣 3 次，滤渣在 105 ℃条件下烘干至恒重。将每次的洗涤液与母液混合，并定容于 50 mL 容量瓶，然后加入 20% H_2SO_4 溶液混合，并调节 pH 值至 2.5，在剧烈的磁力搅拌下保持 3 h，即得到聚硅酸溶液。

4.1.4　共聚反应

在搅拌条件下，将铁铝溶液按照一定配比加入聚硅酸溶液中，以得到不同的（Fe＋Al）/Si 摩尔比。在上述溶液中滴加 5 mol/L 的 NaOH 溶液，调节至所需的 pH 值，并在常温常压下陈化 48 h，即得到了聚硅酸铝铁絮凝剂（CGA－PSAF）。

4.2 操作条件对絮凝性能的影响

4.2.1 不同(Fe+Al)/Si摩尔比制备的CGA-PSAF的混凝性能

Si的浓度在一定程度上决定了絮凝剂的架桥能力，聚硅酸的相关研究表明，离子会随着pH值的降低而质子化。通过Si—O键继续聚合形成二聚体、三聚体，因此，网捕絮凝提高了絮凝剂的容量。良好的(Fe+Al)/Si摩尔比使得聚硅酸金属盐絮凝剂在水处理应用中具有更大的潜力。

不同(Fe+Al)/Si摩尔比制备的CGA-PSAF对钢铁废水中污染物的去除效果表明，絮凝剂的投加量会影响浊度、色度、COD、UV_{254}的去除率。(Fe+Al)/Si摩尔比为2.6、3.8、4.3、6.5、11.4的CGA-PSAF对钢铁废水浊度的去除率都随着絮凝剂投加量的增加而呈现上升的趋势。投加量大于100 mg/L时，(Fe+Al)/Si摩尔比为2.6、3.8、4.3、6.5、11.4的CGA-PSAF对钢铁废水浊度去除率均大于70%；在同等投加量下，这些处理对浊度去除率比市售PSAF高了10%。(Fe+Al)/Si也影响了浊度的去除率。当(Fe+Al)/Si摩尔比分别为3.8和4.3，在投加量为189 mg/L时，浊度去除率分别为92.86%和93.69%。然而，(Fe+Al)/Si摩尔比为1.3的CGA-PSAF对浊度去除率则随投加量的增加呈下降趋势，表明其混凝性能较差。可能的原因是二氧化硅的浓度过高促使硅酸过度聚合，导致共聚阶段反应不充分，使得混凝性能变差。

随着絮凝剂投加量的增加，(Fe+A1)/Si摩尔比为3.8、4.3、6.5、11.4的CGA-PSAF和PSAF的色度去除率呈增加趋势，然而(Fe+Al)/Si摩尔比为2.6的CGA-PSAF的色度去除率呈先增加后下降的趋势。随着投加量的增加，(Fe+Al)/Si摩尔比为1.3的CGA-PSAF的色度去除率呈下降趋势。制备(Fe+Al)/Si摩尔比为4.3的CGA-PSAF投加量为189 mg/L时，色度去除率最大为36.47%，而PSAF对色度最佳去除率仅18.26%，CGA-PSAF比PSAF的色度去除率提高了18.21%。

随着絮凝剂投加量的增加，(Fe+AI)/Si摩尔比为2.6、3.8、4.3、6.5、11.4的CGA-PSAF对钢铁废水中UV_{254}的去除率呈缓慢上升趋势，其中摩尔比为3.8、4.3、6.5、11.4的CGA-PSAF对钢铁废水中UV_{254}的去除率呈先上升后平稳的趋势，去除率可以达到20%左右。然而(Fe+Al)/Si摩尔比为1.3制备的CGA-PSAF对钢铁废水中UV_{254}的去除效果近乎没有。当(Fe+Al)/Si摩尔比为6.5的CGA-PSAF投加量为122 mg/L时，UV_{254}的去除率为28.10%，比PSAF高6.89%。

当絮凝剂的投加量大于50 mg/L时，除市售PSAF和(Fe+Al)/Si摩尔比为1.3的CGA-PSAF外，CGA-PSAF对钢铁废水的COD去除率超过50%。投加量为158 mg/L、(Fe+Al)/Si摩尔比为4.3时，CGA-PSAF对钢铁废水的COD去除率达到了最大值70.89%，比市售PSAF最佳去除率高15.61%。

上述结果说明，CGA－PSAF 的混凝效率受(Fe＋A1)/Si 摩尔比的影响较大。这是因为在一定的浓度范围内，对于(Fe＋Al)/Si 摩尔较低的 CGA－PSAF 聚硅酸浓度相对较高，使得絮凝剂分子量增大，强化了吸附架桥能力，继而有助于污染物去除。随着铁和铝浓度的增加，絮凝剂的电中和作用也增强。在铁铝浓度和聚硅酸浓度达到一个最佳组合时，能够生成具有优良混凝性能的絮凝剂。阳红等研究 PAM 作为助凝剂与不同絮凝剂处理钢铁废水时，发现采用硫酸铝加阴离子型 PAM 助凝剂对浊度去除率可达到 90.9%，使用聚合铝铁附加阳离子 PAM 对 COD 的去除率平均值为 69.5%。在本研究中当聚硅酸的(Fe＋Al)/Si 摩尔比过高时，较低的硅含量导致聚硅酸分子量较小，吸附架桥能力较弱，从而导致混凝性能较差。CGA－PSAF 的(Fe＋Al)/Si 摩尔比为 4.3 时，其混凝性能最佳，这是电中和与吸附架桥的协同作用的结果。在(Fe＋A1)/Si 摩尔比为 4.3 下制备的 CGA－PSAF 的浊度、色度和 COD 的去除率分别为 93.69%、36.47%和 70.88%。与阳红等添加了助凝剂的效果相近。与市售 PSAF 相比，(Fe＋Al)/Si 摩尔比为 4.3 下制备的 CGA－PSAF 对浊度、色度和 COD 的去除率分别提高了 28.67%、18.21%和 15.61%。

4.2.2 不同 pH 下制备的 CGA－PSAF 的混凝性能

絮凝剂的混凝性能容易受到絮凝剂 pH 值的影响。研究表明，聚硅酸在酸性条件下具有较好的稳定性，因此絮凝剂在低 pH 值下也具有较好的稳定性和性能。但如果 pH 值过大或过小，都会对絮凝剂产生影响，使絮凝效果变差，所以有必要考虑 pH 值对絮凝剂混凝性能的影响。

pH 为 1.5、2 和 3 的 CGA－PSAF 在投加量大于 50 mg/L 时，对钢铁废水浊度去除率随着投加量增加而逐渐增加。pH 为 1.5、2 和 3 时，制备的 CGA－PSAF 对浊度的最佳去除率分别为 94.56%、93.31%和 88.64%。然而增加 pH 为 2.5 的 CGA－PSAF 的投加量时，浊度去除率先增加后降低，在投加量为 189 mg/L 时最佳浊度去除率为 92.86%。

当 CGA－PSAF 投加量大于 50 mg/L 时，随着投加量的增加，色度的去除率逐渐增加。pH 为 1.5、2、2.5 和 3 的 CGA－PSAF 在 227 mg/L 投加量下，钢铁废水色度的去除率分别为 48.04%、54.43%、41.68%和 39.41%。

在不同 pH 条件下制备的 CGA－PSAF 对浊度和色度的去除率不同，其原因是硅酸根离子在不同 pH 值下具有不同的电荷形式，导致不同类型的聚合反应和反应速率，进而影响 CGA－PSAF 的混凝性能。pH 为 2 时，CGA－PSAF 对钢铁废水中色度的去除率达到了 54.54%，明显优于 pH 为 1.5、2.5、3 的 CGA－PSAF，并且对浊度的去除率可以达到 93.31%，仅比 pH 为 1.5 的 CGA－PSAF 低 1.25%。

4.3 材料的表征

4.3.1 CGA - PSAF 的 FT - IR 分析

由不同(Fe+Al)/Si 摩尔比下制备的 CGA - PSAF 和 PSAF 的 FT - IR 光谱分析可知，PSAF 和制备的 CGA～PSAF 在 3500～3200 cm^{-1}处的强峰可归因于- OH 的分子间缔合伸缩振动，表明 PSAF 和制备的 CGA - PSAF 中都含有- OH。制备的 CGA - PSAF 在 1650～1610 cm^{-1}范围内都有一个峰，表明制备的 CGA - PSAF 中具有- OH 的弯曲振动，可能是水在絮凝剂中吸收、聚合和结晶所导致的弯曲振动。另外，Li 等发现絮凝剂中吸收、聚合和结晶的水的量受絮凝剂内部结构的影响。随着 CGA - PSAF 的(Fe+Al)/Si 摩尔比的增大，峰强度总体上呈增大趋势，很可能是由于(Fe+Al)/Si 摩尔比的不同导致絮凝剂内部结构发生变化。1100～1200 cm^{-1}处的峰对应于 Fe—OH—Fe 或 Al—OH—Al 的不对称伸缩振动。在不同(Fe+Al)/Si 摩尔比下制备的 CGA - PSAF 在 1140 cm^{-1}附近具有相对较大的吸收峰，这可能是由于 Fe—OH—Fe 或 Al—OH—Al 的峰受到折叠角和相邻元素的影响。CGA - PSAF 和在 450～650 cm^{-1}处的峰值与 Fe—OH 和 Al—OH 的弯曲振动以及 Si—O、Fe—O 和 Al—O 的缠绕振动有关。

4.3.2 CGA - PSAF 的 XRD 分析

CGA - PSAF 中含有 NaCl 晶体，而没有检测到 Fe_3O_4、Fe_2O_3、$Fe_2(SO_4)_3$、$Fe(OH)_3$、$A1_2O_3$、$Al_2(SO_4)$、$Al(OH)_3$和 SiO_2的晶体。另外，Al—O、Fe—O、Si—O 键出现在 CGA - PSAF 中。这些结果说明了 CGA - PSAF 中铁、铝和硅之间发生反应形成的长程无序聚合物结构。CGA - PSAF 和 PSAF 都在 20°～30°之间具有凸起的非晶包，表明 CGA - PSAF 和 PSAF 也具有无定型结构。

在不同(Fe+Al)/Si 摩尔比下制备的 CGA - PSAF 均在 31.6°和 45.4°的 2θ 处具有强峰，这归因于 NaCl 晶相。结果表明，CGA - PSAF 中存在 NaCl 晶体，这与制备 CGA - PSAF 过程中游离 Na^+ 和 Cl^-形成 NaCl 晶体有关。

当在(Fe+Al)/Si 摩尔比为 1.3∶1 和 2.6∶1 下制备 CGA - PSAF 时，出现 Na_2SO_4 晶相，这可能与 SO_4^{2-} 在共聚阶段与 Na^+ 结合，在脱水过程中形成 Na_2SO_4 晶体有关。当在较高的(Fe+Al)/Si 摩尔比(3.8∶1、4.3∶1、6.5∶1 和 11.4∶1)下制备 CGA - PSAF 时，Na_2SO_4 晶体消失。这是因为在较高的(Fe+Al)/Si 摩尔比下，酸浸液中有更多的 Ca^{2+} 与 SO_4^{2-} 离子反应，在絮凝剂中生成 $CaSO_4$ 沉淀。当在(Fe+Al)/Si 摩尔比为 11.4∶1 下合成制备 CGA - PSAF 时，发现 NaCl 的最高峰值强度，这与较高的 Cl^- 浓度有关。

4.3.3　CGA－PSAF 的 SEM 分析

市售的 PSAF 显示出无定型结构。在(Fe＋Al)/Si 摩尔比为 1.3 和 2.6 的条件下制备的 CGA－PSAF 具有许多不规则的块状和团簇状结构，没有明显的方向性，这可能是由于较高的硅含量和硅酸过度聚合而聚结成团簇状结构。在(Fe＋Al)/Si 摩尔比为 3.8 下制备的 CGA－PSAF 显示出少量规则的层片状结构。在(Fe＋Al)/Si 摩尔比为 4.3 下制备的 CGA－PSAF 显示枝杈状结构，其具有明显的方向性、层次感和强烈的立体感。可能是在较高的(Fe＋Al)/Si 摩尔比下，当铝和铁的浓度增加时，硅酸自聚合受到抑制，并且与缩聚的聚硅酸进行配位反应，通过络合作用形成三维聚合物。在(Fe＋Al)/Si 摩尔比为 6.5 下制备的 CGA－PSAF 显示出清晰的层状结构，而枝杈状结构消失。在(Fe＋Al)/Si 摩尔比为 11.4 下制备的 CGA－PSAF 显示出折叠状结构，但是没有发现层状和分支三维结构。这是因为形成有空间感的三维结构需要一定的硅含量。与 PSAF 相比，在(Fe＋Al)/Si 摩尔比为 4.3 的条件下制备的 CGA－PSAF 具有许多微小的凸起结构，可以增加比表面积，有效地与水中的污染物接触，增强电中和、絮凝网捕作用。

第 5 章 粉煤灰基絮凝剂的制备

5.1 聚硅酸盐絮凝剂

5.1.1 制备方法

1. 改性粉煤灰的制备方法

按一定盐灰质量比称取碳酸盐(Na_2CO_3 或 $NaHCO_3$)和预先烘干的粉煤灰，研磨均匀，置于陶瓷坩埚中，于马弗炉中在温度 600～800 ℃焙烧 15～120 min 得到改性粉煤灰。取出冷却，粉碎、研磨备用。

2. 聚硅酸盐絮凝剂的制备方法

取一定质量改性粉煤灰置于一定浓度的盐酸中，在 20～100 ℃温度下以一定速度搅拌 0～20 min。陈化一段时间得到橙色黏稠状聚硅酸盐絮凝剂。

5.1.2 制备聚硅酸盐絮凝剂工艺研究

1. 盐酸浓度的影响

实验条件：改性粉煤灰 2 g，一定浓度(质量分数)的盐酸 20 g，浸出温度室温，搅拌速度 100 r/min，搅拌时间 25 min，陈化时间 2 h。

在 10%～18%范围内随着盐酸浓度增加，浊度、COD 去除率逐渐增大最终趋于平衡。盐酸浓度 10%时，去除率最低，此时浊度去除率为 80.89%，COD 去除率为 97.59%。盐酸浓度从 10%增加到 14%，浊度去除率迅速增加，COD 去除率略有提高；12%时浊度去除率为 86.70%，COD 去除率为 98.21%；14%时浊度去除率为 93.22%，COD 去除率为 98.70%。盐酸浓度从 14%增加到 18%，去除率增势变缓；16%时浊度去除率为 93.61%，COD 去除率为 99.06%。在 18%时达到最大去除率，此时浊度去除率为 94.48%，COD 去除率为 98.93%。分析其原因，浓度过低的盐酸无法完全浸出粉煤灰中的 Si、Al、Fe 等元素，导致絮凝剂品质低、效果差。盐酸浓度 14%时，反应基本完全，故其后去除率增加缓慢。综上所述，本实验选用盐酸浓度 18%为优化工艺条件。

2. 液固比对絮凝性能影响

实验条件：改性粉煤灰 2 g，一定质量的 18%浓度的盐酸，浸出温度室温，搅拌速度 100 r/min，搅拌时间 25 min，陈化时间 2 h。

在液固比 8～12 范围内，随着液固比增大，COD 去除率基本稳定，变化较小，维持在 99%左右，COD 去除效果较好；浊度去除率呈缓慢上升趋势。在液固比为 8 时浊度去除率最低，为 90.63%。且试验研究过程中发现，液固比为 8 时，改性粉煤灰没有完全溶解，在烧杯底部有较多黑色沉淀。此后随着液固比增大，浊度去除率逐渐上升，沉淀也越来越少。液固比为 9 时浊度去除率为 90.55%，液固比为 10 时浊度去除率为 91.10%，液固比为 11 时浊度去除率为 91.88%，在液固比为 12 时效果最好，此时浊度去除率为 92.91%。这时烧杯底部已无肉眼可见沉淀，故判断此条件下固体已完全溶解。液固比过低，固体粉末未能完全溶解，导致絮凝剂内存在较多未溶解的颗粒杂质；此外液体量少导致胶凝速度过快，絮凝剂迅速变成凝胶，影响絮凝效果。综上所述，本实验采用盐酸溶液与改性粉煤灰的液固质量比为 12∶1 为优化工艺条件。

3. 反应温度的影响

实验条件：改性粉煤灰 2 g，18%浓度的盐酸 24 g，搅拌速度 100 r/min，搅拌时间 25 min，陈化时间 2 h。

在 20～100 ℃范围内，随着温度升高，去除率逐渐下降。在 20 ℃时去除率最高，此时浊度去除率为 94.63%，COD 去除率为 94.63%。20～60 ℃去除率缓慢下降，40 ℃时浊度去除率为 94.00%，COD 去除率为 99.15%；60 ℃时浊度去除率为 93.22%，COD 去除率为 98.50%。温度高于 60 ℃以后浊度去除率明显降低，COD 去除率略有下降。80 ℃时浊度去除率为 89.92%，COD 去除率为 98.28%，在 100 ℃时去除率最低，此时浊度去除率为 86.70%，COD 去除率为 97.81%。虽然升高温度会使扩散速率和化学反应速率增大，有利于液固反应的进行，但是在实际操作过程中发现升高温度的同时导致大量水分蒸发、HCl 挥发，溶液迅速形成凝胶，进而失水，最终得到的絮凝剂量很少并且是非常黏稠的状态，在 80 ℃、100 ℃得到非常干燥几乎无水分的块状固体，在废水中难以充分溶解分散，最终絮凝效果不好。此外，实际应用中高温对反应设备要求较高并且能耗更大。综合考虑以上因素，本实验选用 20 ℃作为优化工艺条件。

4. 搅拌时间的影响

实验条件：改性粉煤灰 2 g，18%浓度的盐酸 24 g，反应温度室温，搅拌速度 100 r/min，搅拌一定时间，陈化 2 h。

随着搅拌时间的增加，浊度和 COD 去除率基本不变。搅拌时间 5 min 时，浊度去除率为 94.08%，COD 去除率为 99.06%；10 min 时浊度去除率为 94.40%，COD 去除率为 98.84%；15 min 时浊度去除率为 94.24%，COD 去除率为 99.15%；20 min 时浊度去除率为 94.80%，COD 去除率为 99.87%；25 min 时浊度去除率为 94.48%，COD 去除率为 99.16%。浊度去除率总是保持在 94%左右，COD 去除率保持在 99%左右。分析其原因，搅拌的作用是让改性粉煤灰粉末均匀分散在盐酸溶液中使之充分反应，搅拌 5 min 时，已经反应完全，增加反应时间对其絮凝性能并无显著提高。因此，本实验选择 5 min 搅拌时间作为优化工艺条件。

5. 搅拌速度对絮凝性能的影响

实验条件：改性粉煤灰 2 g，18%浓度的盐酸 24 g，反应温度室温，一定搅拌速度，搅拌时间 5 min，陈化 2 h。

随着转速增大，COD 去除率和浊度去除率先升高后降低并呈稳定趋势，COD 去除率变化较小。转速为 0 r/min 时，去除率最低，此时浊度去除率为 75.15%，COD 去除率为 98.69%。转速过低，改性粉煤灰粉末无法在盐酸溶液中均匀分散，逐渐沉至容器底部，导致反应不完全。转速为 100 r/min 时，去除率最高，此时浊度去除率为 92.98%，COD 去除率为 99.22%。之后去除率下降，200 r/min 时浊度去除率为 89.26%，COD 去除率为 99.20%；300 r/min 时浊度去除率为 91.41%，COD 去除率为 98.25%；400 r/min 时浊度去除率为 91.34%，COD 去除率为 98.35%。适当增大搅拌转速有利于扩散过程，会促进反应的进行。继续增大转速去除率出现下降是由于转速过高烧杯中心液面下凹形成旋涡，发生打旋现象，各层液体几乎不会轴向混合，甚至促进体系分离，固体粉末被甩至烧杯壁最终沉至杯底，导致搅拌效果反而下降，影响了聚合物的形成。综上所述，本实验采用 100 r/min 的搅拌速度为优化工艺条件。

6. 陈化时间的影响

实验条件：改性粉煤灰 2 g，18%浓度的盐酸 24 g，反应温度室温，搅拌速度 100 r/min，搅拌时间 5 min，陈化一定时间。

在 15～120 min 范围内，COD 去除率变化较小，呈稳定趋势，基本保持在 99%左右。浊度去除率先上升后下降。在 15 min 时，浊度去除率最低，为 92.20%。15～60 min 去除率上升，30 min 时浊度去除率为 92.51%，在 60 min 时浊度去除率最大，达到 95.89%。之后浊度去除率逐渐下降，90 min 时浊度去除率为 94.95%。在 120 min 时达到低点，此时浊度去除率为 94.16%。分析其原因，陈化时间过短，产物呈液体状，虽然在水中可以充分分散，但是此时聚合物的分子链较短、聚合度较低，难以发挥架桥作用和网捕作用，导致去除率不高；陈化时间过长，形成几乎无流动性的凝胶，不便取用，在水体中无法充分溶解、分散不均匀，导致絮凝效果欠佳。因此，本实验选用 60 min 陈化时间为优化工艺条件。

5.1.3 聚硅酸盐絮凝剂表征

对制备的聚硅酸盐絮凝剂进行表征。制备条件为前文所述的优化条件：$NaHCO_3$ 与粉煤灰质量比为 0.75，焙烧温度 800 ℃，焙烧时间 60 min 得到改性粉煤灰。改性粉煤灰 2 g，18%浓度的盐酸 24 g，反应温度室温，搅拌速度 100 r/min，搅拌时间 5 min，陈化 60 min 得到聚硅酸盐絮凝剂。

1. 红外光谱分析

分析红外图谱，位于 1097.54 cm^{-1} 的是 Si—O—Si 反对称伸缩振动峰，位于 804.13 cm^{-1} 的是 Si—O—Si 对称伸缩振动峰，说明已经得到以 Si—O—Si 为骨架的化合物，位于 603.57 cm^{-1}、459.16 cm^{-1}的是 Si—Cl 峰，说明 Si 已经酸浸溶出，位于 945.43 cm^{-1}的是 Si—O 金属峰，说明金属离子已经与 Si—O—Si 骨架相连，位于 1635.92 cm^{-1}的是 H_2O 峰，位于 2428.28 cm^{-1}的是 CO_2 峰，位于 3400.27 cm^{-1}的是—OH峰。根据上述分析判断已经得到聚硅酸盐。

2. X 射线衍射分析(XRD)

样品中主要成分是 NaCl 晶体以及一些非晶态物质。Na^+ 主要来自焙烧时添加的 Na_2CO_3，Cl^- 来自酸浸时加入的盐酸，此外，没有其他如 SiO_2、Al_2O_3、Fe_2O_3 等晶体的衍射峰，说明 Si、Fe、Al 已经聚合，形成非晶态的聚硅酸盐。

3. ζ 电位分析

将少量聚硅酸盐絮凝剂分散于蒸馏水中，采用 Malvern 电位仪测定其 ζ 电位。聚硅酸盐絮凝剂的 ζ 电位为+4.78 mV，为阳离子型絮凝剂。ζ 电位为正可能是由于絮凝剂中有大量带正电荷的金属离子。这些金属离子有助于发挥网捕作用、卷扫作用，提高絮凝性能。ζ 电位小于 10 表明该体系十分不稳定，易于聚集、絮凝，说明制备的絮凝剂有较高的絮凝性能。

4. 扫描电镜-能谱分析(SEM-EDS)

扫描电镜观察的聚硅酸盐絮凝剂可以看出，聚硅酸盐絮凝剂是表面粗糙、多孔的不规则颗粒。交叠、立体的构造有利于增强其吸附能力。

在聚硅酸盐絮凝剂颗粒表面选取 4 个点进行元素分析，定量分析结果如下，点 1：C-K 9.47%、O-K 64.62%、Mg-K 0.28%、Al-K 8.06%、Si-K 10.33%、Cl-K 5.88%、Ca-K 0.29%、Ti-K 0.25%、Fe-K 0.83%；点 2：O-K 24.93%、Na-K 35.03%、Mg-K 0.00%、Al-K 2.80%、Si-K 7.83%、Cl-K 27.52%、Ca-K 0.71%、Ti-K 0.33%、Fe-K 0.85%；点 3：C-K 25.32%、O-K 38.55%、Na-K 0.69%、Mg-K 0.61%、Al-K 5.19%、Si-K 15.25%、Cl-K 9.39%、Ca-K 1.10%、Ti-K 0.43%、Fe-K 2.37%；点 4：C-K 42.70%、O-K 25.12%、Na-K 0.68%、Mg-K 0.30%、Al-K 3.29%、Si-K 5.61%、Cl-K 14.75%、Ca-K 0.55%、Ti-K 0.16%、Fe-K 3.88%。

由聚硅酸盐絮凝剂情况及元素分析知，絮凝剂中 O、C、Si、Na、Cl 元素占比较大，此外还有 Al、Fe 等金属元素。与原料粉煤灰相比，Na、Cl 元素含量明显增大，Na 元素来源于焙烧时添加的 $NaHCO_3$，Cl 元素来自酸浸工艺加入的盐酸。

5. 粒度分布分析

聚硅酸盐絮凝剂的粒径分布主要集中在 2～100 μm 之间，体积平均粒径为 15.32 μm，基本呈正态分布。与原料粉煤灰的粒径分布相比，分布范围相近，分布更为均匀。

5.1.4　聚硅酸盐絮凝剂处理铁矿磁选废水工艺研究

1. 絮凝剂投加量的影响

实验条件：铁矿磁选废水 200 mL，加入一定量的聚硅酸盐絮凝剂并同时以 300 r/min 的速度快速搅拌 1 min，100 r/min 慢速搅拌 25 min，静置沉降 120 min，测定处理水上清液的浊度与 COD。

随着絮凝剂投加量增大，COD 去除率呈现先增加后趋于稳定的趋势，但变化不大，变化量仅为 0.7%左右；浊度去除率呈现先升高后降低最终平稳的趋势。投加量为 1 mg/L时去除率最低，此时浊度去除率仅有 87.49%。投加量增加至 5 mL/L 时浊度去除率为 94.16%。絮凝剂投加量过小时，形成的絮体过小、过于分散，之间无法通过架桥作用形成更大的絮团从而聚集沉降。投加量为 10 mg/L 时去除率最大，此时浊度去除率为 95.58%。从 10 mL/L 至 40 mL/L 浊度去除率逐渐降低，20 mL/L 时浊度去除率为 94.95%，30 mL/L 时浊度去除率为 93.54%。在考察范围内浊度去除率最终降低至40 mL/L时的 93.06%。浊度去除率降低一是由于添加量过大导致悬浮颗粒电荷性质逆转，使聚集起来的絮体脱落；二是由于多个絮凝剂分子吸附在同一微粒表面形成一外壳将其包围保护起来，使得体系的稳定性增大，影响胶体聚沉。因此本实验选择絮凝剂投加量 10 mg/L 为优化工艺条件。

2. 水体 pH 的影响

实验条件：铁矿磁选废水 200 mL，加入 2 mL 的聚硅酸盐絮凝剂并同时以 300 r/min 的速度快速搅拌 1 min，100 r/min 慢速搅拌 25 min，静置沉降 120 min，测定处理水上清液的浊度与 COD。

随着水体 pH 增大，浊度去除率和 COD 去除率均呈上升趋势，碱性条件下聚硅酸盐絮凝剂浊度去除性明显较酸性条件下更优。pH 小于 7 时浊度去除率整体偏低，pH 等于 3 时浊度去除率为 95.10%，pH 等于大于 7 时浊度去除率显著上升，pH 等于 9 时浊度去除率最大，达到 97.93%。COD 去除率随水体 pH 增大而增加，但增加有限，pH 值为 1 时，COD 去除率为 98.32%，pH 等于 5 时，COD 去除率达到最大，为 98.89%，增加量仅有 0.57%，之后 COD 去除率基本维持稳定。观察实验现象，碱性条件下对废水色度的去除也有很好的效果，pH 小于 5 时上清液呈清澈透明、淡黄色，pH 大于 6 时上清液接近无色。碱性条件下水处理效果更好是由于铁矿磁选废水中有大量金属离子，而多数金属离子的氢氧化物难溶于水。调节水体成碱性使这些金属离子先生成大量难溶物，这些难溶物可以作为聚集核使絮凝剂更好地发挥网捕作用达到更佳的处理效果。继续增大 pH 虽然可能会进一步提高去除率但是会使 pH 超出国家排放标准，增加了后续工艺的工作量。综上所述，本实验选择实验条件水体 pH 等于 9 为优化工艺条件。

3. 絮凝温度的影响

实验条件：铁矿磁选废水 200 mL，加入 2 mL 的聚硅酸盐絮凝剂并同时以 300 r/min 的速度快速搅拌 1 min，100 r/min 慢速搅拌 25 min，静置沉降 120 min，测定处理水上清液的浊度与 COD。

随着絮凝温度升高，浊度和 COD 去除率开始略有增大后降低。20 ℃时去除率最小，浊度去除率为 98.01%，COD 去除率为 99.02%；80 ℃时去除率最大，浊度去除率达到98.64%，COD去除率达到99.43%；100 ℃时浊度去除率为98.25%，COD去除率为98.84%，与80 ℃时相比略有下降的可能原因是温度过高水体热运动过于剧烈将下层浊液带至上层导致水体变浑浊。根据DLVO理论，总势能等于引力势能与斥力势能之和。随着粒子间距离减小，引力势能逐渐增大，此时引力势能大于斥力势能，表现为粒子间可逆性聚集；进一步减小距离，斥力势能逐渐大于引力势能，随后总势能出现一极大值(势垒)，此时体系保持相对稳定状态；继续减小距离总势能又迅速减小出现极小值，这时粒子间引力势能远大于斥力势能，发生永久性聚沉。温度升高，布朗运动加剧，可以为粒子提供更大动能，有助于粒子突破势垒聚集沉降。温度升高也使形成的絮体之间碰撞的概率增大，有利于架桥作用、网捕作用的进行，易于形成大絮团沉降。此外，温度越高，絮团越密实，上清液量越大。综合考虑各因素，本实验选择絮凝温度80 ℃为优化工艺条件。

4. 快速搅拌速度的影响

实验条件：铁矿磁选废水200 mL，加入2 mL的聚硅酸盐絮凝剂并同时以一定速度快速搅拌1 min，以100 r/min的转速慢速搅拌25 min，静置沉降120 min，测定处理水上清液的浊度与COD。

快速搅拌速度对去除率影响较小。随着转速增大去除率呈现先升高后降低的趋势。转速400 r/min时去除率最大，浊度去除率为98.61%，COD去除率为99.05%。之后继续提高转速去除率略有下降，最终在600 r/min时降低至浊度去除率为97.51%，COD去除率为98.82%。分析原因，加入絮凝剂时快速搅拌是为了使其快速分散到整个水体中，转速过低分散不均匀，絮凝剂很快沉至水底；转速过高搅拌中心处液面下凹，形成旋涡并吸入空气，液体主要绕杯壁运动而几乎不发生纵向混合，影响搅拌效果。此外过高的转速还会搅碎刚形成的絮体，最终导致水处理效果变差。因此转速最好控制在300 r/min至400 r/min，本实验选择快速搅拌转速400 r/min为优化工艺条件。

5. 快速搅拌时间的影响

实验条件：铁矿磁选废水200 mL，加入2 mL的聚硅酸盐絮凝剂并同时以400 r/min的速度快速搅拌一段时间，以100 r/min的转速慢速搅拌25 min，静置沉降120 min，测定处理水上清液的浊度与COD。

快速搅拌时间对水处理效果影响很小。随着搅拌时间增大去除率呈现先增大后减小的趋势。搅拌时间2.0 min时浊度去除率最大为98.53%，之后去除率逐渐降低；搅拌时间1.5 min时COD去除率最大为99.28%，之后逐渐降低。搅拌时间过短，絮凝剂无法均匀分散在水体中，对于已经混匀的水体继续增加快速搅拌时间对增强去除效果并无多少助益，反而会影响絮团的形成，使去除率降低。因此，快速搅拌时间控制在1～2 min为宜，本实验选择快速搅拌时间2 min为优化工艺条件。

6. 慢速搅拌速度的影响

实验条件：铁矿磁选废水200 mL，加入2 mL的聚硅酸盐絮凝剂并同时以400 r/min

的转速快速搅拌 2 min，以一定转速慢速搅拌 25 min，静置沉降 120 min，测定处理水上清液的浊度与 COD。

慢速搅拌速度对浊度去除率影响较大。随着搅拌速度增大，浊度去除率呈逐渐增大后减小的趋势。120 r/min 时浊度去除率最大，达到 98.23%，200 r/min 时去除率最小，浊度去除率降至 93.06%；慢速搅拌速度对 COD 去除率影响很小，在研究的变化范围内，COD 去除率基本维持在 99%以上。分析其原因，转速过低，各液层之间无法充分混合，颗粒之间通过碰撞聚集形成絮团沉降的概率减小。适当提高转速可以给颗粒提供更大的动能，使粒子突破势垒在范德华力的作用下聚集沉降。转速过高则会搅碎已经聚集的絮团，使水处理结果下降。本实验选择快速搅拌速度 120 r/min 为优化工艺条件。

7. 慢速搅拌时间的影响

实验条件：铁矿磁选废水 200 mL，加入 2 mL 的聚硅酸盐絮凝剂并同时 400 r/min 的转速快速搅拌 2 min，以 120 r/min 的转速慢速搅拌一段时间，静置沉降 120 min，测定处理水上清液的浊度与 COD。

随着搅拌时间增大去除率呈逐渐增大最终保持基本不变的趋势。搅拌 5 min 时浊度去除率最小，为 96.36%；搅拌 25 min 时浊度去除率最大，为 98.09%。搅拌 35 min、45 min 与搅拌 25 min 的水处理结果相近。搅拌时间对 COD 去除率影响很小，在研究的变化范围内，COD 去除率基本维持在 99%以上。搅拌时间过短，絮体还没有充分增长便在重力作用下沉降，形成的矾花细小而松散，导致去除率不高。25 min 以后絮体已经充分增长形成密实的矾花，继续增加搅拌时间徒增能耗而对水处理结果影响不大，因此本实验选择 25 min 的搅拌时间为优化工艺条件。

8. 沉降时间的影响

实验条件：铁矿磁选废水 200 mL，加入 2 mL 的聚硅酸盐絮凝剂并同时以 400 r/min 的转速快速搅拌 2 min，以一定转速慢速搅拌 25 min，静置沉降 120 min，测定处理水上清液的浊度与 COD。

随着沉降时间增加去浊度和 COD 去除率迅速增加。沉降 30 min 时浊度去除率达到 96.83%，COD 去除率达到 99.31%，之后浊度去除率稳定在 97%左右，COD 去除率稳定在 99%左右。60 min 时浊度去除率为 97.30%，COD 去除率为 99.10%，最终 120 min 时浊度去除率为 97.86%，COD 去除率为 99.31%。观察实验现象，虽然 30 min 之后去除率已经基本不变，然而絮团仍在沉降，上清液的量仍在增加。综合考虑各因素本实验选择沉降时间 60 min 为优化工艺条件。

5.2 聚硅酸氯化铝铁絮凝剂

5.2.1 聚硅酸氯化铝铁(PSiFAC)的制备

调节酸溶出液的碱化度，搅拌的同时缓慢滴加氢氧化钠溶液，以防止沉淀生成，至溶液由黄绿色变为棕红色，此时 pH 值为 1～2。熟化 2 h，即得到中间体聚铝铁(PFAC)溶液，备用。

取一定量的碱溶出液(主要成分为 Na_2SiO_3)，调节其浓度，并将其 pH 值调节至 6.8～7.1 之间，熟化 15 min，加少量盐酸以阻止其继续聚合，得到中间体低聚硅酸(PSi)溶液，与一定量的 PFAC 混合，调节温度至 60°C，搅拌 2 h，熟化 24 h，得到产品 PSi-FAC。

5.2.2 硅酸凝胶规律的研究

对于新制的硅酸水溶液，聚合与解聚是同时存在的，溶液趋于平衡状态。随着溶液 pH 值的降低，游离态的单硅酸活性逐渐增加，平衡被破坏，溶液趋向于由单硅酸聚合形成低聚硅酸，逐渐由小分子变为大的聚合体，颗粒的比表面积增加，絮凝能力逐渐增强。硅酸的活化过程即为硅酸由游离的小分子生成聚合物的过程，最后，硅氧键相互结合生成网状立体结构——凝胶。掌握硅酸的活化规律，寻找最佳的凝聚时间，才能控制聚合方式，得到吸附能力最强的聚合物。

用重量法分析溶出液中硅酸的浓度为 1.02 mol/L，pH 值为 14。取一定量的硅酸溶液即碱溶出液，加入 1 滴酚酞，便于观察与找出终点。用 1+1 的盐酸快速调节 pH 值至酚酞变为粉红色，迅速加入 1+3 的盐酸，调节 pH 值至酚酞刚好褪色。立即计时。

经过简单观察，粗略估计当硅酸浓度范围在 0.2～0.6 mol/L 之间，反应速度较快且容易控制，其平均凝胶时间约为 40 min。最佳活化时间为凝胶时间的 1/4 到 3/4 之间。

5.2.3 硅酸活化对絮凝性能的影响研究

1. 硅酸活化时间对絮凝效果的影响

对硅酸的活化时间进行了实验考察，实验结果如下：$n(Al+Fe)/n(Si)=1:2$，活化时间为 5 min、10 min、15 min、20 min、25 min、30 min 时，除浊率分别为 81%、98%、99%、87%、83%和 72%。表明在 $n(Al+Fe)/n(Si)$ 为 1∶2 的条件下硅酸的活化时间对絮凝剂净水效果有一定影响。随着活化时间的延长，硅酸分子由游离态逐渐趋于聚合状态，聚合物的直径增加，絮凝效果(除浊率)也随之增加，活化时间为 10～15 min 时，所形成的聚合物具有最佳形态，比表面积最大，吸附能力最强，除浊率为 98%～99%，活化时间大于 15 min 时，聚合物的体积过大，出现自聚现象，絮凝能力反而降低，除浊率也开始降低。从而选择最佳活化时间为 10～15 min。

2. 硅酸与铝铁的摩尔比对絮凝效果的影响

加入金属离子会阻断硅酸的自聚，破坏凝胶的形成，据此溶液中加入的铝铁的摩尔比对硅酸的聚合以及聚合物的絮凝效果具有重要的影响。对溶液中的硅酸与铝铁的摩尔比对絮凝效果的影响进行了实验研究。当活化时间为 15 min，$n(Al+Fe)/n(Si)$ 为 2∶1、1∶2、1∶2、1∶3、1∶4、1∶5、1∶6、1∶7、1∶8 时，除浊率分别为 50%、

85%、90%、97%、99%、95%、88%、32%和30%。

硅酸的活化时间为15 min，硅酸与铝铁离子的摩尔比在1∶4时，絮凝剂具有最佳的絮凝效果。要使聚合硅酸溶液在加入金属离子后形成稳定的胶体，应满足2个条件：①较高浓度下长期稳定不凝胶。②加入金属盐后性质不变。因此，为了保持聚硅酸体系的稳定，应在酸性环境下加入铝、铁溶液，为此，应在硅酸活化过程后加入少量盐酸以保持其pH在酸性范围内，即加入铝、铁溶液后总体的pH保持不变，聚合硅酸的性质能够保持相对稳定。

随着硅酸活化时间的增加，聚合硅酸的分子量逐渐增高，加入金属离子形成带正电的水解羟基金属离子，并与带有负电荷硅酸分子吸附起到架桥作用，阻断了硅酸的自聚进程并生成稳定的大分子聚合物。聚合物比表面积大，容易吸附水中的胶粒，起到净水的作用。

5.2.4 聚硅酸氯化铝铁的表征

1. 聚硅酸氯化铝铁的红外表征

将固体样品，以KBr作底片采用压片法，在400～4000 cm^{-1}扫描范围内，扫描60次，采用2 cm^{-1}的分辨率，用傅里叶红外光谱仪测定。

由聚硅酸氯化铝铁的谱图可知：1100 cm^{-1}处的吸收峰显示可能是Fe与Si或Fe—O—Si键的伸缩振动所产生的，849 cm^{-1}处为Fe—O—Si键的伸缩振动。701 cm^{-1}处Fe与羟基结构的特征吸收峰、588 cm^{-1}和458 cm^{-1}处的Fe—O弯曲振动消失，叠加为701 cm^{-1}处的较宽较强吸收峰，2487 cm^{-1}附近吸收峰主要是Al—O。1616 cm^{-1}附近存在一个吸收峰，这个峰可能是由于H_2O分子的弯曲振动所产生的，即H—O—H角度变形频率产生的。说明Fe(Ⅲ)与A1(Ⅲ)的络合物之间可能存在交叉共聚作用，而在1100 cm^{-1}附近的吸收峰可能是由于四面体结构的硅与Fe—O、Al—O交联成键，这表明聚硅酸与铝氧、Fe—O之间发生键合。据此估计聚硅酸氯化铝铁比聚硅酸的絮凝效果好的原因，聚合氯化铝铁的絮凝效果好，第一个原因是活性硅与Fe—O、Al—O成键，在铁、铝水解时产生铝的络合物，它的作用是电中破坏溶胶的稳定性；第二个原因是具有枝状结构或者链状结构的聚硅酸分子配合吸附了悬浮的颗粒，具有桥连、网捕作用，形成大絮体矾花最终在重力作用下形成沉淀与液体分离。

2. 聚硅酸氯化铝铁XRD表征

将PSiFAC溶液于50 ℃真空干燥箱干燥成固体粉末后，进行X-射线衍射分析。

可看出：在150～350 ℃之间存在一个非晶包，不存在氯化铝、氯化钠、氯化铁等物质的衍射峰，证明Fe^{3+}、$A1^{3+}$和$C1^{-}$等与聚硅酸发生反应形成无定型共聚物。由于$A1^{3+}$、Fe^{3+}等与大分子端基氢氧根之间的络合作用，硅酸自身的凝胶过程被阻断，溶液的稳定时间增长，漫散的非晶包减弱，多个代表多晶相共存的小衍射峰出现并加强。

5.2.5 助凝剂对絮凝剂(PSiFAC)的絮凝效果的影响

絮凝剂的凝聚过程也称为混凝过程。在使用的过程中往往不会单独使用絮凝剂，而是经常添加助凝剂以加快絮凝剂的混凝过程。一部分助凝剂是为了调节水体 pH 值，使其达到有利于絮凝剂最佳的工作环境；也有一部分是为了加强电中和作用、网捕作用或加快沉降速度。由于絮凝剂、助凝剂的种类繁多，本实验只重点介绍石灰、氯化钙和钙镁复合剂对聚硅酸氯化铝铁的絮凝效果的影响。

1. 石灰的投入对絮凝效果的影响

实验中，通过比较投入石灰石与不投入石灰石对聚硅酸氯化铝铁絮凝剂在絮凝的过程中絮凝剂对高浊度的高岭土模拟水样(500 NTU)进行处理，投入一定量的絮凝剂到模拟水样中，经加温至 50 ℃，进行两组对比实验，沉淀时间(min)为 0、1、2、3、5、10、30、60 并及时观察记录每一个时间水体的浊度，比较相应的除浊率的变化规律，助凝剂石灰对絮凝剂絮凝效果的影响关系。

未加入絮凝剂的溶液，随着絮凝剂的加入，以絮凝剂为核心，慢慢形成大絮体，矾花聚集沉淀，这一过程在 5 min 之前较为明显，随着时间的增加，5 min 以后浊度变化不再明显；在絮凝剂加入之前加入一定量的石灰石，石灰石难溶于凉水，在水体中不易电离，反而生成不溶物，在一定程度上消耗了絮凝剂，降低絮凝效率。

2. 氯化钙的投加对絮凝剂絮凝效果的影响

实验中，通过比较投入氯化钙与不投入氯化钙对聚硅酸氯化铝铁絮凝剂在絮凝的过程中絮凝剂对高浊度的高岭土模拟水样(500 NTU)进行处理，恒温 50 ℃，进行两组对比实验，一组为空白实验只加入絮凝剂，另一组先加入一定量的氯化钙，再加入与第一组等量的聚硅酸氯化铝铁絮凝剂。沉淀时间(min)为 0、1、2、3、5、10、30、60 并及时观察记录剩余水体的浊度去除率，比较助剂氯化钙对絮凝剂絮凝效果的影响关系。

由于氯化钙是可溶性盐，易溶于水，在起初的几分钟内，药品对水体的净化能力明显；5～10 min 以后变化缓慢，而比较两条曲线，当混凝的时间大于 5 min 时只加入絮凝剂的水体其除浊率与提前加入氯化钙后加入的絮凝剂的水体的除浊率相比，加入氯化钙后，透光率相对未加入氯化钙的溶液明显降低，效果明显增强。

3. 钙镁复合剂的投加对絮凝剂絮凝效果的影响

比较投入钙镁复剂与不投入石灰石对聚硅酸氯化铝铁絮凝剂在絮凝的过程中水样浊度的变化规律。高浊度高岭土模拟水样(500 NTU)，投入一定量的絮凝剂到模拟水样中，恒温 50 ℃，进行两组实验，对比添加钙镁复合剂对絮凝剂净水能力的影响，沉淀时间(min)为 0、1、2、3、5、10、30、60 并及时观察记录剩余水体的透光率，比较助凝剂对絮凝剂絮凝效果的影响。

先加入钙镁复合剂再加入絮凝剂相比单独加入聚硅酸氯化铝铁时，净水能力有所增强。在初始阶段，0～2 min 时，这个变化并不明显，难以从数据中考察二者的区别；在 3～10 min 未加入钙镁复合剂的水体浊度降低的能力与添加过钙镁复合剂的水体净水能力相比开始减弱趋于平缓；在 10 min 以后，二者浊度去除率的变化趋势均趋于平缓，相比之下添加了钙镁复合剂的水体的透光率仍有继续变化的趋势，60 min 时添加了钙镁复合剂的水体的透光率比没有添加助凝剂的水体的浊度去除率高 5 个百分点。说明钙镁联合作用下絮凝剂的净水效果增强了。

5.2.6 聚硅酸氯化铝铁絮凝特性的研究

1. 投加量对剩余浊度的影响

聚硅酸氯化铝铁絮凝剂对高浊度的高岭土模拟水样(500 NTU)进行处理，投入一定量的絮凝剂到模拟水样中，经加热搅拌 1 h，沉降 1 h 后，测量最终水样的浊度。

实验中在相同条件下分别对投加量(mol/L)为 5、10、15、20、25、30、35、40 的絮凝剂及剩余浊度进行对比，观察随着絮凝剂投加量的增加水的剩余浊度变化。

从稳定到絮凝的转变常发生在一个相当窄的电解质浓度范围内，临界絮凝浓度 C_f 称为聚沉值。絮凝剂投加量在 5～10 mg/L 时，剩余浊度迅速减少，净水能力随之增加。由于加入了絮凝剂，微粒之间的排斥作用降低，综合位能低于 0，此阶段为临界聚沉浓度；絮凝剂的投加量从 10 mg/L 上升到 40 mg/L，水体的剩余浊度随着絮凝剂的投加量的增加变化趋势逐渐趋于平稳。微粒中的相互作用超过临界聚沉值。

2. 污水的 pH 值对絮凝剂净水能力的影响

在不同 pH 值的污水中投放聚硅酸氯化铝铁絮凝剂，污水浊度为 500 NTU，投加量为 20 mg/L。

pH 值对水中悬浮颗粒表面电荷 Zeta 电位、絮凝剂的絮凝性质和絮凝作用等都有很大的影响，絮凝剂的絮凝效果受污水的 pH 的影响很大，当 pH 在 7～9 时絮凝效果最佳，剩余浊度相对较低；pH 小于 7 时，剩余浊度随 pH 的降低而升高，说明水体酸性越强絮凝剂的净水效果也随之降低；pH 大于 9 时，净水能力随水体的碱性升高而下降。

从实验中可以得出结论，聚硅酸氯化铝铁适宜处理的污水的 pH 范围为 7～9，若在过酸或过碱环境下会影响絮凝效果，应在实际应用时适当调节水体的 pH。

3. 聚硅酸氯化铝铁与其他市售产品絮凝效果对比

为了考察产品的净水效果，利用 722 分光光度计测定各种絮凝剂对高岭土模拟水样(500 NTU)的除浊效果，在其他条件不变的前提下分别比较了 PSi、PFC、PAC、PSiFACD 对吸光度的影响。絮凝剂对吸光度影响的结果如下：絮凝剂投加量为 1 mg/L 时，未加絮凝剂的除浊率为 0%、PSi 的除浊率为 38.9%、PFC 的除浊率为 92.2%、PAC 的除浊率为 97.9%、PSiFACD 的除浊率为 99.3%。

PSi 电中和能力较差，不能对高岭土悬浊液进行有效的吸附沉降作用；PAC 电中和能力强，矾花大，但是作用速度较慢；PFC 的絮凝能力较强，沉降速度快，但是矾花小，网捕作用明显，除浊率达到 99.3%。

取附近湖水作为水样，经检测浊度为 675 NTU，分别投入 3 种絮凝剂 PSiFAC、PAC 和 PFAC，经搅拌、加热，静置 1 h 后。絮凝剂的投加量在 1～3 mg/L 范围时，随着投加量的增加，3 种絮凝剂的剩余浊度均减少，絮凝效果增强；在 3～7 mg/L 时，净水效果达到最佳；当投加量超过 7 mg/L 后，净水效果逐渐减弱。对比 3 种絮凝剂，净水效果 PSiFAC 最佳，其次为 PAC，PFAC 的净水能力最差。

5.3　聚硅氯化铝絮凝剂

5.3.1　浸出液聚合制备聚硅氯化铝(PASC)

粉煤灰活化酸浸后的定容滤液，经 ICP－AES 测定得其中 Al 和 Si 的浓度分别为 4000 μg/mL 和 2500 μg/mL，Fe 含量较少，忽略不计。每次实验前均按 $n(\mathrm{Si}):n(\mathrm{Al})$ 要求换算后将浸出液与聚硅酸溶液配合混匀，再缓慢向混合溶液中滴加 0.1 mol/L 的 NaOH 或 0.1 mol/L 的 HCl 调节至所需碱化度，并在设置好的反应温度下聚合一定时间。这里碱化度 B 定义为 OH^- 与金属离子的摩尔比。实验主要考察 4 种因素：$n(\mathrm{Si}):n(\mathrm{Al})$、碱化度 B、聚合温度和反应时间，并严格按照混凝模拟废水步骤开展混凝实验，取静置后的上清液测其透光率为混凝剂效果评价指标。

5.3.2　PASC 絮凝性能的影响因素

1. $n(\mathrm{Si}):n(\mathrm{Al})$对 PASC 性能的影响

合理的 $n(\mathrm{Si}):n(\mathrm{Al})$对产品性能影响较大，所以有必要考察 $n(\mathrm{Si}):n(\mathrm{Al})$对制备的 PASC 混凝剂处理废水效果的影响。设定聚合过程中碱化度 B 为 1，反应温度 40°C，反应时间 2 h，变化 $n(\mathrm{Si}):n(\mathrm{Al})$，处理模拟废水过程中，每次投放自制 PASC 混凝剂用量为 10 mL 到 250 mL 模拟废水中，混凝搅拌后静置 30 min，再取上清液用紫外分光光度计测试其透光率。起初透光率随着 Si 含量增加而增大，在 $n(\mathrm{Si}):n(\mathrm{Al})$为 6 时透光率值达到 87.56%，继续增大 $n(\mathrm{Si}):n(\mathrm{Al})$比值，透光率呈稳定态势。这主要是由于在不同混凝阶段混凝剂不同组分所发生的混凝作用不同，在混凝初始过程中主要是铝离子水解产物发生的电中和与双电层吸附作用，但作用效果有限，且铝含量大的产品絮体大而松散，不易沉淀。随着 $n(\mathrm{Si}):n(\mathrm{Al})$比值的增大，聚硅酸高分子量不断增大，此时主要以大分子链絮凝架桥作用为主，对废水具有较好的处理效果。根据以上分析，最终确定 $n(\mathrm{Si}):n(\mathrm{Al})$为 6。

2. 碱化度 B 对 PASC 性能的影响

由于原料用量一定，有效金属离子含量保持不变，通过控制聚合过程中 pH 来间接实现对碱化度的控制。为了保持每组实验 pH 稳定，事先配制好 0.1 mol/L 的 NaOH 及 0.1 mol/L 的 HCl 缓冲调节溶液。另外，设定 $n(\mathrm{Si}):n(\mathrm{Al})$为 6，反应时间为 2 h，聚合温度为 40 ℃，调节 B 值。透光率随着碱化度 B 值的增大先升高后降低，其中在碱化度为 1 附近时为最佳。这主要是因为随着碱化度的增大，OH^- 离子含量自然增多，从而越来越多的金属离子以及单核羟基络合物与 OH^- 反应结合而形成络合度更高的中间多核络合物和高聚物，产品中聚合度越大，分子量也越高，混凝过程中吸附架桥优势更加明显。但 OH^- 含量过大，铝离子会与之生成沉淀使产品稳定性下降甚至失效。此外，碱化度也反映了聚合过程中氢氧化钠的用量和产品相关指标。为提高产品絮凝性能，综合考虑，最终选择 B 值为 1。

3. 聚合温度对 PASC 性能的影响

温度升高，发生聚合反应的微观物质会加剧无规则运动，从而增加单位时间微观物质有效碰撞次数，自聚反应得到增强，最终形成的聚合物分子量越来越大，PASC 混凝剂与废水中污染物间的絮凝架桥作用越来越强，可较好地提高混凝效果。实验中保持 n(Si)：n(Al)为 6，反应时间为 2 h，碱化度 B 为 1。透光率随聚合反应温度的升高先增加后呈轻微下降趋势，在 45 ℃附近处理废水透光率达到最大，说明过高的温度反而不适合混凝剂的合成。综合以上，选择聚合温度为 45 ℃。

4. 反应时间对 PASC 性能的影响

不同的聚合反应时间得到的聚硅酸聚合度差异显著，同理加入粉煤灰浸出液后形成的聚硅氯化铝混凝剂聚集度也不同。实验中设定 n(Si)：n(Al)为 6，反应温度为 45 ℃，碱化度 B 为 1。透光率随着反应时间的延长也是先增大后缓慢减小，反应时间为 2.5 h 时，此时透光率值达到最大。这是因为反应初期一般以单体和低聚体为主，聚合链较短，架桥作用微弱；随着聚合时间的延长，低聚物逐渐向高聚物转变，此时聚合链很长，架桥范围大，混凝废水效果相应得到较大增强。过长的聚合时间，由于搅拌的不断进行反而会将已经形成的长聚合链破坏，影响了混凝剂制备过程及效果。综合以上分析，反应时间适中，确定 2.5 h 为最佳，经过再次实验验证，此时透光率高达 88.95％。

5.3.3 聚硅氯化铝产品表征

1. 聚硅氯化铝 XRD 分析

聚硅氯化铝混凝剂中除了含有氯化钠衍射峰以外，在 2θ 为 15°～30°范围内也存在大量非晶衍射峰，即为大分子长程无序相。这表明了在后续与聚硅酸混合加碱聚合过程中浸出液参与反应形成了较多无定型聚合物。这是因为聚硅酸的形成是通过邻近的硅酸分子上所带的羟基不断地脱水缩聚来完成，通过不断地发生聚合反应最终形成了具有长链状、环状甚至网状结构分子。XRD 分析得出的大分子长程无序相即为 Al^{3+} 及其水解产物与聚硅酸所带羟基络合作用而形成。

2. 聚硅氯化铝 FT－IR 分析

从 4 种因素不同条件下制备得到的聚硅氯化铝混凝剂红外光谱测试结果可看出，粉煤灰原灰在 1087 cm^{-1} 处为 Si—O—Si 的弯曲振动峰，在 785 cm^{-1} 处和 580 cm^{-1} 处的吸收峰分别是 Al—O 的弯曲振动峰和 Fe—O 的伸缩振动峰。

由不同 n(Si)：n(Al)摩尔比条件下的红外光谱图可得各条件下制备的 PASC 样品出峰位置基本一致，但具体反应条件的不同会导致最终测试出的峰强和积分面积存在差别。样品在 3363 cm^{-1}附近为-OH 伸缩振动吸收峰，且此处出峰范围一般较宽，说明样品中存在很多 Al—OH、H—OH 等配位键，且这些大量的羟基之间形成叠加效应而造成；1637 cm^{-1}为样品内吸附水、配位水以及结晶水的 H—O—H 弯曲振动吸收峰，由于所制备的样品均是经过 80 ℃烘干至恒重，大部分水分均已挥发，所以此处出峰基本较弱；1037 cm^{-1}附近的峰为 Al—OH—Al 的伸缩振动吸收峰，可归属为分子表面金属-OH 的振动，这是由于 Al—OH—Al 所在位置的振动波数比 Al—O—Al 要高而引起的；另外在 1037 cm^{-1}处代表聚硅酸与铝离子及铝羟基络合物间形成的键合物 Si—O—Al 伸缩振动峰，也可能含有 Si—O—Al 和 O—Si—O 键存在。随着 n(Si)：n(Al)摩尔比值的增大，此处吸收峰变得越来越强，表明制备的产品性能越来越稳定。

观察不同碱化度、反应温度和反应时间条件下制备的聚硅氯化铝，由于各反应条件的不同最终也会体现在各吸收峰强弱和峰积分面积的差异上。在波数为 1037 cm^{-1}处的 Si—O—Al 伸缩振动峰，随着碱化度增大、反应温度升高或反应时间的延长，该处的吸收峰也会变得越来越强，表明制备的聚硅氯化铝产品中 Si—O—Al 结构越来越多，产品性能更优异。

进一步分析可以得出，原粉煤灰中 785 cm^{-1}处和 580 cm^{-1}处的吸收峰在聚硅氯化铝产品中已经消失，1087 cm^{-1}处的吸收峰偏移至波数为 1037 cm^{-1}处成为 Si—O—Al 新的键合态。由此可见，聚硅酸与铝离子间存在着成键作用，具体表现为 Al—OH、Si—OH、H—OH 等多羟基聚合物之间的非离子键合，这也预示着 Al^{3+} 和聚硅酸之间是通过络合作用形成的新的无定型共聚物，而非简单的两者混合物。

3. 聚硅氯化铝 SEM-EDS 分析

用扫描电子显微镜观察不同条件下制备得到的聚硅氯化铝混凝剂微观表面形貌，测试结果显示 PASC 已经开始呈现出一定的聚集现象，但还没有表现出明显的枝杈状结构；所对应条件下制备的产品呈现簇团状分布，具有相对较强的聚集度和枝化度，这是因为纳米级别聚合物拥有的较大比表面积和超高的表面能，会使其自发地团聚成一个集合体。另外，还可以看出随着 n(Si)：n(Al)的增大、碱化度的增大，产品的聚集度和枝化度都会显得更加突出，这是由于 Si 含量占比增大，形成的硅酸分子链增多，碱化度直接反映了 pH 值的变化，在一定 pH 范围内，聚合反应可以充分发生。还可以观察到 PASC 呈现丰富的空间网状结构，它的内部包含聚硅酸与 Al^{3+} 聚集形成的较多枝杈状长链结构，这也进一步说明了 PASC 聚合过程中，铝及其水解产物与聚硅酸之间存在键合作用，使聚合物聚合度不断增大、分子链不断延伸。聚硅氯化铝包含的主要元素为 Al、Si、Cl、Na 和 O，与其结构基本相符，大部分 Na 元素均来自粉煤灰和碳酸钠焙烧过程，出现 Cu 是由于混凝剂在制样过程中分散在铜箔上所致。由于 PASC 具有的高聚集度和枝化度网状结构，从而赋予了其较强的黏结絮凝架桥作用，使之易于网捕吸附水中的胶体和细小悬浮颗粒物，改善混凝废水处理效果。

4. 聚硅氯化铝 TEM-EDS 分析

鉴于合成的聚硅氯化铝混凝剂的粒度均为纳米级别，采用透射电子显微镜进一步地观察其构造和微观形貌。可显示 3 种条件下制备得到的聚硅氯化铝混凝剂均具有较高的聚集度和丰富的空间网状结构，这也是因为聚硅酸在各个方向上同 Al^{3+} 离子及其水解产物不断聚合形成了分子量大、分子链长的枝杈状聚合物。由于这些聚合物的粒径为纳米级别，所以它们的比表面积大、表面能也高，在反应过程中会逐步自发地团聚成一个更大的交联紧密的集合体，渐渐形成了空间网状枝杈结构，赋予了混凝剂较强的絮凝架桥性能，易于网捕吸附水中的细小胶体和悬浮颗粒物。

聚硅氯化铝混凝剂的主要化学成分为 Si、Al、Na、Cl、O，这与前述扫描电镜-能谱图得出的结果一致，同样图中出现 Cu 是由于混凝剂在制样过程中分散在铜箔上。另外，还可见少部分 Ca 元素，这是由粉煤灰所含钙元素被盐酸浸出所掺入的混凝土。

5. 聚硅氯化铝 TG－DSC 分析

聚硅氯化铝的样品在升温到 400 ℃的过程中持续不断吸热发生反应而失重，此过程失重接近 30%。此温度区间对应的 DSC 曲线显示 2 个较强吸热峰，且出峰范围也较宽。这主要是因为 PASC 样品在此温度区间失去了含有的大量羟基，包括样品所含的吸附水和配位水、面羟基和聚合过程形成的内羟基。继续升温到 1000 ℃，失重曲线变得比前面稍微平缓，此过程失重大约占 20%，这主要是因为 400～1000 ℃过程中，PASC 混凝剂中主要化学键 Si—O—Al、Si—O—Si 等发生断裂导致。该温度区间对应 DSC 曲线中 750 ℃出现的较强吸热峰，说明 PASC 聚合物在高温下分解破坏。最终产品的残余重量接近 50%，表明样品具有较好的稳定性。

5.3.4 混凝实验过程机理研究

1. 投加量对絮体粒度和 Zeta 电位的影响

混凝剂投加量对絮体粒度和絮体 Zeta 电位的影响实验，固定混凝温度为室温，调节模拟废水 pH 值为 7，PAC、PASC 和 PSAF 混凝剂各自对应的混凝快搅时间分别为 70 s、60 s 和 55 s，慢搅时间均设置为 10 min，变化混凝剂投加量为 4～24 mL/L。

投加量对最终絮体粒度及动电位均影响较大。3 种混凝剂混凝废水后的絮体粒度均随投加量的增加而不断增大，且增加幅度大小顺序为 PSAF＞PASC＞PAC，即达到同样絮体粒度时，PSAF 所用时间要比 PASC 短，PASC 所用时间比 PAC 短，这与前面混凝废水条件实验中混凝指标效果相对应。由 Zeta 电位变化图可以看出，混凝初期，随着混凝剂投加量增加，废水中污染物颗粒 ζ 呈现减小趋势，且 3 种混凝剂 ζ 大小顺序为 PSAF＜PASC＜PAC。这可能是由于 PSAF 和 PASC 中引入了带负电荷的聚硅酸后，使得其电中和作用较 PAC 稍弱；PSAF、PASC 和 PAC 分别在 14 mL/L、16 mL/L 及 18 mL/L附近时达到零电点。继续增大投加量，动电位改变符号，污染物颗粒 ζ 会有缓慢增加的趋势。这是由于 3 种混凝剂水解后均带有正电荷，且随着投加量增加，正电荷数量也不断增加，混凝过程中双电层吸附及电中和作用增强，使污染物颗粒表面动电位降低，当达到零电点时，颗粒凝聚进而脱稳下沉；污染物颗粒表面的 Zeta 电位超过零电点后，继续增大混凝剂投加量，会造成颗粒表面正电位增加，确定 PSAF、

PASC和市售PAC混凝剂投加量分别为20 mL/L、20 mL/L和24 mL/L。

2. pH值对絮体粒度和Zeta电位的影响

模拟废水pH对最终絮体粒度和混凝絮体Zeta电位影响实验中保持温度为室温不变，PSAF、PASC和PAC的投加量分别为20 mL/L、20 mL/L和24 mL/L，对应的混凝快搅时间分别为55 s、60 s和70 s，慢搅时间为10 min，变化pH值为5～10。

随pH值增大，3种混凝剂的絮体粒度不断增大，且粒度大小顺序为PSAF＞PASC＞PAC，当pH值为9时，絮体粒度达到最大，继续增加pH值，各混凝剂对应的絮体粒度反而下降。这是由于pH值的增大，混凝剂不断水解与OH^-形成了较多的羟基络合物，另外聚硅酸拥有的长分子链，都可使混凝絮体粒度得到增大。当pH值超过最佳混凝范围后，过多的OH^-会与混凝剂中的金属铝或铁离子形成沉淀或溶胶，导致混凝剂失效，从而使混凝效果变差。随pH值升高，ζ降低，这是因为变化pH改善了水中胶体荷电性质，也决定了混凝剂的水解形态，混凝剂不断水解带正电，使带负电的胶体颗粒电位下降，凝聚下沉；pH在8附近时，絮体达到零电点，此时混凝效果最佳，这是由于此时絮体中存在吸附电中和及絮凝架桥等多方面共同作用的结果；超过零电点后，絮体ζ变号，ζ绝对值增大，出现反稳现象，此时主要依靠混凝剂中聚硅酸大分子架桥絮凝作用维持混凝效果。结合前述废水处理条件实验综合考虑，最终确定混凝废水pH值均为8.5。

3. 慢搅时间对絮体粒度和Zeta电位的影响

混凝时间对最终絮体粒度和混凝絮体Zeta电位影响实验中保持温度为室温不变，调节模拟废水pH值为8.5，固定PSAF、PASC和PAC的适宜投加量分别为20 mL/L、20 mL/L和24 mL/L，对应的混凝快搅时间分别为55 s、60 s和70 s，变化慢搅时间为2～22 min。

由絮体粒度随混凝时间的变化关系可以看出，3种混凝剂处理废水絮体粒度随混凝时间延长均呈增大趋势，相同混凝时间条件下，絮体粒度大小为PSAF＞PASC＞PAC，最终的絮体粒度顺序也如此，这是由于混凝剂产品聚集度不同而引起，由于PSAF和PASC混凝剂中均引入了聚硅酸，其聚集度较PAC大，故吸附架桥能力也强，最终宏观表现为絮体粒度也越大，另外，PSAF混凝剂中存在铝铁协同作用，混凝作用较PASC更强，从而PSAF絮体粒度表现得较大；PSAF、PASC和PAC在慢搅时间分别为14 min、14 min和18 min附近达到最大絮体粒度。这同样是由于吸附电中和、絮凝架桥及网捕卷扫等的综合混凝作用的结果。随着时间继续增大，絮体粒度有变小的趋势，这是由于过长的搅拌时间，会将已经形成的较大粒度的絮体经搅拌剪切作用而破碎。随着混凝时间增大，混凝剂有充足的时间水解，形成了大量的带正电的金属阳离子及其络合物，使废水中原本带负电荷的颗粒电位不断减小，直至在10～12 min附近3种混凝剂对应的混凝絮体分别达到零电点，继续延长慢搅时间，混凝剂不断水解形成阳离子络合物，絮体电位进一步正向增大，此时混凝过程以聚硅酸长分子链的吸附架桥作用占主导地位。综合分析慢搅时间对废水处理效果的影响，最终确定PSAF、

PASC 和 PAC 的混凝慢搅时间分别为 14 min、14 min 和 16 min。

4. 最佳混凝条件下絮体粒度分布

经过以上混凝模拟废水条件实验和机理实验，确定了各混凝剂的最优混凝条件为：PSAF、PASC 和 PAC 混凝剂的投加量分别为 20 mL/L、20 mL/L 和 24 mL/L，pH 值均取 8.5，混凝快搅时间分别为 55 s、60 s 和 70 s，混凝慢搅时间分别为 14 min、14 min和 16 min。

在最佳混凝条件下，再次用自制 PSAF、PASC 和市售 PAC 混凝剂处理混合模拟废水，测得其絮体粒径分布可以得出原始混合模拟废水 D_{50} 为 2.18 μm，PSAF 处理后混凝模拟废水絮体 D_{50} 为 194.46 μm，PASC 处理后混凝模拟废水絮体 D_{50} 为 188.62 μm，PAC 处理后混凝模拟废水絮体 D_{50} 为 179.25 μm，再次验证了自制 PSAF 和 PASC 混凝剂混凝废水效果均优于普通市售 PAC 混凝剂。

参考文献

[1] 李文杰．粉煤灰基聚氯硫酸铝铁的制备及其性能研究[D]．太原：山西大学，2021.

[2] 刘宸嘉，赵爱春，李旭，等．粉煤灰提取氧化铝研究进展[J]．中国有色冶金，2023，52(01)：75－83.

[3] 谭晴晴．煤泥选择性絮凝特性研究[D]．唐山：华北理工大学，2016.

[4] 司玉成．利用煤泥制备聚合氯化铝铁絮凝剂的试验研究[J]．化学工程师，2017，31(04)：67－70.

[5] 司玉成，杜美利，吴涛，等．黄陵煤泥制备聚氯化铝铁絮凝剂及絮凝性能研究[J]．洁净煤技术，2014，20(06)：125－128.

[6] 王丽娟，燕可洲，郭志强，等．钠盐活化赤泥-煤矸石酸浸液制备聚合氯化铝[J]．无机盐工业，2023，55(04)：76－83，103.

[7] 王锐刚，王亮梅．煤矸石制备聚合氯化铝及其废水处理研究[J]．水处理技术，2013，39(03)：48－50.

[8] 吴海滨，薛芳斌，郭彦霞，等．煤矸石制备聚合氯化铝工艺[J]．洁净煤技术，2018，24(04)：141－145.

[9] 张帅，黄凯强，冯雪松，等．煤矸石制备无机高分子絮凝剂 PAC 及其絮凝性[J]．化工技术与开发，2018，47(01)：56－59，65.

[10] 刘臻．用煤矸石制取聚合氯化铝絮凝剂[J]．中国资源综合利用，2010，28(01)：18－20.

[11] 李江山，陆海军，蔡光华，等．煤矸石制聚合氯化铝预处理垃圾渗滤液的试验研究[J]．武汉工业学院学报，2011，30(03)：61－64.

[12] 马艳然，于伯蕖，鲁秀国．从煤矸石中制备聚合氯化铝及应用研究[J]．化学世界，2004(02)：63－65.

[13] 陈森．炼钙还原渣和煤矸石制备聚合氯化铝及其应用研究[D]．郑州：郑州大学，2015.
[14] 徐新阳，陈熙，宫璇，等．煤矸石制备聚合氯化铝的试验研究及应用[J]．安全与环境学报，2012，12(04)：46－49.
[15] 胡江良，杨亚玲，连明磊，等．用钢渣煤矸石基聚合氯化铝铁絮凝剂处理洗煤废水试验研究[J]．湿法冶金，2013，32(02)：113－116.
[16] 苏源．煤矸石制备聚合氯化铝铁及应用[D]．大连：大连工业大学，2012.
[17] 丁舒航，周建民，张梦瑶，等．煤矸石制备聚合氯化铝铁钙与应用试验研究[J]．土木与环境工程学报，2021，43(04)：185－194.
[18] 凌陈月，张蕊，牛萌，等．煤矸石制备水处理絮凝剂室内实验研究[J]．石油化工应用，2021，40(09)：94－98.
[19] 肖曾利，秦文龙．煤矸石制备聚合硅酸铝铁(PFASS)絮凝剂处理石油污水的试验研究[J]．石油天然气学报，2009，31(05)：158－160，434.
[20] 罗克洁．用煤矸石制备聚合硅酸硫酸铁铝的研究及在处理废水中的应用[D]．阜新：辽宁工程技术大学，2005.
[21] 曾德恢．煤矸石酸浸液制备聚合硫酸铝铁及应用研究[D]．昆明：昆明理工大学，2021.
[22] 孔德顺，王茜，宋说讲．高铁型煤矸石酸浸液制备聚合硫酸铝铁实验研究[J]．无机盐工业，2015，47(06)：57－59.
[23] 贡纬华．粉煤灰制备聚硅酸盐絮凝剂及其应用研究[D]．昆明：昆明理工大学，2020.
[24] 刘信源．聚硅酸铝铁絮凝剂合成及强化处理焦化废水研究[D]．太原：山西大学，2017.
[25] 宁琴，李彩霞，刘鑫，等．煤矸石制备聚硅酸氯化铝及其絮凝性能[J]．硅酸盐学报，2023，51(01)：204－214.
[26] 王慧云，全先高，石茂建，等．矸石基 PSFA 的制备及其对钻井废水的处理[J]．工业水处理，2011，31(08)：38－41.
[27] 孙利强，韩秀峰．使用煤矸石生产聚合双酸铝絮凝剂的技术探讨[J]．内蒙古电力技术，2010，28(04)：42－44.
[28] 胡文豪，张建波，李少鹏，等．煤气化渣制备聚合氯化铝工艺研究[J]．洁净煤技术，2019，25(01)：154－159.